STAR TREK™

U.S.S. ENTERPRISE

Technisches Handbuch

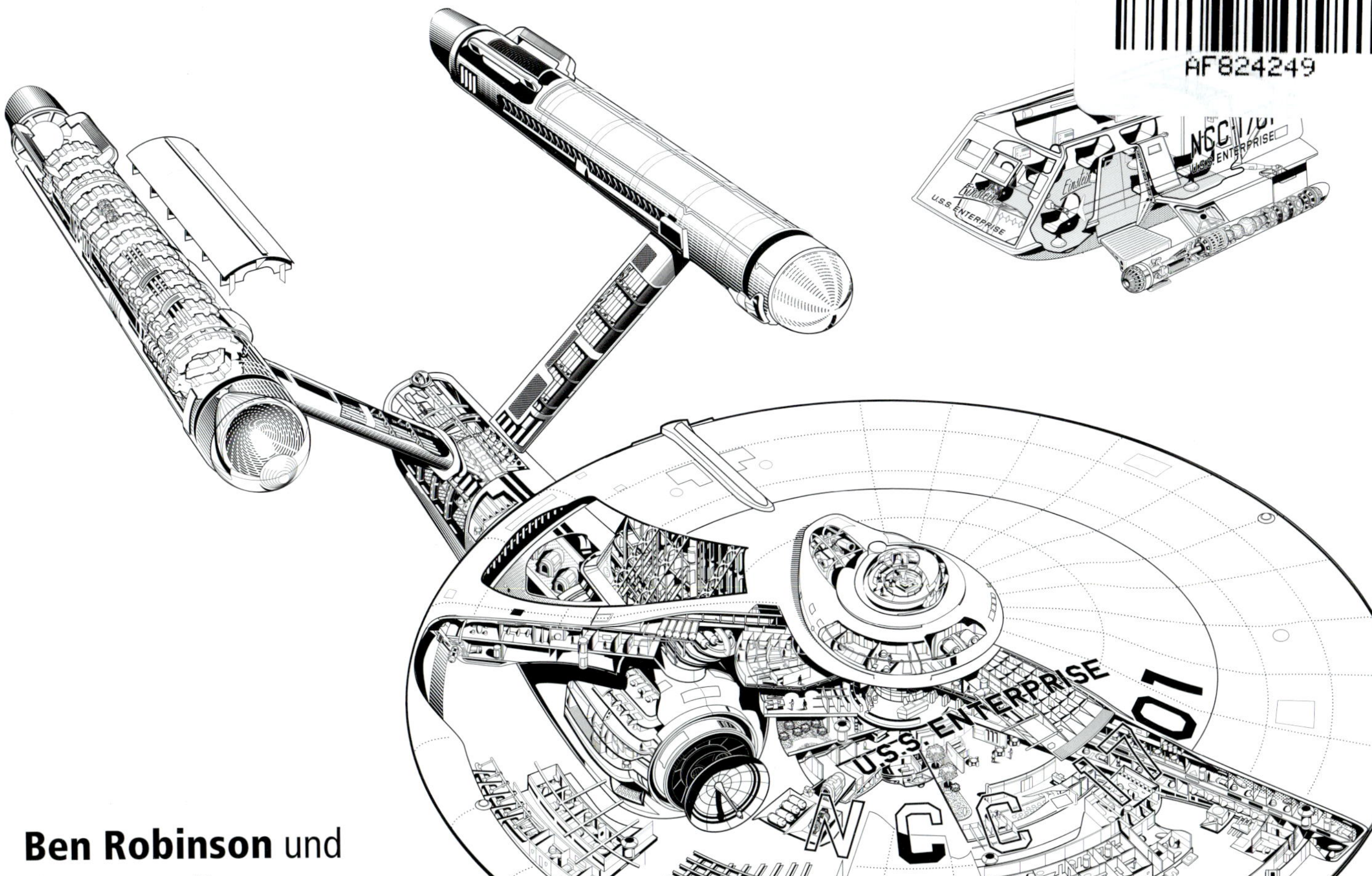

Ben Robinson und
Marcus Riley
Technischer Berater:
Michael Okuda

HEEL

IMPRESSUM

HEEL Verlag GmbH
Gut Pottscheidt
53639 Königswinter
Tel.: 02223 9230-0
Fax: 02223 9230-13
info@heel-verlag.de
www.heel-verlag.de

Originally published in English by
Haynes Publishing
www.haynes.co.uk

Originaltitel: *U.S.S. Enterprise. Owner's Workshop Manual*
(Book H4941)
Original-ISBN 978-1-84425-941-0

Autoren: Ben Robinson und Marcus Riley
Technischer Berater: Michael Okuda
Redaktion: Derek Smith
Layout: Lee Parsons
Illustrationen: Robert Bonchune, Richard Chasemore,
John Lawson, Lee Parsons und Dominic Stickland

Deutsche Ausgabe:
Übersetzung aus dem Englischen: Christian Humberg
Layout: gb-s Mediendesign, Königswinter
Lektorat: Markus Rohde
Projektmanagement und Korrektorat: Ulrike Reihn-Hamburger
Coverdesign: Axel Mertens
Coverbilder: John Lawson, Robert Bonchune (Rückseite
Systemübersicht)

Printed in Slovak Republic

ISBN 978-3-86852-453-6

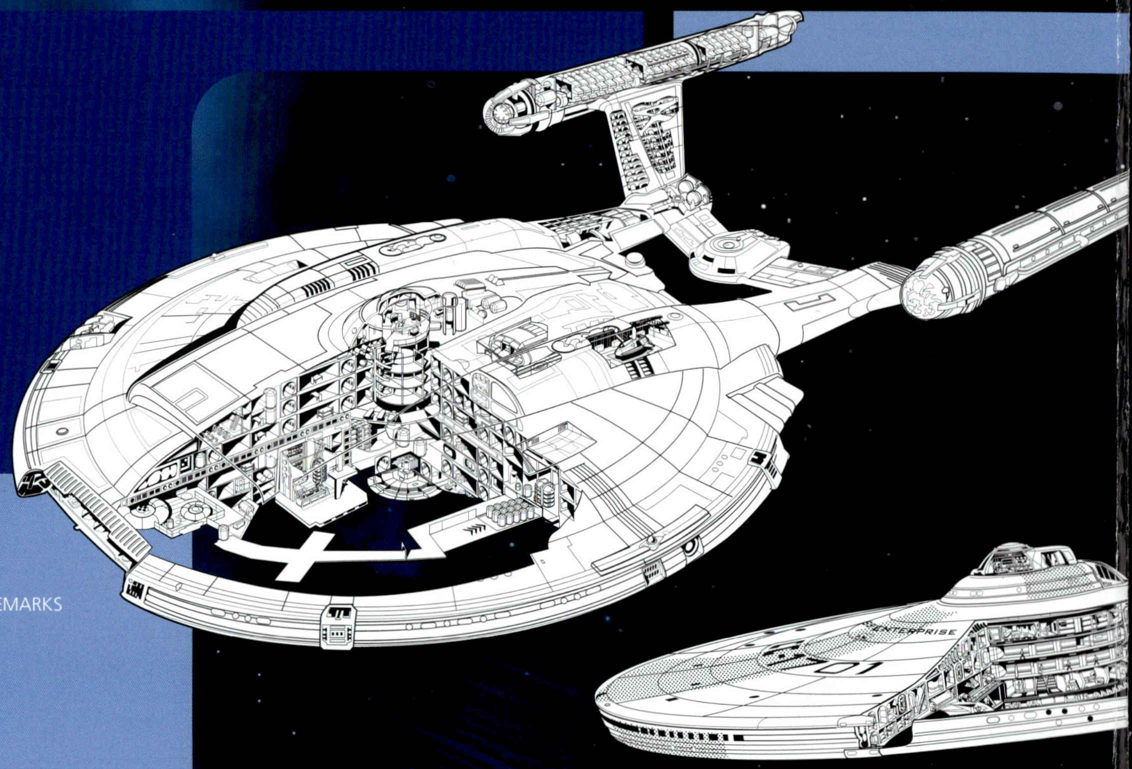

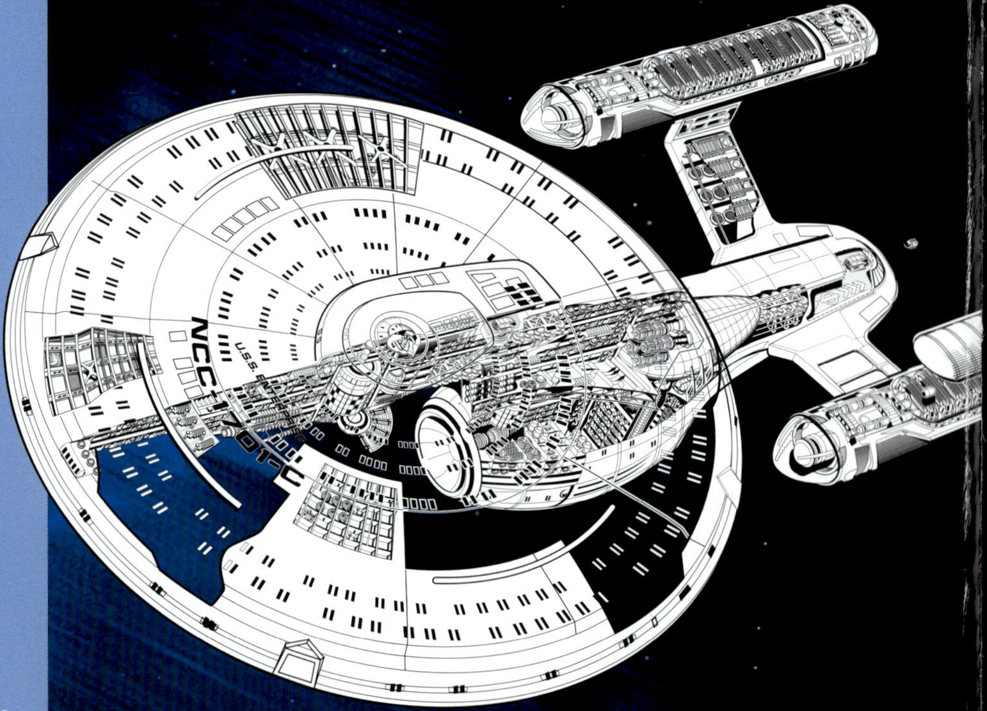

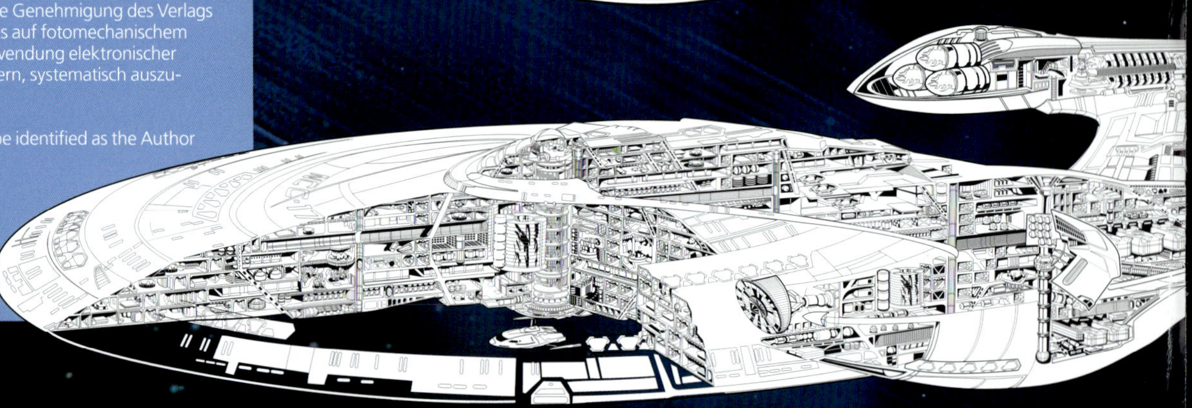

U.S.S. ENTERPRISE
U.S.S. ENTERPRISE
NCC-1701-B
NCC-1701-D

Inhalt

Vorwort

VON MICHAEL UND DENISE OKUDA

Zu den angenehmen Nebeneffekten unserer Arbeit an den *Star-Trek*-TV-Serien und -Filmen gehörte, dass wir gelegentlich einen Freund aufs Paramount-Gelände mitnehmen und ihm die „echte" *Enterprise* zeigen konnten. Natürlich durften wir das nicht, aber … Nun ja, die Kulissen waren eben cool! Glücklicherweise lächelten unsere Produzenten meist nachsichtig und schauten weg. (Zumindest, solange wir nichts wirklich Dummes taten – etwa, bei laufenden Kameras ins Bild zu laufen.)

Wie die meisten Kulissen war auch das Innenleben der *Enterprise* meist von diversen Scheinwerfern, Kabeln und anderen Filmutensilien umzingelt. Sie erinnerten uns stets daran, dass wir Illusionen produzierten. Ganz zu schweigen von anderen Details, wie zum Beispiel dass die Sets offensichtlich aus Sperrholz bestanden und auf den Boden einer Hollywood-Bühne genagelt worden waren.

Dennoch war es definitiv etwas Besonderes tatsächlich dort bei Paramount zu sein. Wir sahen es in den Augen unserer Gäste, wann immer sie durch die Korridore eines Raumschiffs gingen, im Transporterraum standen oder sogar im Sessel des Captains saßen. Dann lächelten sie stets und stellten sich vor, sie seien nicht in den Kulissen in Los Angeles, sondern tatsächlich auf einem futuristischen Raumschiff und entdeckten neue Welten in den entlegensten Winkeln der Galaxis. Wenn das geschah, lächelten auch wir, denn uns war es einst nicht anders ergangen. Natürlich wussten unsere Besucher, dass alles nur Sperrholz, Plastik und Farbe war, aber dieses Raumschiffinnenleben hatte einfach etwas Besonderes. Etwas, das dich wünschen ließ, es sei alles echt.

Ein Großteil dieser Glaubwürdigkeit geht auf das Konto von Walter M. „Matt" Jefferies, dem genialen *Star-Trek*-Art-Director. Jefferies hatte schon die Original-*Enterprise* entworfen, und wann immer die wissenschaftlichen Theorien aus der Serienhandlung das TV-Publikum der 1960er Jahre zu überfordern drohten, halfen Matts beruflicher Werdegang und seine Talente, die Glaubwürdigkeit zu wahren. Matt kam aus der Luftfahrt und verpasste auch *Star Trek* das, was er „Luftfahrtlogik" nannte. Matts innovative und doch praktische Kunst sorgte dafür, dass sein Schiff – und dessen Nachkommen – zur Säule der *Star-Trek*-Magie wurden.

Ben Robinson und Marcus Riley, die Autoren des vorliegenden Buches, haben zusammen mit ihrem Team an Illustratoren sehr hart gearbeitet, um ein Stück dieser Magie einzufangen und es mit einem großen Freundeskreis zu teilen. Was Sie gerade in Händen halten, ist mehr als ein Technisches Handbuch. Selbstverständlich steckt es voller technischer Daten, cooler Grafiken und Spezifikationen zu jedem einzelnen *Raumschiff Enterprise*. Doch die Autoren betteten die einzelnen Schiffe auch in einen „historischen Kontext" aus vielen unserer Lieblingsepisoden und -filmen ein. Und genau da wird es wirklich spannend, denn diese Abenteuer sind es doch, worum es bei *Star Trek* geht.

Geben wir es doch zu: Wir lieben die *Enterprise* in all ihren wunderschönen Inkarnationen. Wir lieben ihr elegantes Design, wir lieben ihre Technik und wir lieben die spannenden Abenteuer, die wir Seite an Seite mit den Helden erleben, die mit ihr das All durchkreuzen. Deshalb mögen wir Gene Roddenberrys Schöpfung – und zelebrieren sie auf einer heimlichen Tour durch die Studios, beim Genuss einer TV-Episode oder eines Filmes, oder bei der Lektüre dieses Buches.

Gene war immer stolz auf sein Schiff und die Tatsache, dass es zu einem internationalen Symbol für das menschliche Bestreben wurde, das Unbekannte zu erkunden. Aber er war noch stolzer darauf, dass sein Schiff die Menschen berührte, die seine Vision eines besseren Morgens teilten. *Star Trek* und die *Enterprise* haben weltweit junge Menschen dazu inspiriert, zu studieren, zu erschaffen, zu teilen und zu forschen (kühn, versteht sich!). Aus diesen jungen Leuten sind Lehrer geworden, Ärzte, Offiziere, Künstler, Wissenschaftler, Ingenieure und sogar Astronauten.

Sie alle haben eines mit Ihnen und uns gemeinsam – und mit den Freunden, die wir damals auf das Set geschmuggelt haben. Wir alle lieben die *Enterprise*.

Michael Okuda

Denise Okuda

Los Angeles, Kalifornien, USA
September 2010

U.S.S. Enterprise

GESCHICHTE: NX-01 BIS NCC-1701-E

In der Geschichte des Planeten Erde finden sich schon immer Schiffe, die den Namen *Enterprise* tragen. Es gab sie in der französischen, englischen und US-amerikanischen Marine – von den frühen Schaluppen und Schonern bis zu dem ersten mit Nuklearkraft betriebenen Flugzeugträger der Welt. Doch berühmt wurde der Name erst durch die zahlreichen Raumschiffe, die ihn trugen.

Die erste für die Raumfahrt entworfene *Enterprise* war der NASA-Prototyp des Space Shuttles, OV-101. Er wurde im September 1976 präsentiert und durchlief wichtige Tests, darunter Landungen ohne Energie und Belastungsproben. Weil sie ein Prototyp war, verließ diese *Enterprise* aber nie die irdische Atmosphäre. Die Ehre der ersten *Enterprise* im All wurde der NX-01 zuteil, einem Schiff der *NX*-Klasse. Es lief 2151 unter dem Kommando Captain Jonathan Archers vom Stapel und zählt zu den wichtigsten Raumschiffen der Erdhistorie, war es doch das erste mit einem Warp-5-Antrieb ausgestattete Schiff.

Frühe Erdschiffe konnten nur Geschwindigkeiten bis zu Warp 2 erreichen. Dabei dauerte eine Reise zu benachbarten Sternen mitunter Jahre. Bei Warp 5 schaffte man die gleiche Strecke plötzlich in wenigen Wochen – kein Wunder, dass die Entwicklung des Warp-5-Antriebs oberste Priorität hatte. Die Vulkanier fürchteten, die Menschheit sei noch nicht bereit für die interstellare politische Bühne und enthielten ihnen ihre Entwürfe für einen fortschrittlichen Warpantrieb vor. Daher musste die Menschheit diese Technologie ohne die Hilfe der Vulkanier erlangen.

Zefram Cochrane, der Erfinder des Warpantriebs, schaffte 2129 im Warp-5-Forschungskomplex den Durchbruch – etwa 66 Jahre nach seinem ersten historischen Flug. Die bedeutendsten Arbeiten an der Warp-5-Maschine führte Henry Archer aus, dessen Sohn Jonathan ein bekannter Testpilot war und als erster Mensch die Warp-2-Barriere durchbrach. Jonathan wurde Captain der *Enterprise* NX-01. Das Schiff blieb bis zum Ende seiner Dienstzeit unter seinem Kommando. Seine Besatzung schuf Erstkontakte mit Dutzenden intelligenter Spezies und legte so das Fundament für die Gründung der Vereinigten Föderation der Planeten im Jahre 2161. Wie durch ein Wunder überstand die *Enterprise* ihre Missionen heil und wurde ein Museumsschiff.

2151 **NX-01**

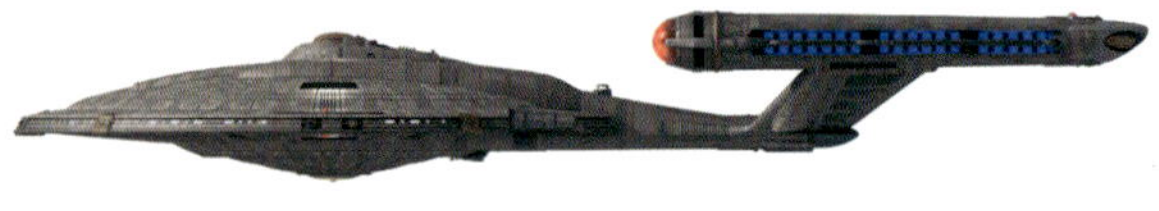

Das erste Raumschiff *Enterprise* zählte zu den revolutionären Schiffen der *NX*-Klasse. Es besaß einen Warp-5-Antrieb, der Reisen ins tiefe Weltall ermöglichte. Unter dem Kommando Captain Jonathan Archers trat das Schiff in Erstkontakt mit vielen Völkern und legte das Fundament für die Gründung der Vereinigten Föderation der Planeten.

2245 **NCC-1701**

Das zweite Raumschiff *Enterprise* zählte zur *Constitution*-Klasse und war während der zweiten Hälfte des 23. Jahrhunderts im Dienst. Während seiner ersten 20 Jahre unterstand es dem Befehl der Captains April und Pike, doch seine Glanzzeit kam unter Captain James T. Kirk. Es wurde 2270 generalüberholt.

Das nächste Raumschiff *Enterprise* war eines der *Constitution*-Klasse und startete 2245 unter dem Kommando Captain Robert Aprils, der in einer Fünfjahresmission das All erkundete. Diese *Enterprise* (NCC-1701) ging daraufhin in das Kommando zweier der bekanntesten Captains der Sternenflotte über. Christopher Pike übernahm das Schiff im Jahr 2250 und befehligte es während zweier Fünfjahresmissionen, die zu den berühmtesten in der Föderationsgeschichte zählen. Dabei begleitete ihn der erste seit Föderationsgründung in der Sternenflotte dienende Vulkanier. Spock, eigentlich halb Mensch und halb Vulkanier, war ursprünglich Wissenschaftsoffizier des Schiffes, wurde später aber selbst Captain und schließlich einer der herausragendsten Botschafter der Föderation.

Am Ende von Pikes erster Fünfjahresmission unterzog sich die *Enterprise* einer Generalüberholung, bei der die Besatzungsstärke von 203 auf 430 aufgestockt wurde. Nach 11 Jahren im Dienst wurde Pike zum Fleet Captain befördert. Das Schiff ging auf James T. Kirk über, einem der bewundertsten Captains der Sternenflottenhistorie. Kirks erste Fünfjahresmission ist Pflichtlektüre an der Sternenflottenakademie. Sie war so erfolgreich, dass er nach ihrer Beendigung 2269 zum Admiral befördert wurde.

Abermals unterzog sich die *Enterprise* einer Generalüberholung, die diesmal 18 Monate dauerte. Die umfassenden Arbeiten wurden unter der Aufsicht des legendären *Enterprise*-Chefingenieurs Montgomery Scott und des neuen Captains Willard Decker durchgeführt. Als sich die mächtige Wesenheit V'Ger 2271 der Erde näherte und alles ihr im Weg stehende vernichtete, wurde die restaurierte *Enterprise* NCC-1701 vorzeitig wieder in Dienst gestellt. Admiral Kirk übernahm vorübergehend wieder das Kommando. Die Mission wurde ein Erfolg, Captain Decker verschmolz mit V'Ger, wurde zu einer neuen Lebensform und rettete die Erde. Er gilt seither als vermisst.

Im Jahre 2277 ehrte die Sternenflotte die einzigartigen Leistungen der *Enterprise* und verabschiedete sich von dem Brauch, jedem Schiff und jeder Raumstation ein eigenes Emblem zuzugestehen. Stattdessen trugen alle fortan die „Pfeilspitze" der *Enterprise*.

Ab 2284 stand die *Enterprise* unter dem Kommando der Sternenflottenakademie. Unter dem Befehl Captain Spocks diente sie als Trainingsschiff und reagierte im folgenden Jahr auf den Notruf der Raumstation Regula 1, wo Dr. Carol Marcus den Genesis-Torpedo entwickelte. Dieser war eine Terraforming-

Das erste Raumschiff *Enterprise* war ein Schiff der *NX*-Klasse. Es verfügte über einen bahnbrechenden Warp-5-Antrieb und machte den Namen „*Enterprise*" zum Markenzeichen in der Sternenflottengeschichte. Es wurde zur Messlatte, an der sich alle Nachfolger messen mussten.

2271 NCC-1701 (ÜBERHOLT) / NCC-1701-A

Die generalüberholte NCC-1701 wurde 2271 eiligst in Betrieb genommen, um die V'Ger-Wesenheit aufzuhalten. Nachdem sie im Orbit des Genesis-Planeten zerstört wurde, benannte die Sternenflotte ihr zu Ehren die *U.S.S. Yorktown* in *U.S.S. Enterprise* NCC-1701-A um. Die 2286 vom Stapel gelaufene 1701-A war gründlich überholt und ihre Systeme bedeutend aktualisiert worden.

2293 NCC-1701-B

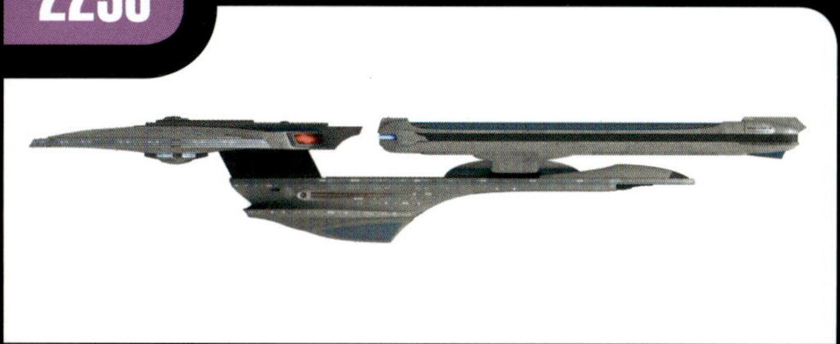

Die *U.S.S. Enterprise* NCC-1701-B war ein Schiff der *Excelsior*-Klasse und beinahe schon Geschichte, bevor sie in den regulären Dienst trat: Während ihres Stapellaufs reagierte sie auf einen Notruf. Ihr Ehrengast Captain James T. Kirk rettete zwei Schiffe der El-Aurianer vor dem Nexus, er wurde 2293 für tot erklärt. Das Schiff überstand den Vorfall und blieb bis 2329 im Dienst.

Technik, die die Umwelt eines Planeten grundlegend restrukturieren und eine lebensfeindliche Welt somit bewohnbar machen konnte. Leider hatte Genesis den Nebeneffekt, jede bereits dort existierende Form von Leben zu vernichten. Die *Enterprise* reagierte also auf den Notruf. Spock übergab das Kommando des Schiffes an den zu der Zeit anwesenden Admiral Kirk, da ihm das nur logisch erschien.

Während der Mission fiel die Genesis-Technologie Khan Noonien Singh in die Hände, einem gentechnisch veränderten Wahnsinnigen aus der Erdvergangenheit. Kirk hielt ihn davon ab, sie anzuwenden. Er ließ Genesis stattdessen im Mutara-Nebel detonieren, und erschuf so einen neuen Planeten. Bedauerlicherweise starb Captain Spock bei der Mission. Sein Leichnam wurde auf dem neuen Genesis-Planeten beigesetzt.

Kirk brachte die schwer beschädigte *Enterprise* zurück ins Raumdock. Die Sternenflotte erachtete die Schäden als zu schwer und stellte das Schiff außer Dienst. Doch als Kirk erfuhr, dass Spocks Leichnam laut vulkanischer Tradition nach Vulkan zurückkehren musste, widersetzten er und mehrere Mitglieder seines Führungsstabes sich direkten Befehlen, stahlen die *Enterprise* und kehrten nach Genesis zurück. Bei ihrer Ankunft sah Kirk sich gezwungen, die *Enterprise* zu zerstören, damit sie nicht den Klingonen in die Hände fiel.

Überraschenderweise hatte der Genesis-Effekt Spocks Körper regeneriert. Die Priesterin T'Lar bediente sich der uralten *Fal-tor-pan*-Zeremonie, um ihn auf dem vulkanischen Berg Seleya wieder mit seiner *Katra* zu vereinen. 2286 kehrte Kirk mit seinen Offizieren zur Erde zurück, um sich vor dem Militärgericht zu verantworten, doch bei seiner Ankunft wurde diese gerade von einer fremdartigen Sonde attackiert. Kirk und seine Mannen waren bei ihrer Rettung das Zünglein an der Waage.

Als Anerkennung ihrer besonderen Leistungen übergab die Sternenflotte Kirks Besatzung ein neues Schiff: Die *U.S.S. Yorktown* wurde zu Ehren ihrer Vorgängerin in *U.S.S. Enterprise* NCC-1701-A umgetauft. Der aufgrund seiner Befehlsverweigerung zum Captain degradierte Kirk kommandierte dieses Schiff bis zu dessen Ausmusterung im Jahr 2293.

In diesem Jahr lief schon die neue *Enterprise*, diesmal aus der *Excelsior*-Klasse, vom Stapel. Kirk wohnte dem Erstflug bei, wurde aber bei der Rettung zweier Schiffe der El-Aurianer aus einer energetischen Störung aus dem Schiff katapultiert und für tot erklärt. Auch diese *Enterprise* machte ihrem großen Namen alle Ehre. Ihre Besatzung drang kühn in den bis dato unerforschten Raum jenseits des Gourani-Sektors vor. Und sie war eines der wenigen in den Tomed-Zwischenfall verwickelten Schiffe, der 2311 zur Neudefinition der Romulanischen Neutralen Zone führte. Die *Enterprise*-B wurde im Jahre 2329 als vermisst gemeldet. Wenngleich ihr genaues Schicksal ungewiss ist, geht man davon aus, dass die Besatzung erkrankte.

Die nächste *Enterprise* (NCC-1701-C) war ein Schiff der *Ambassador*-Klasse und lief 2332 unter dem Befehl Captain Rachel Garretts vom Stapel. Sie wurde 2344 vernichtet, als sie den klingonischen Außenposten Narendra III vor dem Angriff der Romulaner schützte. Der Verlust der *Enterprise* NCC-1701-C spielte eine große Rolle bei der Entstehung des Friedensabkommens zwischen der Föderation und dem Klingonischen Reich, bewunderten die Klingonen doch die selbstlose Bereitschaft der *Enterprise*-Besatzung, Leben und Schiff zu opfern, um eine Handvoll Klingonen zu retten.

Die Sternenflotte reservierte den Namen *Enterprise* daraufhin für eines der zu dieser Zeit in den Werften von Utopia Planitia oberhalb des Mars entstehenden Schiffe der *Galaxy*-Klasse. Die Arbeiten an der *Enterprise* NCC-1701-D, dem dritten Schiff der *Galaxy*-Serie, begannen 2350, doch startete die neue *Enterprise* erst 2363. Sie wurde zum Flaggschiff der Sternenflotte und

2332 **NCC-1701-C**

Die *Enterprise*-C spielte eine wichtige Rolle im Friedensprozess zwischen der Föderation und dem Klingonischen Reich. Unter dem Kommando Captain Rachel Garretts verteidigte sie einen klingonischen Außenposten vor dem Angriff der Romulaner. Das Schiff wurde in dieser Schlacht zerstört, doch die Klingonen bewunderten die Besatzung für ihr großes Opfer.

2363 **NCC-1701-D**

Die *Enterprise*-D stellte eine radikale Neuerung zu ihren Vorgängern dar, hatte sie doch eine Besatzung von über 1000 Personen, darunter eine große Zivilistenschar, an Bord. Sie wurde von Captain Jean-Luc Picard befehligt und war das Flaggschiff der Sternenflotte. Sie wurde 2371 bei einem Angriff der Duras-Schwestern zerstört.

dem Kommando Captain Jean-Luc Picards überantwortet, einem der renommiertesten Offiziere der Flotte.

Die neue *Enterprise* stellte eine radikale Neuerung zu ihren Vorgängern dar, hatte sie doch über 1000 Personen, Offiziere mit Familien und andere Zivilisten, an Bord. Die *Enterpise*-D machte ihrem Namen alle Ehre und spielte eine wichtige Rolle bei der Rettung des gesamten Alpha-Quadranten vor den Borg im Jahre 2366. Außerdem war sie in den klingonischen Bürgerkrieg von 2368 involviert. Sie wurde 2371 zerstört. Die Attacke einiger klingonischer Renegaten ließ ihren Warpkern überhitzen. Die Besatzung koppelte die Untertassensektion ab und rettete sich damit auf den Planeten Veridian III.

Die Sternenflotte stellte umgehend eine neue *Enterprise* in Dienst. Die NCC-1701-E war ein Schiff der *Sovereign*-Klasse und stand abermals unter Picards Kommando, dem sich ein Großteil seiner alten Besatzung anschloss, darunter sein kompletter Führungsstab. Diese *Enterprise* rettete die Erde vor der Invasion der Borg und der Romulaner. 2379 begann sie mit der Erforschung des Denab-Systems und folgte damit der Tradition ihrer herausragenden Vorgänger.

Bis zum späten 24. Jahrhundert haben sieben verschiedene Raumschiffe den Namen „*Enterprise*" getragen. Die *Enterprise*-E verfolgte im Grunde die gleichen Missionsziele wie die NX-01 und war das Flaggschiff der Sternenflotte.

2372 NCC-1701-E

Die *Enterprise*-E aus der *Sovereign*-Klasse wurde ursprünglich zum Kampf gegen die Borg entwickelt und war schnittiger als ihre Vorgängerin. Sie lief 2372 mit demselben Führungsstab wie die *Enterprise*-D vom Stapel. Ein Jahr später half sie bei der Rettung der Erde vor einer zweiten Borg-Invasion. 2379 verhinderte sie einen romulanischen Angriff.

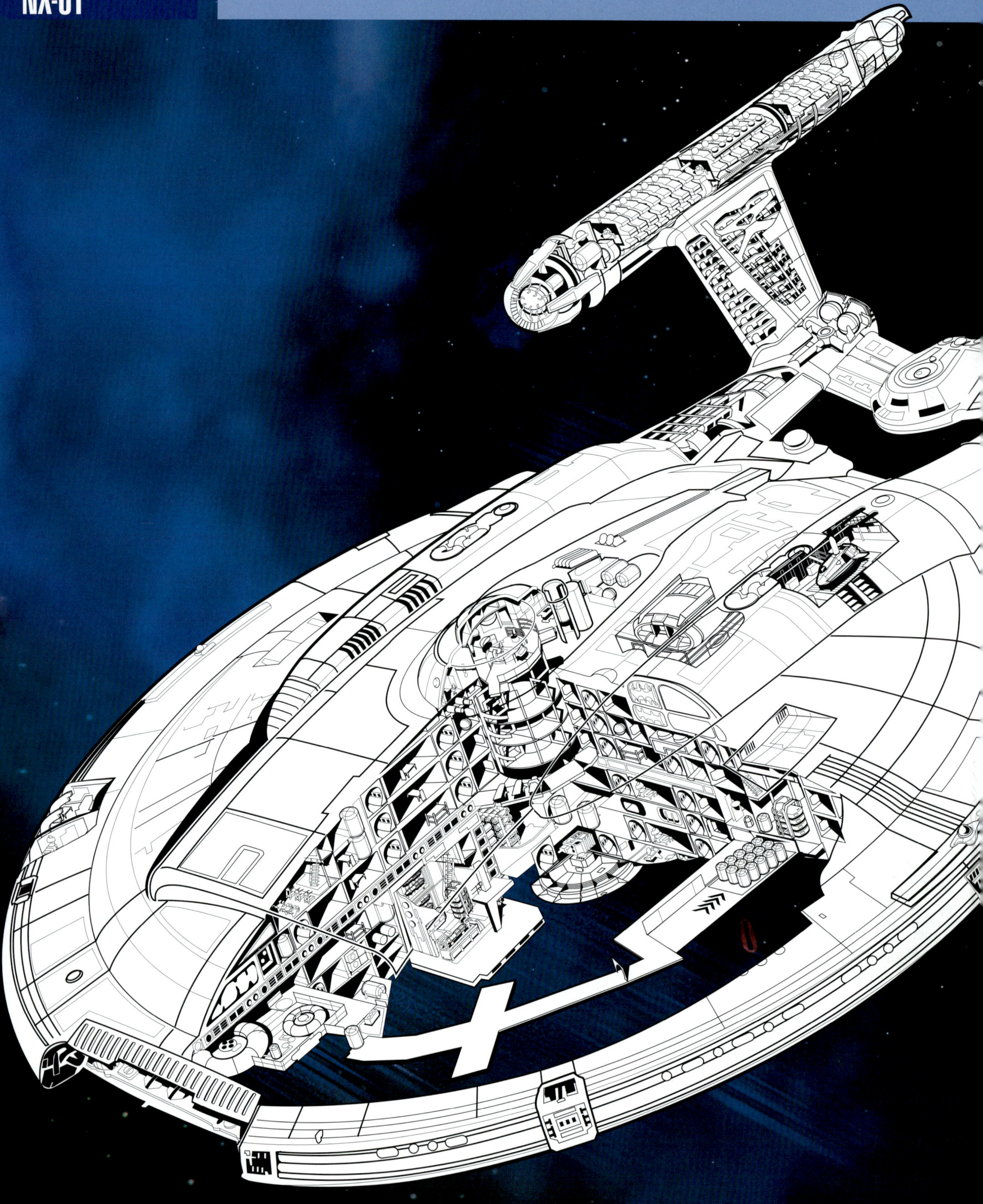

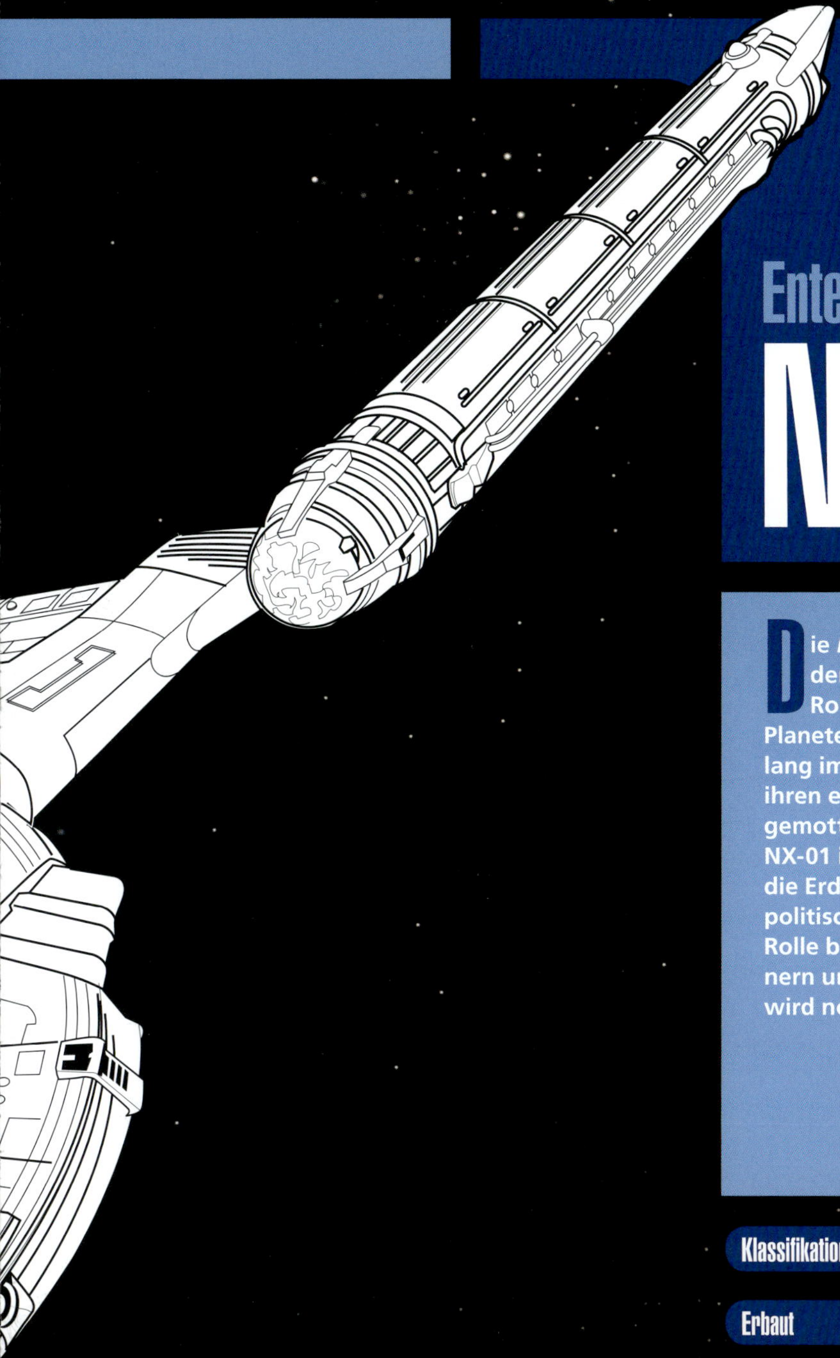

Enterprise
NX-01

Die *Enterprise* NX-01 war eines der bedeutendsten Schiffe in der Geschichte der Sternenflotte und spielte eine wichtige Rolle bei der Entstehung der Vereinigten Föderation der Planeten. Sie lief im April 2151 vom Stapel und blieb zehn Jahre lang im Dienst, bis Fortschritte im Bereich der Warptechnologie ihren einstmals revolutionären Antrieb überholten und sie eingemottet wurde. Während dieser zehn Jahre war die *Enterprise* NX-01 in Dutzende Erstkontaktmissionen verwickelt, rettete die Erde vor der Zerstörung durch die Xindi und veränderte den politischen Kurs auf Vulkan. Außerdem spielte sie eine wichtige Rolle bei der Etablierung neuer Beziehungen zu den Andorianern und Tellariten. Die NX-01 wurde zum Museumsschiff und wird noch Jahrhunderte später oft besichtigt.

Klassifikation	NX-Klasse
Erbaut	Raumdock der Erde
Stapellauf	2151
Außer Dienst gestellt	2161 (wurde ein Museumsschiff)
Länge	225 m
Anzahl der Decks	7
Besatzungsgröße	83
Bewaffnung	Phasenkanonen und Nukleartorpedos (2151), Photoniktorpedos (2153)
Kommandeur	Jonathan Archer

Die *Enterprise* NX-01 war das erste Schiff der NX-Klasse, die für die Geschichte der Erde große Bedeutung hatte. Diese revolutionären Raumschiffe waren die ersten der Menschheit, die man mit der Warp-5-Maschine ausgestattet hatte, die interstellare Forschung Realität werden ließ. Die *Enterprise* NX-01 wurde drei Wochen vor ihrem eigentlichen Starttermin in Betrieb genommen, damit sie Klaang, einen auf der Erde gestrandeten klingonischen Krieger, zu seinem Volk zurückbringen konnte. Weil die Klingonenmission ein Erfolg war, ordnete die Sternenflotte an, die *Enterprise* NX-01 solle auf ihren Testflug verzichten und ihre begonnene Reise sofort fortsetzen.

Die *Enterprise* NX-01 wurde ihre gesamte, zehnjährige Dienstzeit hindurch von Captain Jonathan Archer befehligt. Er hatte die Besten der Sternenflotte um sich versammelt. Gemeinsam wurden sie schier zu Legenden der Weltraumerforschung. Der Chefingenieur des Schiffes war Commander Charles „Trip" Tucker III., ein langjähriger Freund Archers, der während seiner zehn Jahre an Bord bedeutende Umbauten am Warp-5-Antrieb vornahm und dessen Einfluss im Design aller folgenden Sternenflottenschiffe spürbar sein sollte. Der Waffenoffizier Lt. Malcolm Reed stammte aus einer Marinefamilie. Er half Tucker, die Phasenkanonen signifikant zu verbessern und entwickelte die ersten effektiven Kraftfelder der Sternenflotte. Kommunikationsoffizierin Hoshi Sato war ein Wunderkind der Linguistik. Sie erfasste neue Sprachen äußerst schnell und spielte eine wichtige Rolle bei der Ausweitung der dem Universalübersetzer zugrunde liegenden Daten. Beim Start der *Enterprise* NX-01 hatte Pilot und Navigationsoffizier Travis Mayweather bereits mehr Raumerfahrung als jeder andere an Bord, wurde er doch auf einem Frachtschiff geboren und aufgezogen. Dr. Phlox war ein renommierter Wissenschaftler vom Planeten Denobula und rundete den Führungsstab gemeinsam mit der Vulkanierin T'Pol ab. T'Pol war vom Vulkanischen Oberkommando auf die *Enterprise* beordert worden, um deren menschliche Besatzung zu beraten. Sie verließ das Oberkommando aber bald und schloss sich der Sternenflotte an.

Die *Enterprise* NX-01 verdiente sich ihren Platz in der Historie schnell. Eigentlich hatte sie schon nach Verlassen des irdischen Sonnensystems auf Warp 5 beschleunigen sollen, doch kam es erst im Februar 2151 zu diesem historischen Ereignis. Allerdings reiste sie auch im Normalzustand meist schon mit Warp 4, was ausreichte, Planeten in nahen Sternensystemen in wenigen Wochen – statt Monaten oder Jahren – zu erreichen.

Die *Enterprise* NX-01 wurde im Erdorbit gebaut und 2151 in Betrieb genommen. Sie war ein revolutionäres Schiff, ausgestattet mit einem faszinierenden Warp-5-Antrieb, und läutete eine neue Ära der Weltraumerforschung ein.

Die Besatzung traf bereits drei Wochen nach dem Aufbruch von der Erde auf ihren ersten Planeten der Minshara-Klasse (d. h. ein für humanoides Leben geeigneter Planet). Ihm sollten Dutzende weitere folgen. Archer ging als einer der größten Entdecker des 22. Jahrhunderts in die Geschichte ein. Zwei Planeten sowie zahllose Schulen und andere Einrichtungen wurden nach ihm benannt.

Auch in den Beziehungen zwischen der Erde und dem Planeten Vulkan spielte die *Enterprise* NX-01 eine große Rolle. Zu jener Zeit standen Vulkan und Andoria an der Schwelle eines Krieges. Obwohl die Vulkanier öffentlich ihre Unschuld beteuerten, enttarnte Archer im antiken Kloster von P'Jem eine vulkanische Spionagestation, die den andorianischen Raum beobachtete. Dies brachte ihm das Vertrauen eines andorianischen Captains namens Shran ein. Im Laufe der folgenden Jahre konnte Archer die Sternenflotte als unparteiischen Vermittler zwischen Vulkaniern und Andorianern und später zwischen Andorianern und Tellariten etablieren. Dies bildete das Fundament, auf dem später die Vereinigte Föderation der Planeten entstand.

Doch Archer hatte nicht immer Glück, wenn er mit fremden Kulturen verhandelte. Wie bereits erwähnt, bestand die erste Mission der *Enterprise* NX-01 darin, den gestrandeten klingonischen Krieger Klaang auf seine Heimatwelt zu transportieren – eine Geste, die entscheidend dazu beitrug, dass sich die ungesunde Beziehung zwischen der Erde und dem Klingonischen Reich nicht zu einem offenen Krieg entwickelte. Doch die folgenden Begegnungen zwischen dem Schiff und den Klingonen waren weit weniger erquicklich. Es misslang Archer, gute diplomatische Beziehungen zu ihnen aufzubauen. Im Laufe des folgenden Jahrhunderts entwickelten sich die Klingonen zu einer der größten Bedrohungen für die Föderation.

Die *Enterprise* NX-01 selbst stand einer der größten militärischen Bedrohungen des 22. Jahrhunderts gegenüber. Im März 2153 starteten die Xindi einen verheerenden Angriff auf die Erde. Eine Xindi-Waffe trat in den Erdorbit ein und schoss einen Energiestrahl ab, der eine 4000 Kilometer lange Schlucht von Florida nach Venezuela schlug und sieben Millionen Menschen tötete. Die Erde erfuhr bald, dass es sich bei dieser Waffe nur um einen Prototyp gehandelt hatte und die Xindi an einer größeren Version arbeiteten, die den gesamten Planeten zerstören sollte. Also wurde die NX-01 zurück zur Erde beordert und mit zusätzlicher Bewaffnung ausgestattet, bevor man sie auf den Weg schickte, die Xindi zu finden und aufzuhalten. Archer fand heraus, dass die Xindi von Wesen aus einer anderen Dimension und – laut manchen Quellen – anderen Zeit manipuliert wurden. Es gelang ihm, eine Fraktion der Xindi auf seine Seite zu ziehen. Dadurch verhinderte er den Angriff der zweiten Waffe und rettete die Erde vor der Vernichtung. Dies ließ die *Enterprise* NX-01 und ihre Besatzung unvergessen werden.

Im Jahr 2154 waren sie, und insbesondere Commander T'Pol, in den Sturz des Vulkanischen Oberkommandos involviert. Dieses war zunehmend aggressiver geworden und unterdrückte die Syrranit-Bewegung, die überzeugt war, Vulkan habe sich von den Lehren Suraks abgewandt. Surak war eine Figur aus der vulkanischen Geschichte und der Mann, der dieses Volk einst dazu brachte, die Gewalt hinter sich zu lassen und sich allein der Logik zu verschreiben. Captain Archer half dabei, Suraks Originalschriften wiederzuentdecken, das Kir'Shara, und bewies, dass V'las, seines Zeichens Anführer des Vulkanischen Oberkommandos, Beweise gefälscht hatte, um einen Präventivschlag gegen Andoria zu rechtfertigen. Auf V'las folgte Kuvak, der das Oberkommando auflöste und eine deutlich positivere Politik gegenüber der Erde vertrat.

Trotz der Gefahren der Weltraumerkundung überlebten Captain Archer und sein Führungsstab ihre zehnjährige Mission nahezu komplett. Die einzige Ausnahme stellte Commander Tucker dar. Er wurde 2161 bei der letzten Mission des Schiffes getötet. Tucker rettete dadurch den Andorianer Shran vor der Ergreifung durch eine feindliche Partei, die das Schiff hatte entern wollen. Die *Enterprise* NX-01 kehrte zur Erde zurück, wo Captain Archer die Charta unterzeichnete, die zum Grundstein der Vereinigten Föderation der Planeten wurde. Archer wurde später zum Admiral befördert und war Stabschef beim Flottenkommando. 2164 ernannte man ihn zum Ehrenmitglied der Andorianischen Imperialen Garde, woraufhin er fünf Jahre lang als Botschafter der Föderation auf Andoria diente. Schließlich wurde er sogar Mitglied des Föderationsrats, dem er von 2184 bis 2192 auch als Präsident vorstand.

Doch trotz seiner späteren Meriten wird er immer als erster Captain des Raumschiffs *Enterprise* in Erinnerung bleiben.

Die ursprüngliche Mission der *Enterprise* NX-01 bestand in friedlicher Forschung. Doch schon bald fand sie sich in Konflikten mit zahlreichen Völkern wieder und wurde oft angegriffen. Deshalb ließ die Sternenflotte sie überholen, um ihre Kampffähigkeiten zu verbessern.

BACKBORDANSICHT

BUGANSICHT

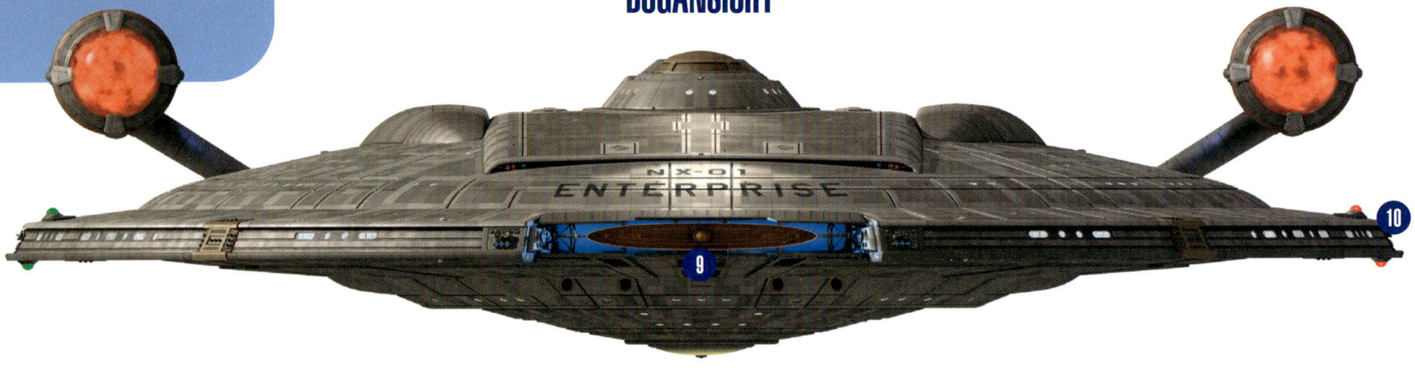

Die *Enterprise* NX-01 war der Prototyp der Schiffe der NX-Klasse. Sie war 225 Meter lang und 7 Decks hoch. Bei ihrem Stapellauf hatte sie eine 83-köpfige Besatzung, die später durch eine Einheit MACOs (Military Assault Commando) aufgestockt wurde. Bei ihrem Start im April 2151 war sie das mit Abstand fortschrittlichste jemals gebaute Erdenraumschiff. Ihr Warpantrieb war Warp-5-fähig, was interstellare Forschung Realität werden ließ. Sie war mit modernster Sensorik ausgestattet, einem drei Decks durchlaufenden Computerkern und einem der ersten für den Bio-Transport freigegebenen Transporter. Sie wurde auch entworfen, um experimentelle Phasenbewaffnung einzusetzen. Diese konnte aber erst nach einigen Monaten realisiert werden.

Die *NX*-Klasse etablierte das Muster, das später zum Markenzeichen der Sternenflottenschiffe werden sollte: In der Frontsektion befanden sich die Mannschaftsquartiere und der Großteil des bewohnbaren Schiffssegments. Der hintere Bereich enthielt die Antriebssysteme und war mit zwei Warpgondeln verbunden, die auf Trägern steckten, um sie auf Distanz zum Hauptschiffskörper zu halten.

Im Trockendock konnten die gesamte Hülle entfernt, der Warpkern und die Maschinenraum-Module ausgetauscht werden. Hinter der Hülle, zwischen den Warpgondeln, befand sich ein großer symmetrischer Warpfeld-Generator. Er musste die von den Gondeln erzeugten, ungleichen Warpfelder in Einklang bringen. Dazu erzeugte er ein schwaches Subraumfeld, das der Warpblase eine für höhere Warpgeschwindigkeiten akzeptablere Beschaffenheit verlieh.

Die sieben Decks wurden mit A bis G gekennzeichnet. Die Brücke befand sich auf der obersten Ebene, dem A-Deck, und die untere Sensorenreihe auf Deck G. Zwei Halb-Decks befanden sich zwischen D und E sowie zwischen E und F. Diese beherbergten allerdings nur eine Reihe von EPS-Verbindungen sowie Lüftungs- und Zugangsröhren.

Der Antrieb (korrekter: gravitmetrischer Feldverzerrer) war um eine primäre Warpspule mit fünf Plasmainjekto-

HECKANSICHT

ren angeordnet. Er saß im Hauptmaschinenraum hinter dem Zentrum der Untertassensektion und erstreckte sich auf die Decks C und D. Er funktionierte nach den Prinzipien des originalen Cochrane-Antriebs, erzeugte also eine Materie-Antimaterie-Reaktion, die durch Dilithiumkristalle fokussiert wurde. Der Positronenstrom wurde mittels einer Reihe magnetischer Verenger weitergeleitet. Bei der verwendeten Materie handelte es sich um Deuterium (ein Wasserstoffisotop mit einem einzelnen Proton und Neutron im Atomkern sowie mit einem einzelnen Elektron). Der Hauptreaktor enthielt genug Materie und Antimaterie, um etwa einen Monat ohne Nachversorgung betrieben werden zu können. Außerdem hatte die *Enterprise* NX-01 mehr als 2000 Liter Deuterium an Bord – genug, um die Maschinen auch über längere Zeiträume hinweg fern der Sternenflotteneinrichtungen am Laufen zu halten. Die Deuterium-Tanks befanden sich auf Deck B, ihre Position ist selbst von außerhalb des Schiffes erkennbar. Die NX-01 verfügte über eine ähnliche Menge Antimaterie, die auf Deck F gelagert wurde.

1. Hauptbrücke
2. Frachtraumtüren
3. Luftschleuse
4. Sensorenkuppel
5. Fährenhangar
6. Bussardkollektor
7. Warpgondel
8. Warpspulen
9. Deflektorschild
10. Andockpunkt
11. Impulsantrieb

In Notfällen konnte der Warpantrieb mittels Konsolen oberhalb des Hauptreaktors manuell abgeschaltet werden. Die Plasmainjektoren stellten daraufhin den Betrieb ein, und die Warpreaktion setzte aus.

Wenn der Antrieb gestartet wurde, dauerte es 20 Minuten, bis die Gondeln ihre maximale Leistungskraft erreichten, obwohl das Schiff schon bedeutend früher warpfähig war.

Beim Stapellauf der *Enterprise* NX-01 bemerkte man Schwankungen im Warpfeld bei Geschwindigkeiten von mehr als Warp 4,8. Diese ließen das Schiff erbeben und erweckten den Eindruck, als reiße es auseinander. Anfang 2153 entdeckte Commander Tucker, dass er diese Schwankungen beseitigen konnte, indem er den Antimateriestrom verdichtete, bevor dieser die Injektoren erreichte. Dies ließ das Warpfeld viel stabiler werden. Später im selben Jahr gelang ihm eine Überarbeitung der Antimaterieinjektoren. Dazu nutzte er einen von den Andorianern erhaltenen Entwurf, der variable Verdichtungsdüsen enthielt.

Überhitztes Plasma wurde von den Maschinen in die Plasmabeschleuniger geleitet, die sich in der doppelwandigen Hülle der Untertassensektion befanden. Von dort wurde es durch Plasmaleitungen in die Streben befördert, die die Untertassen- mit der Antriebssektion verbinden, sowie in die Gondeln. Die Gondeln waren der Besatzung normalerweise nicht zugänglich, da das Plasma Temperaturen von über

1 Schiffskennung
2 Frachtraumtüren
3 Impulstriebwerk
4 Warpgondel
5 Symmetrischer Warpfeld-Generator
6 Beobachtungsgalerie
7 Fährenhangar
8 Gondelträger

RÜCKENANSICHT

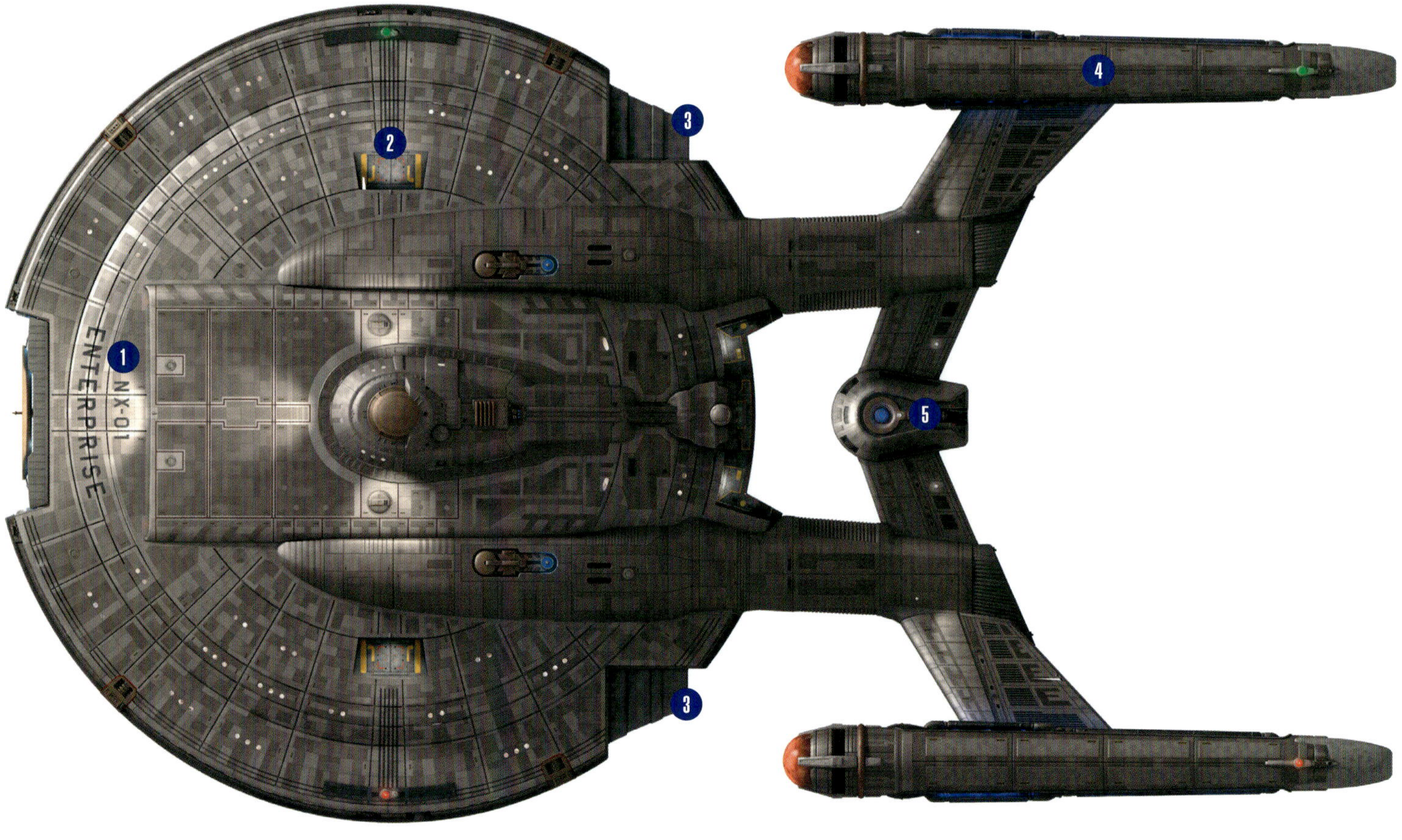

Der Warpantrieb der NX-01 war ein riesiger Fortschritt, blieb aber ein Experiment. Er bedurfte intensiver Wartung und permanenter Aufmerksamkeit. Daher war es nicht immer sicher, im Maschinenraum zu arbeiten.

BAUCHANSICHT

15 Millionen Grad Kelvin erreichte, doch führte ein Laufsteg durch jede einzelne Gondel. Die Gondeln waren mit Osmium ummantelt, was einen Partikelausstoß bei Abschaltung des Antriebs oder im Falle eines anormalen Eindämmungswertes verhinderte.

Von dieser primären Energieversorgung war das Hilfsenergiesystem völlig unabhängig. Es bezog keinerlei Energie vom Warpantrieb. Wie die Hauptversorgung belieferte es das EPS (Elektro-Plasma-System), welches die Energie durchs gesamte Schiff beförderte.

Die Außenhülle der *Enterprise* NX-01 bestand aus Platten einer Tritaniumlegierung, die mit Duranium überzogen waren. Im Falle eines Angriffs setzte die *NX*-Klasse auf Polarisierung statt Schilde, um die Hülle zu stärken. Bei der Polarisierung wurde eine elektromagnetische Ladung durch die Hüllenverkleidung geleitet, um diese bedeutend stärker und widerstandsfähiger zu machen. Die elektromagnetische Ladung musste beibehalten werden, ansonsten fiel die Hülle auf ihre normale Stärke zurück.

Während ihrer zehn Dienstjahre musste die *Enterprise* NX-01 viele Hüllenbrüche überstehen. Im Falle eines solch ernsten Schadens, schotteten Notwände den entsprechenden Schiffsbereich ab. An Bord befanden sich einige Ersatzplatten für Reparaturen an der Außenhülle, außerdem konnten jederzeit weitere hergestellt werden. Dennoch erlitt das Schiff mitunter derart umfangreiche Hüllenschäden, dass eine Rückkehr ins Raumdock unerlässlich war.

Im Falle einer Katastrophe konnte die Mannschaft das Schiff mit Rettungskapseln verlassen. Diese befanden sich am äußeren Rand des D-Decks. Jede Kapsel konnte zwei Personen aufnehmen und sich mit 300 km/h Maximalgeschwindigkeit vom Schiff entfernen. Die Kapseln trieben daraufhin im All und sendeten ein Notsignal aus, das von nahen Raumschiffen empfangen werden konnte.

Die *Enterprise* NX-01 führte zwei Flugrekorder oder Black Boxes mit sich, die fortwährend Daten vom Logbuch des Captains, den Schiffssensoren und über den Status der Hauptenergiesysteme aufzeichneten. Sie waren entworfen, sogar einen Bruch des Warpantriebs zu überstehen, und konnten ein Ortungssignal aussenden, das fünf Millionen Kilometer weit reichte.

Die Hauptmission der NX-01 bestand in der Erkundung des Alls. Ihre Sensoren waren die fortschrittlichsten, die die Erde zu bieten hatte, aber nicht gleichwertig mit vulkanischen und andorianischen Systemen. Sie konnten das volle elektromagnetische Spektrum scannen und Messungen am Subraum und an gravimetrischen Feldern vornehmen. Außerdem erkannten sie die Biosignaturen eines breiten Spektrums von Lebensformen. Die Hauptsensorik befand sich am Rand der Untertassensektion neben dem Deflektor in der gewaltigen Kuppel an der Unterseite der Untertasse sowie in einer kleineren Kuppel auf Deck A, gleich backbord hinter der Brücke.

Die *Enterprise* NX-01 war eines der ersten Sternenflottenschiffe mit einem Transporter, der für eine Verwendung bei lebenden Wesen freigegeben war. Er befand sich auf Deck D. Der Transporter hatte eine Reichweite von circa 2000 km. Da sich die Transportertechnologie aber noch in den Kinderschuhen befand, verließ sich die Besatzung bei Reisen zu Planetenoberflächen und anderen Schiffen lieber auf die Fähren. Die NX-01 verfügte über zwei Fährenhangars, die auf den Decks D und E im hinteren Bereich der Untertassensektion zu finden waren. Zwei Türen auf der Unterseite der Hülle entließen die Raumfähren ins All. Durch sie kehrten sie nach ihren Missionen auch wieder ins Schiff zurück.

Die Fähren waren an magnetischen Klammern gesichert, die vom Dach der Hangars hingen. Startete eine, wurde der Druck aus dem gesamten Hangar gelassen. Die Mannschaft konnte den Start vom Beobachtungsraum im jeweiligen Hangar aus überwachen. Startete eine Raumfähre, konnte man dies von einer Beobachtungsgallerie auf Deck F sehen.

Das Andocken einer Fähre besorgte normalerweise der jeweilige Pilot. Die *Enterprise* NX-01 konnte Fähren aber auch mit Greifern an Bord nehmen, die von Aufbauten an der Unterseite der Untertassensektion ausgingen. Die

Unten: Bei Reisen unter Lichtgeschwindigkeit, baute die NX-01 auf ihre Impulstriebwerke. Diese verliehen ihr den nötigen Schub.

Unten rechts: Fluglage, Positionskontrolle und kleinere Manöver wurden durch die Manövrierdüsen ermöglicht.

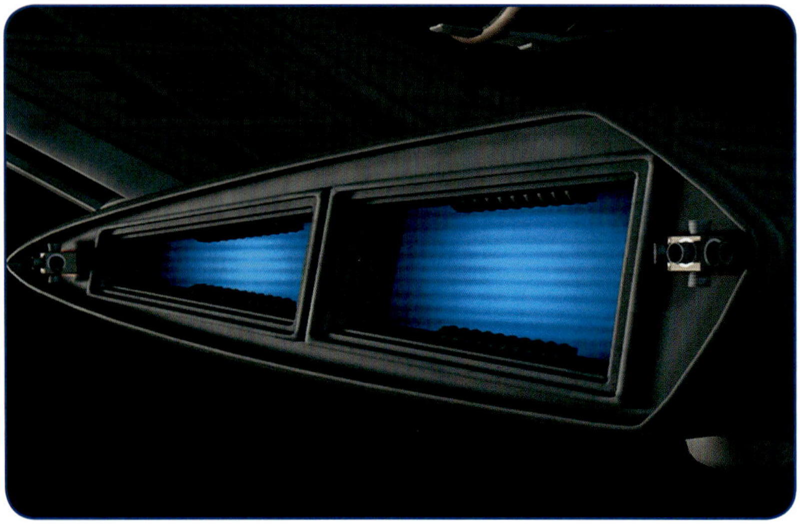

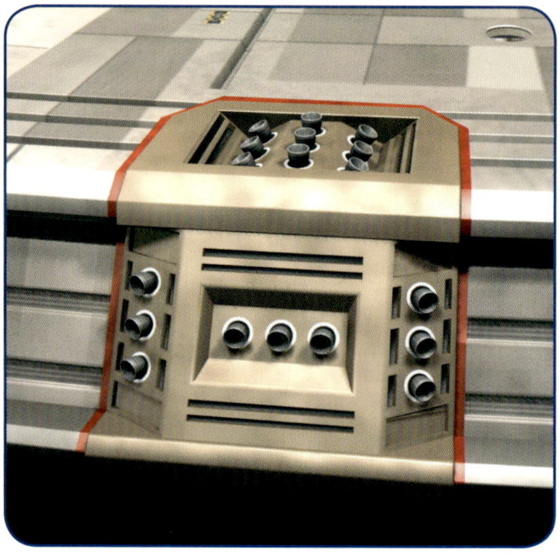

IMPULSTRIEBWERK

Die NX-01 hatte zwei Impulstriebwerke, die sich auf Deck E befanden. Ihr Schub lief durch das gesamte Schiff, konnte aber angepasst werden, um eine leichte Steuerbarkeit zu gewährleisten und nicht-standardmäßige Gewichtslagerungen zu kompensieren.

Im Herzen des Triebwerks befanden sich Kernfusionsreaktoren, die mit Deuterium betrieben wurden. Jedes Triebwerk bestand aus drei Hauptteilen: Fusionsreaktorkammern, einem Satz Subraumfeldspulen und einem richtungsweisenden Ausstoßmodul.

Die Kernfusion erzeugte überhitztes Plasma, das dann durch Subraumverdichtungsspulen geleitet wurde und die scheinbare Masse des Plasmaausstoßes erhöhte. Bei der daraus resultierenden Vorwärtsbewegung des Schiffes schien es also, als werde eine viel größere Menge Plasma ausgestoßen. Dies verringerte den Treibstoff- und Massebedarf des Impulsantriebs in beachtlichem Ausmaß.

Der Ausstoß des Plasmas schob das Schiff nach newtonschen Prinzipien voraus, wie bei einer sehr mächtigen Rakete. Mittels Ausstoßrichtungsspulen ließ sich die Richtung des Plasmas verändern – und somit auch der Schiffskurs.

Die Impulstriebwerke waren ein sekundäres Energiesystem für das Schiff, also auch ein Ersatz für den Warpantrieb. Das Plasma wurde von den Fusionsreaktoren in das EPS-Netzwerk (Elektro-Plasma-System) des Schiffes geleitet. Dadurch funktionierten die Schiffssysteme auch, wenn der Warpantrieb inaktiv war.

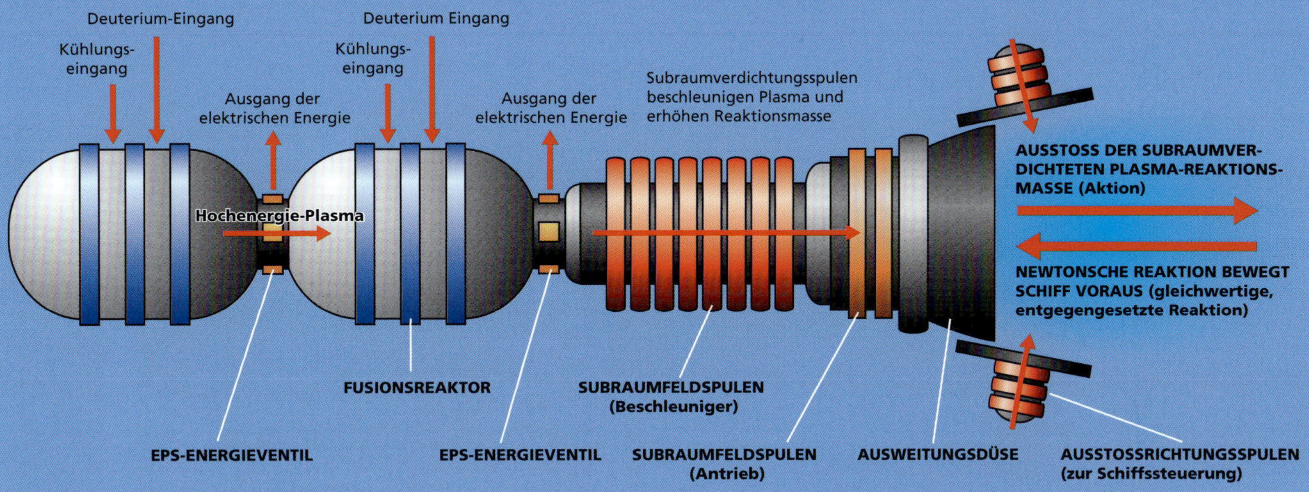

Greifer bedienten sich mächtiger Elektromagnete und konnten sich an jedes eisenhaltige Objekt heften. Die Kabel bestanden aus einer Art Kohlenstofffasergemisch und waren stark genug, selbst ein mit nahezu voller Impulskraft fliegendes Schiff zu halten.

Wer den Transporter oder die Fähren benutzte, musste danach dekontaminiert werden, damit keine Krankheiten oder Parasiten an Bord gelangten. Auf die *Enterprise* zurückkehrende Mannschaftsmitglieder mussten daher Zeit in einer Dekontaminationskammer verbringen, die sich ebenfalls auf Deck D befand. Dort wurden sie niedriger Strahlung ausgesetzt, die fremde Bakterien und kleinere Lebensformen tötete. Außerdem trugen die Mitglieder Gel auf ihre Körper auf, das die Haut sterilisierte und ein breites Spektrum an Bazillen abtötete.

Zusätzlich zu den Raumfähren verfügte die *Enterprise* NX-01 auch über eine Inspektionsfähre, mit der Schäden an der Außenhülle inspiziert und äußere Reparaturarbeiten ausgeführt werden konnten. Sie startete vom Frachthangar aus.

Die NX-01 war mit besonderen Luftschleusen ausgestattet, die es ihr ermöglichten, an eine Vielzahl verschiedener Schiffe anzudocken – selbst an Schiffe unbekannter Bauart. Sie hatte drei Hauptschleusen, deren Andockklammern die beiden Schiffe aneinander brachten. Am häufigsten fanden die Schleusen Verwendung, die sich am äußeren Ende des E-Decks befanden. Eine weitere Luftschleuse befand sich im hinteren Bereich der Untertassensektion. War sie im Raumdock, wurde die NX-01 von Vorrichtungen an den Rändern der Untertassensektion, direkt über den Luftschleusen, festgehalten.

Zu den wichtigsten Aufgaben der *Enterprise* NX-01 gehörte die Etablierung eines Subraumkommunikationsnetzwerks, das es dem Schiff erlaubte, mit der Sternenflotte in

Verbindung zu bleiben. Dank dieses Netzwerks konnte die Erde weitaus besser Kontakt zu ihren fernen Schiffen und Kolonien halten. Daher besaß die NX-01 eine starke Subraumantenne und setzte regelmäßig Subraumverstärker aus, die Signale zur Sternenflotte weiterleiten konnten. Die Subraumverstärker wurden auf Deck F gelagert, back- und steuerbord des Haupt-Fährenhangars, und gelangten durch Luken an der Unterseite der Untertasse ins All.

UMWELTSYSTEME

Die Umweltsysteme recycelten die Luft, das Wasser und den Abfall. Biochemische Reaktoren entfernten Kohlendioxid aus der Luft und erzeugten Sauerstoff, ähnlich den Pflanzen der Erde. Das Recyclingsystem war so effizient, dass Wasser keine Mangelware war und der Führungsstab Duschen in den Quartieren hatte.

FRACHT UND LAGERUNG

Die *Enterprise* NX-01 hatte drei Frachträume. Nach dem Angriff der Xindi auf die Erde wurde einer davon in ein Kommandozentrum umgewandelt. Dort konnte die Besatzung erhaltene Informationen bezüglich der Xindi-Bedrohung analysieren. Die verbliebenen zwei Frachträume erstreckten sich von Deck C zu Deck E. Ihre großen Türen waren auf der Ober- und Unterseite der Untertasse zu finden. Aus dem Schiffsinneren heraus waren die Frachträume über Deck E zu betreten.

WAFFEN UND VERTEIDIGUNG

Anfangs war Captain Archer dagegen, das Schiff mit schwerer Bewaffnung auszustatten, doch nach seinen ersten drei Jahren im Amt und seiner historischen Xindi-Mission, revidierte er seine Ansicht und schlug vor, alle zukünftigen Schiffe der *NX*-Klasse mit oberen und unteren Torpedorohren und Phasenkanonen zu versehen.

Das Schiff verfügte ursprünglich über Torpedos mit Raketenantrieb und explosiver Ladung. Da es aber verfrüht in Dienst gestellt wurde, waren diese Torpedos zunächst nicht verwendbar, da die Zielscanner nicht exakt ausgerichtet waren. Korrekturen wurden nötig und während des Flugs ausgeführt. Die Torpedos verfügten über einen eigenen Antrieb und erhielten vom Schiff telemetrische Daten, die es ihnen gestatteten, den Zielflug zu verändern. Sie konnten aus der Ferne zur Detonation gebracht werden.

Die *Enterprise* NX-01 war zudem für drei Phasenkanonen ausgerüstet, phasenmodulierte Energiewaffen mit

Der ursprüngliche Plan sah keine schwere Bewaffnung der NX-01 vor, doch die Verteidigungssysteme wurden schon bald überholt. Ihre anfänglichen Waffen waren Torpedos. Diese wurden von der Waffenkammer auf Deck F aus in die Torpedoröhren geladen.

Die NX-01 war ein relativ kleines Schiff mit 83-köpfiger Besatzung. Sie war weit weniger luxuriös als ihre Nachfolger und hatte eine funktionale Bauweise, die dem Komfort der Besatzung nur wenige Zugeständnisse machte.

einem maximalen Energieausstoß von 500 Gigajoule. Diese Technologie war erst kürzlich erfunden und zur Benutzung freigegeben worden. Als die NX-01 das Raumdock verließ, hatte sie erst einen einzigen Prototyp an Bord, der nicht einmal montiert worden war.

In den ersten Monaten ihrer Mission operierte die NX-01 ohne Phasenkanonen. Doch nach einer feindlichen Konfrontation im August 2151, befand Captain Archer, die Zeit sei gekommen, sie einzubauen. Nach ursprünglichem Plan hatte das Schiff dafür zur Jupiter-Station reisen sollen, doch da es in Gefahr war, begann die Besatzung bereits während des Fluges dorthin mit der Installation. Es gelang ihr, am 1. September die beiden vorderen Phasenkanonen einzubauen, nur zwei Tage nach dem Angriff.

Während der Arbeiten errechneten Commander Tucker und Lt. Reed, dass die Kanonen eine weitaus größere Leistung brachten, wenn man sie direkt mit dem Impulsantrieb des Schiffes verband. Ein Test dieser Idee führte zu einem Plasmarückstoß im Energiesystem des Schiffes, aber Tucker fand einen Weg, diese gestaute Energie auf die Gravitationsplatierung umzuleiten. Diese wurde depolarisiert, um den Rückstoß zu absorbieren. Die überschüssige Energie wurde ins strukturelle Integritätsfeld des Schiffes geleitet, was den Vorteil hatte, diesem eine stärkere Widerstandskraft zu verleihen.

Die Zielscanner und Waffenkontrollsysteme wurden aus der Waffenkammer auf Deck F heraus bedient. Dort wurden auch die Torpedos gelagert und in die vorderen und hinteren Röhren geladen. Die Phasenkanonen waren außerhalb des Schiffes montiert, ihre Frequenzen wurden aber in der Waffenkammer bestimmt und verändert.

Zusätzlich gab es 14 Waffenschränke auf dem Schiff, in denen kleinere Waffen lagerten. Eine Brig auf Deck E fasste zwei Personen, konnte notfalls aber auch mehr beherbergen. Die schalldichten Wände der Brig bestanden aus verstärktem transparenten Aluminium. In die Wände integrierte Lautsprecher und Mikrofone ermöglichten die Kommunikation mit den Gefangenen.

Die NX-01 besaß Transporter. Zu Beginn ihrer Mission waren aber noch Raumfähren der gebräuchliche Weg, auf die Oberfläche eines Planeten zu reisen. Diese starteten von der Unterseite der Untertasse aus.

AUFBAU DER HAUPTBRÜCKE

Das A-Deck war das kleinste der sieben Decks. Es bestand aus dem Brückenmodul und dem Bereitschaftsraum des Captains. Es war durch einen einzigen Turbolift erreichbar, der sich im hinteren Backbordbereich befand. Eine Notluke erlaubte den Durchgang zum restlichen Schiff, falls der Lift ausfiel.

Wie es in Schiffen der Sternenflotte üblich werden sollte, war die Brücke rund. Der Sitz des Captains befand sich in ihrer Mitte. Eine Steuerstation war direkt davor angebracht, zwischen dem Captain und dem Hauptmonitor. Dazu kamen ringsum diverse Stationen. Vom Turbolift aus im Uhrzeigersinn betrachtet, waren die Wissenschafts- und Kommunikationsstation an Backbord, die Taktik und die Technikstation an Steuerbord. Hinter der Brücke gab es den Situationsraum mit einer Tischstation, die direkt mit der Stellarkartografie, dem Bordcomputer und den Antriebssystemen verbunden war. Die Wände dieses Schiffsbereiches enthielten diverse Monitore, die den Status des Schiffes zeigten.

Die Steuerstation war eine Kombination aus Navigations- und Pilotenfunktionen. Der Astrogator diente zur Anzeige des Kurses und leichten Korrektur desselben. Der Steuermann beeinflusste auch das Tempo des Schiffes, also die Warp- und Impulstriebwerke sowie die für kleinere Manöver verwendeten Schubdüsen. Das Steuer war in ständigem Kontakt mit dem Maschinenraum und erhielt stets Informationen

1. Hauptmonitor
2. Technikstation
3. Taktik
4. Bereitschaftsraum des Captains
5. Situationsmonitor
6. Hauptsystem-Anzeige
7. Ausgang
8. Turbolift
9. Wissenschaftsstation
10. Kommunikation
11. Steuer und Navigation
12. Sitz des Captains

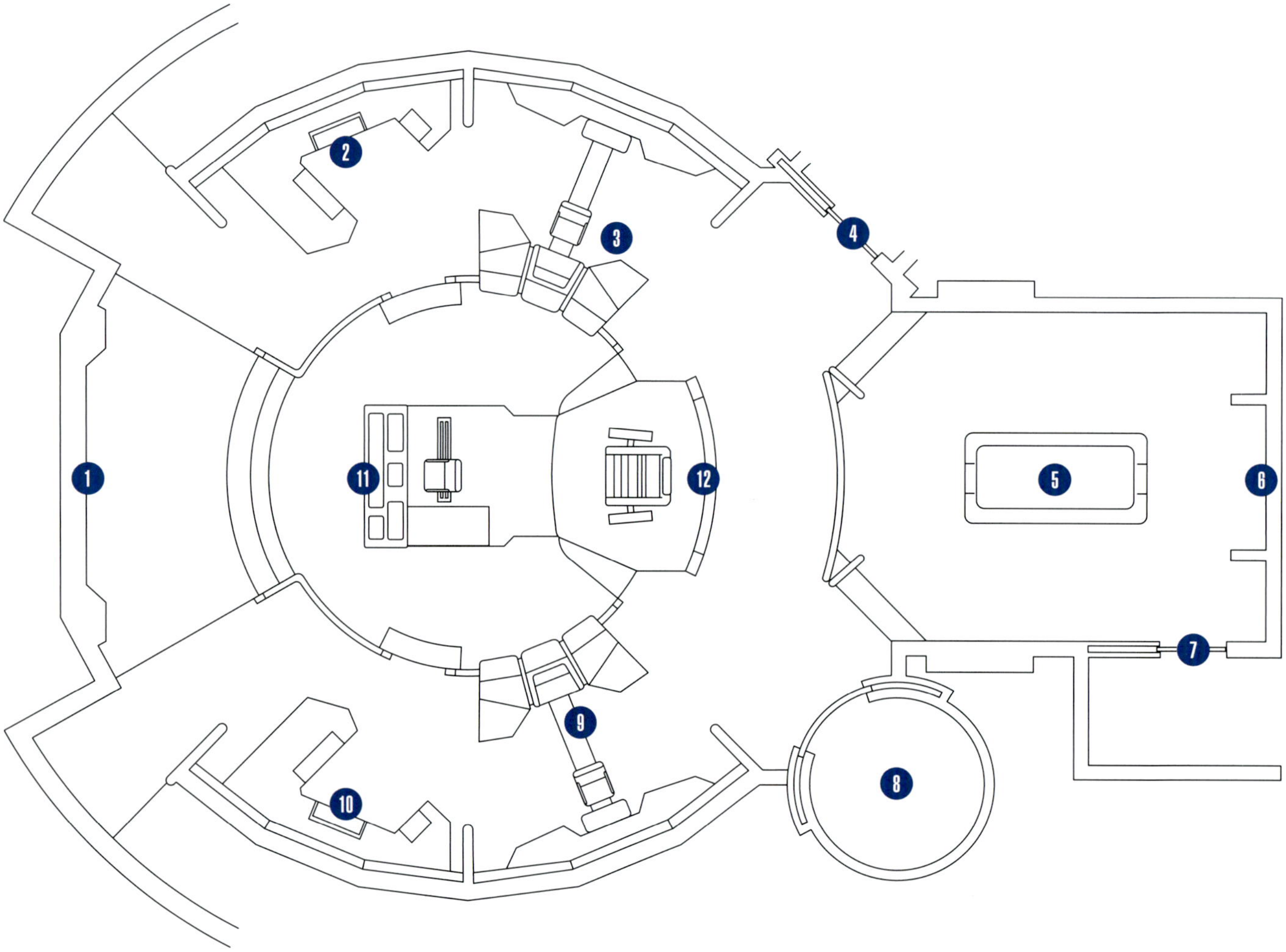

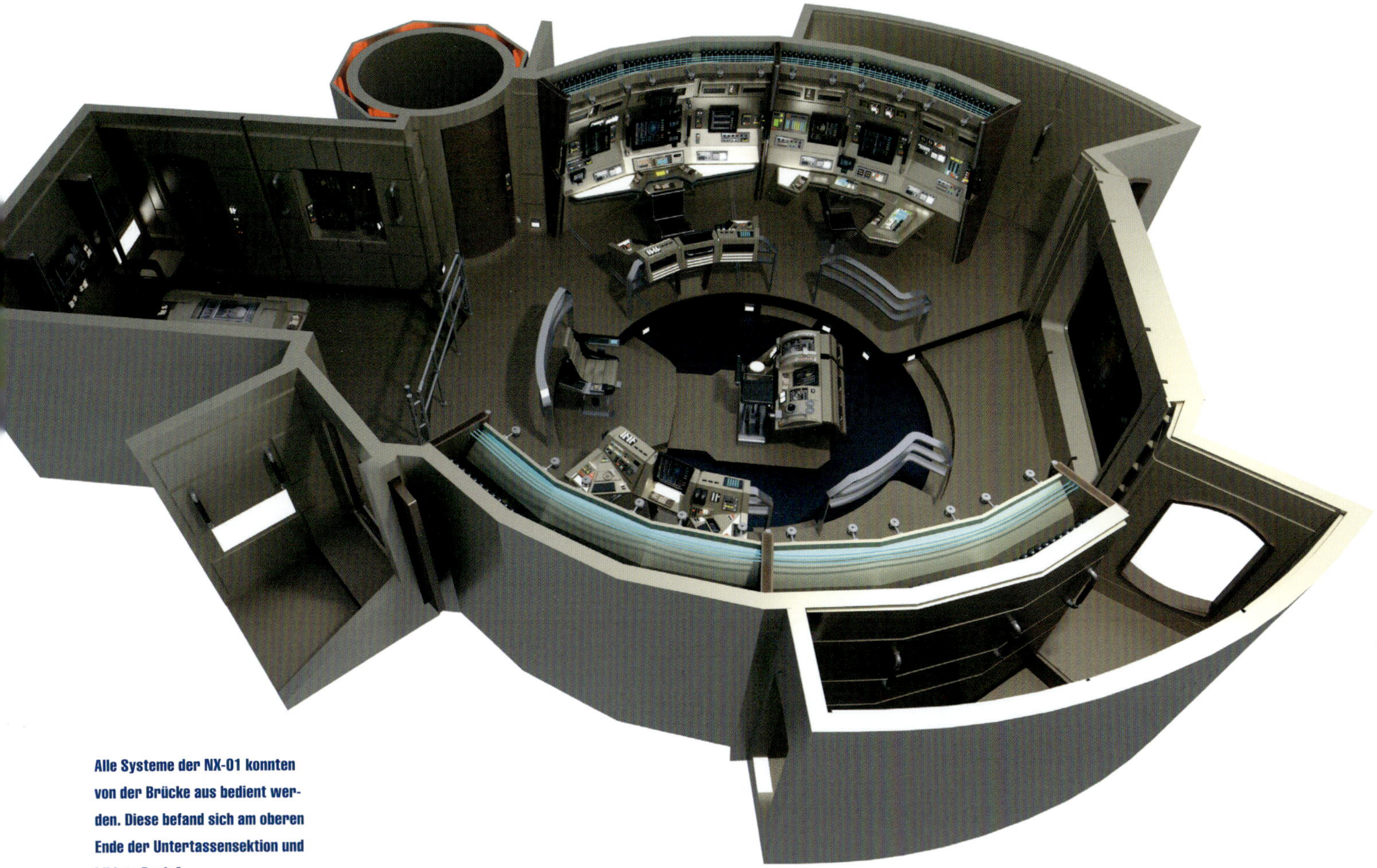

Alle Systeme der NX-01 konnten von der Brücke aus bedient werden. Diese befand sich am oberen Ende der Untertassensektion und bildete Deck A.

über den Zustand der Triebwerke, die strukturelle Integrität und den Deflektor.

Hauptfunktion der Wissenschaftsstation war die Aufbereitung und Analyse der via Sensoren gewonnenen Daten für den befehlshabenden Offizier und die betreffenden Abteilungen sowie der Abgleich der gewonnenen Informationen mit dem Bibliothekscomputer. Sie bot also eine Unmenge an Wissen, auch komplette Auswertungen der Sensordaten. Dank des Zugriffs auf den Bibliothekscomputer des Schiffes verfügte sie über alles Wissen der Sternenflottendatenbank.

Die Kommunikationssysteme der *Enterprise* waren die fortschrittlichsten ihrer Zeit, doch verlief die Kommunikation zwischen der Sternenflotte und unbekannten Spezies damals nicht immer geradlinig. Zu den Systemen der *Enterprise* gehörte ein Universalübersetzer (UÜ), der die Grammatik und Syntax einer fremden Sprache erfassen und mit der bekannter Sprachen vergleichen konnte, um eine Direktübersetzung zu ermöglichen. Beim Stapellauf des Schiffes bestand die UÜ-Datenbank allerdings erst aus einer kleinen Menge an Sprachen und lieferte oft äußerst krude Übersetzungsvorschläge. Da die Besatzung aber auf Dutzende neue Völker traf, stieg die Effizienz des UÜs im Laufe ihrer Mission rapide an.

Die taktische Station erlaubte die unmittelbare Kontrolle der Torpedos und Phasenkanonen der *Enterprise*. Die Station stand in direktem Kontakt mit der Waffenkammer und hatte vollen Zugriff auf die Zielscanner und Sensoren, die detaillierte Informationen über in der Nähe befindliche Schiffe lieferten – etwa hochauflösende DNS-Scans von deren Besatzungen. Die Zielscanner halfen auch bei der Nutzung der Greifer, die nicht nur Fähren, sondern jedes fremde Schiff und Objekt an Bord befördern konnten, das der Captain wollte. Captain Archer verwendete sie einmal als Waffe, um die Warpgondel eines klingonischen Kriegsschiffes zu zerstören.

Die taktische Station diente auch zur Schadenskontrolle. Der taktische Offizier unterrichtete den Captain über den Status der Außenhülle sowie über strukturelle und personelle Schäden.

Durch eine steuerbord gelegene Tür gelangte man in den Bereitschaftsraum des Captains, einem kleinen Büro, in dem dieser Berichte schreiben, Besucher empfangen, Privatgespräche mit Offizieren führen und sich entspannen konnte, wenn er nicht auf der Brücke gebraucht wurde. Weil der Raum nur wenige Meter von der Brücke entfernt war, konnte er buchstäblich binnen Sekunden zurück auf seinem Posten sein.

Die Mannschaft war in der Untertassensektion untergebracht. Knapp ein Drittel der Besatzung war weiblich, zwei Personen nichtmenschlich – die vulkanische Wissenschaftsoffizierin T'Pol und der denobulanische Arzt Phlox.

Der Hauptteil der Unterkünfte lag auf Deck D, wenngleich vereinzelt auch Leute auf den Decks B, C und E lebten. Außerdem gab es Gastquartiere auf G, nahe der Sensorenkuppel. Commander Tucker und Lt. Reed hatten Quartiere auf dem B-Deck, wohingegen sich Captain Archer für Deck E entschied, weil ihm die Position der Unterkunft an der Steuerbordseite des Hauptdeflektors einen außergewöhnlichen Blick auf das Treiben rings um das Schiff bot.

Senioroffiziere hatten eigene Quartiere, die in zwei Bereiche unterteilt und mit eigenen Bädern inklusive Duschen ausgestattet waren. Besatzungsmitglieder niedrigeren Ranges teilten sich ihre Wohnräume. Jeweils zwei Personen kamen auf ein Quartier; ihre Etagenbetten waren in die Wand integriert.

Das Essen wurde vom Schiffskoch, den Captain Archer persönlich ausgewählt hatte, in der Kombüse auf Deck E zubereitet. Die Mannschaft versammelte sich zum Essen in der Messe, die auch als Aufenthaltsraum fungierte, in dem einmal pro Woche Filme gezeigt wurden. Captain Archer hatte zudem einen privaten Speisesaal. Dort aß er mit Mitgliedern des Führungsstabs oder Besuchern. Auf dem Schiff waren echte, gefrorene Lebensmittel gelagert, doch die meiste Nahrung stammte aus umgeformtem Protein, aus dem nahezu jedes beliebige Gericht hergestellt werden konnte. Die *Enterprise* NX-01 hatte ausreichend Vorräte für mehrere Jahre. Zu ihren Freizeiteinrichtungen zählte auch ein Fitnessraum auf Deck C.

Die Krankenstation befand sich am sichersten Ort des Schiffes, der Mitte des E-Decks. Da sie auch als medizinisches Forschungslabor fungierte, verfügte sie über aktuellste Ausrüstung. Sie unterstand Dr. Phlox, der konventionelle medizinische Vorräte mit exotischen fremdartigen Kreaturen kombinierte, die heilende Eigenschaften hatten. Im Zentrum der kreisförmigen Station befand sich ein Untersuchungsbett, das in die in die Wand integrierte kleine Untersuchungskammer gefahren wurde. Bett und Kammer lieferten die detailliertesten medizinischen Analysen ihrer Zeit. Hochauflösende Scans informierten über den Zustand eines Körpers bis auf die submolekulare

Captain Archer entschied sich der Aussicht wegen für ein Quartier auf Deck E. Außerdem hatte er einen Bereitschaftsraum, also eine Art Büro, neben der Brücke, wo er dem Großteil seiner administrativen Pflichten nachkam.

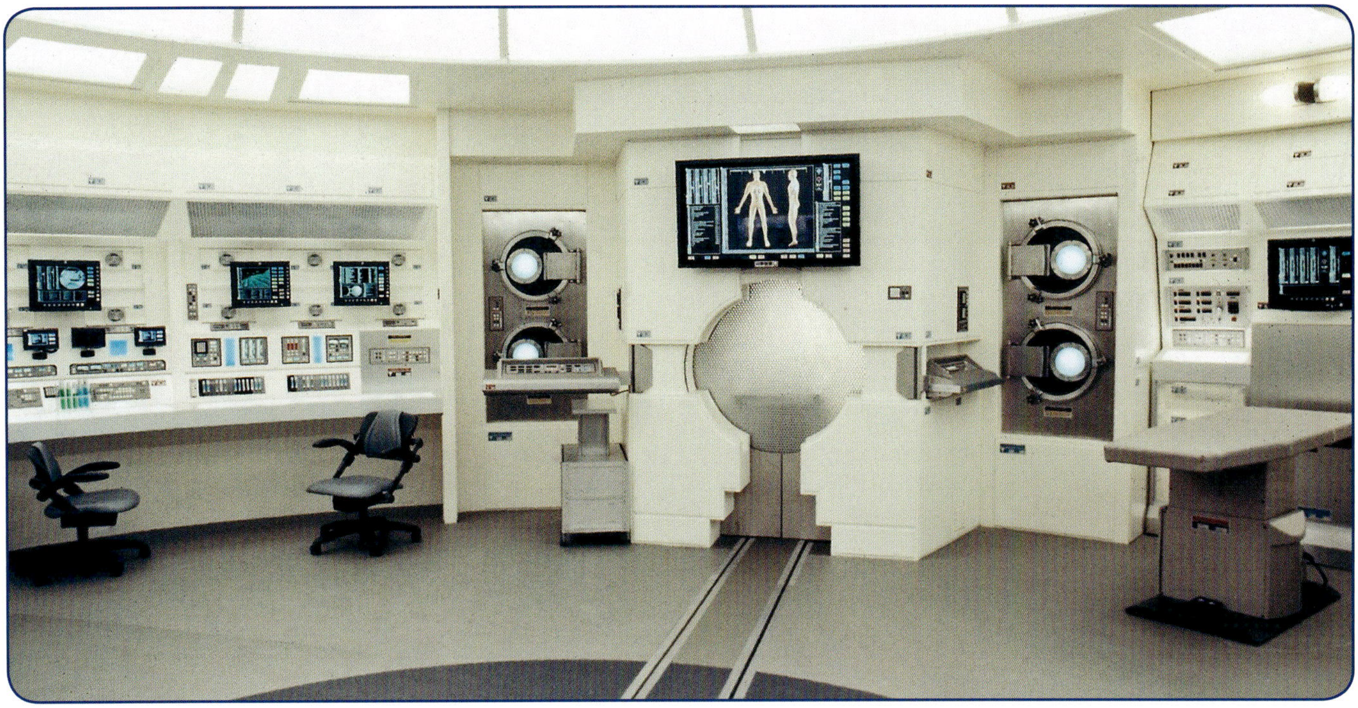

Ebene und ermöglichten eine umfassende DNS-Analyse. Aufgrund der hohen Auflösung kam die Kammer auch bei Autopsien zum Einsatz.

Am Rand des Zimmers standen drei Biobetten, ihre Anzahl erwies sich jedoch bald als ungenügend. Beim Stapellauf der NX-01 hatte die Sternenflotte nicht erwartet, das Schiff werde sich in vollwertigen Raumschlachten wiederfinden. Der Chefmediziner hatte von der Krankenstation aus Zugriff auf die Umweltkontrollsysteme des Schiffes. Dies erlaubte ihm zum Beispiel, Heilstoffe in die Atemluft zu mischen. Allerdings musste der Zugriff erst von der Brücke aus auf die Station umgeleitet werden.

Als die NX-01 2151 startete, war ihre Krankenstation topmodern und mit einer großen Menge an Diagnosegeräten und Scannern ausgestattet.

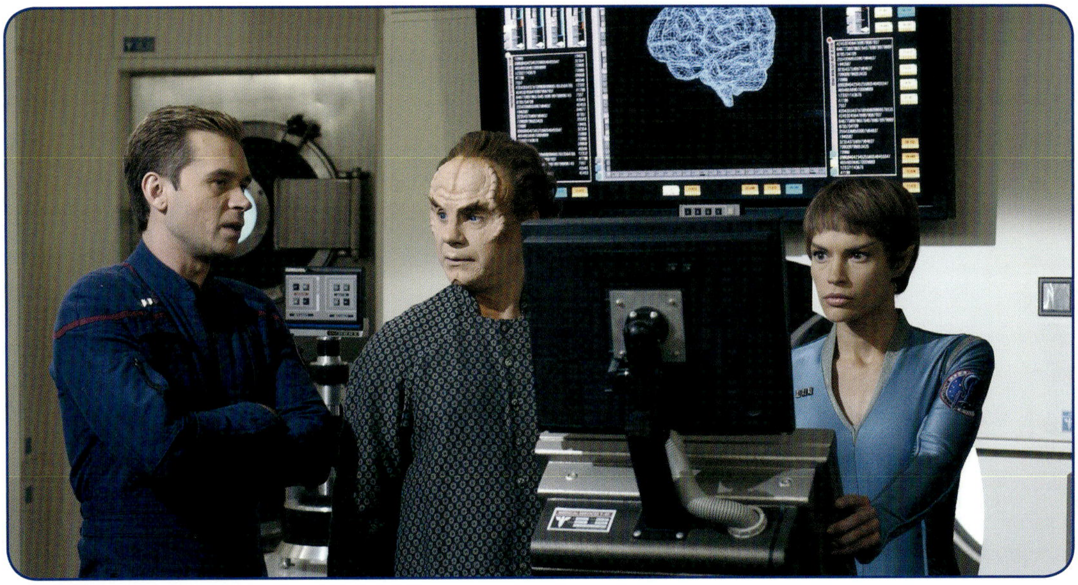

Die Krankenstation war zudem eines der größten Wissenschaftslabore der NX-01. Wissenschaftsoffizierin T'Pol und Chefingenieur „Trip" Tucker arbeiteten oft mit Dr. Phlox an der Analyse von Daten oder Rekalibrierung bestimmter Gerätschaften.

Die beiden Raumfähren waren für einen Piloten und bis zu sechs Passagiere ausgerichtet. Sie flogen mit einem Viertel Impulskraft und kamen bei Schiff-zu-Schiff- sowie Schiff-zu-Planet-Transporten zum Einsatz. Sie waren gut manövrierbar und konnten nicht nur auf Planetenoberflächen landen, sondern auch durch den Schweif eines Kometen oder ein Asteroidenfeld fliegen. Ihre Hüllen ließen sich polarisieren und hielten dann selbst dem Eintritt in die Atmosphäre eines Planeten stand.

Der Antrieb saß in einem entfernbaren Modul und erzeugte Schub durch Kernfusion. Das Lebenserhaltungssystem hing an einer unabhängigen zweiten Energieversorgung und funktionierte somit selbst bei totalem Maschinenversagen.

Die Hauptluke befand sich backbord. Eine Luftschleuse im Dach der Raumfähre diente zudem ebenfalls als Luke. Kleine Klammern an der Außenhülle der Fähre erlaubten diesem, an fast jedem Schiff anzudocken.

Raumfähren waren nicht für Dauerbetrieb vorgesehen – sie hatten beispielsweise keine vollwertige Toilette –, dennoch konnten die Luftspeicher und -recycler auf mehrere Tage hin eine atembare Atmosphäre aufrecht erhalten. Außerdem waren sie mit Notrationspaketen und einem kleinen Gerät zur Proteinumformung ausgestattet.

Zu den Missionen, die eine längere Abwesenheit von der *Enterprise* erforderlich machten, zählten wissenschaftliche Analysen. Für diese waren die Raumfähren mit Sensoren, die auf Quantenebene arbeiteten, ausgerüstet.

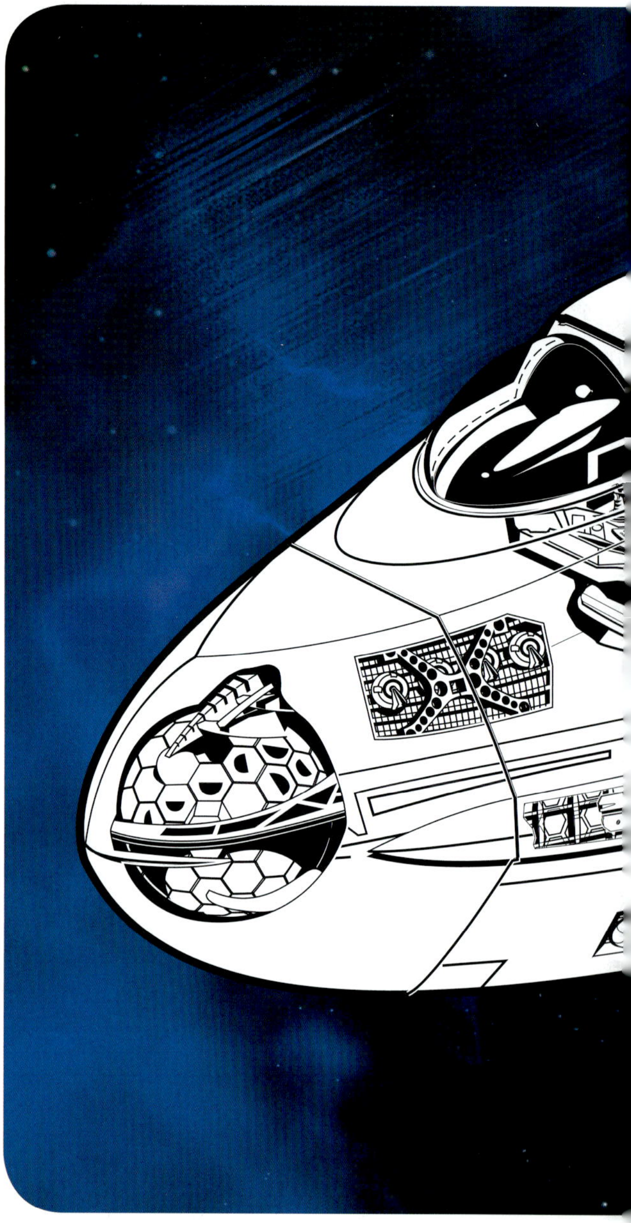

Die Raumfähren waren auch bei Militäraktionen inner- und außerhalb einer planetaren Atmosphäre einsetzbar. Ihre Plasmakanonen hatten eine Reichweite von knapp 10 km.

Im Fall eines Absturzes entsendeten die Raumfähren Notsignale mit einer Reichweite von bis zu zehn Millionen Kilometern.

Die Raumfähren der NX-01 starteten fallend. Dazu wurde die gesamte Atmosphäre aus dem Hangar gelassen.

Die Raumfähren dienten dem Transport von Besatzungsmitgliedern zu und von einer Planetenoberfläche und zum Sammeln von Daten im All.

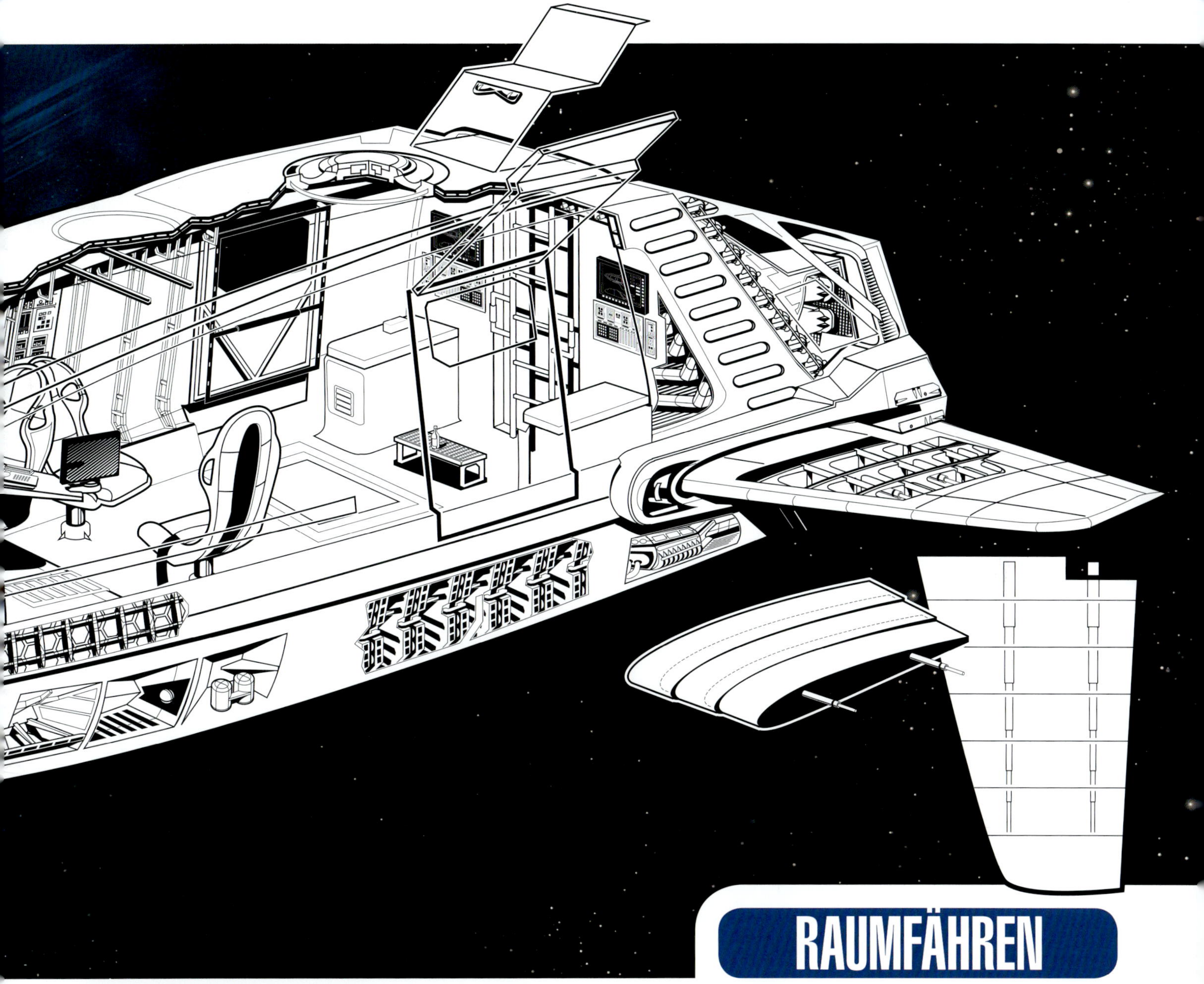

RAUMFÄHREN

Klassifizierung	OTV Typ K42/Personal
Aktiver Dienst	2151–2161
Länge	6,9 m
Besatzung	1 bis 7
Antrieb	Kernfusion
Bewaffnung	Plasmakanonen
Verteidigung	Polarisierte Außenhülle

Schneller als Licht

WARPTHEORIE

Das erste warpfähige Schiff der Erdgeschichte war die Phoenix, eine von Zefram Cochrane und einem Wissenschaftsteam Mitte des 21. Jahrhunderts umfunktionierte Rakete. Obwohl es nur Warp 1 erreichte, war es von großer Bedeutung.

Der Überlichtantrieb ist vielleicht die wichtigste Erfindung in der Geschichte der Menschheit. Die Entfernungen zwischen den Sternen sind so groß, dass es selbst bei Lichtgeschwindigkeit Jahrzehnte dauern würde, das nächste bewohnte Sternsystem zu erreichen. Zefram Cochranes erster Warpflug im Jahr 2063 durchbrach nicht nur eine gewaltige technische Grenze, sondern weckte die Aufmerksamkeit der Vulkanier, was zum ersten offiziellen Kontakt zwischen Menschen und einer außerirdischen Rasse führte.

Die physikalische Seite des Warpantriebs ist unfassbar komplex und kann eigentlich nur mithilfe ungenügender Metaphern beschrieben werden. Jahrelang hielt man Überlichtreisen für unmöglich. Dies fußte auch in Einsteins spezieller Relativitätstheorie, laut der keine Materie mit Masse auf Lichtgeschwindigkeit beschleunigt werden könne. Demnach kann das schnellste Objekt des Universums keine Masse besitzen – so wie etwa ein Lichtstrahl. Man hat Lichtgeschwindigkeit in einem Vakuum gemessen: Sie beträgt 299.792.458 Meter bzw. knapp 300.000 Kilometer pro Sekunde. Bei diesem Tempo benötigt das Licht vom sonnennahsten Stern Proxima Centauri etwa vier Jahre bis zur Erde. Interstellare Reisen sind also sehr, sehr schwierig.

Zefram Cochrane und sein Team erkannten aber, dass Einsteins Relativitätstheorie den Raum als gebogen und nicht als flach verstand und dass Materie und Energie ihn krümmen konnten. Es mochte unmöglich sein, ein Schiff auf Überlichtgeschwindigkeit zu bringen, also mussten sie den Raum selbst krümmen und so die Entfernung zwischen zwei Orten verkürzen. Stellen Sie sich das All wie eine Tischdecke vor. Der Warpantrieb zieht das Stück Decke, das direkt vor ihm liegt, näher an sich und reitet dann über die entstandene Falte hinweg. Hinter ihm glättet sich die Decke wieder in ihren Urzustand. Das Raumschiff reist in einer Warpblase, manchmal auch Warphülle genannt. Innerhalb dieser Blase wird der Raum nicht gekrümmt, wodurch das Schiff im Grunde genommen mit Unterlichtgeschwindigkeit reist, doch die Blase schiebt es schneller durch den Raum, als selbst das Licht es könnte.

Dazu ist enorm viel Energie nötig. Cochranes Warptriebwerk erzeugt sie mithilfe einer Materie-Antimaterie-Reaktion, in der hochenergetisches Warpplasma entsteht. Diese Reaktion wird mittels Dilithiumkristallen kontrolliert, die den Schlüssel zum Reisen mit Überlichtgeschwindigkeit darstellen.

Das überhitzte Plasma gelangt dann in die Gondeln des Schiffes, wo es die Warpspulen passiert,

Diese bestehen aus einem Stoff namens Verterium-Cortenid. Fließt das Plasma hindurch, erzeugen sie ein Warpfeld und verändern buchstäblich den sie umgebenden Raum.

Die Größe der Veränderung – und somit die Geschwindigkeit, mit der das Schiff gerade reist – wird auf der Warpskala gemessen. Diese musste Anfang des 24. Jahrhunderts neu geschrieben werden, weil man feststellte, dass warpfähige Schiffe weitaus schneller sein konnten als anfangs vermutet.

Die Anfänge des Warpzeitalters waren vergleichsweise langsam. Cochrane machte seinen ersten Warpflug am 5. April 2063 in einer umgebauten Rakete des Typs Titan V (die er in *Phoenix* umbenannte). Diese erreichte Warp 1, also Lichtgeschwindigkeit. Dadurch kam die Erde mit den Vulkaniern in Kontakt, die da bereits seit Jahrhunderten über Warptechnologie verfügten.

WARPANTRIEB

Die Warpgondeln eines Raumschiffes erzeugen eine Reihe ineinander verschachtelter Warpenergiefelder, mittels derer sich die Geschwindigkeit des Schiffes beeinflussen lässt. Die Felder erschaffen eine das gesamte Schiff umgebende Warpblase. Das Ausmaß dieser Raumstörung hängt aber vom Abstand der Gondeln ab. Die Form der Felder kann entlang der Gondeln variiert werden. Dazu muss die Frequenz, mit der das Plasma durch die im Innern jeder Gondel befindlichen Verterium-Cortenid-Spulen fließt, verändert werden. Je stärker die Felder aneinander pressen, desto stärker beeinträchtigen sie den sie umgebenden Raum – und desto schneller ist das Schiff.

Die genaue Form der Warpfelder wird auch von der Form des jeweiligen Raumschiffs beeinflusst. Raumschiffe sind dafür gebaut, einen leichten Übergang in den Warpflug zu ermöglichen. Sie haben zwei Gondeln, damit die Felderform auch asymmetrisch beeinflusst werden kann. Das ermöglicht es, ein Schiff während des Warpfluges zu steuern. Es kann zum Beispiel nach Steuerbord fliegen, indem man die von der Steuerbordgondel erzeugten Felder proportional schwächer macht als die auf der Backbordseite.

Obwohl die Vulkanier der Erde bei der Entwicklung diverser Technologien und der Beseitigung vieler Probleme, etwa der Unterernährung, halfen, waren sie sehr reserviert, wenn es darum ging, den von ihnen als emotional und unberechenbar angesehenen Menschen die Warptechnologie zugänglich zu machen. Dennoch arbeitete die Erde an der Entwicklung eigener Warptriebwerke. In den 2140er Jahren präsentierte ein Team unter der Leitung Henry Archers einen Antrieb, der theoretisch zu Warp 5 fähig war, der 125-fachen Lichtgeschwindigkeit.

Das Erreichen von Warp 5 galt als Meilenstein, war es doch die Geschwindigkeit, bei der interstellare Reisen binnen Stunden und Tagen statt Monaten oder Jahren abgewickelt werden konnten.

Das erste Warp-5-fähige Schiff, die *Enterprise* NX-01, startete im April 2151 unter dem Kommando von Henrys Sohn Jonathan Archer. Es ging am 9. Februar 2152 erstmals auf Warp 5.

Archers Antrieb löste die meisten schwerwiegenden Probleme bezüglich des Warpantriebs. Von da an war der Fortschritt nicht mehr aufzuhalten. Schon 2161 erreichte die Sternenflotte Warp 7, und als die *U.S.S. Enterprise* NCC-1701 in den 2240ern startete, galt Warp 6 als Normaltempo und Warp 9 als erreichbares Maximum. Tatsächlich schaffte es die *Enterprise* NCC-1701 im Jahr 2268 und nach Modifizierungen durch die Kelvaner sogar auf Warp 11, später auf Warp 14,1.

Dies veranlasste die Ingenieure der Sternenflotte, ihr Verständnis des Warpantriebs zu überdenken. Nach ihrer neuen Definition galt Warp 10 als unendliche Geschwindigkeit. Ein Schiff, das mit diesem Tempo reise, müsse buchstäblich an jedem Ort des Universums gleichzeitig sein. (Das galt in der Theorie als unmöglich, doch wie so oft, erbrachte die Wirklichkeit den Gegenbeweis: Ein Shuttle der *U.S.S. Voyager* NCC-74656, *Intrepid*-Klasse, erreichte im Jahr 2372 scheinbar Warp 10.) Auf der neuen Warpskala nimmt die Geschwindigkeit eines Schiffes exponentiell zu, je näher es Warp 10 kommt. In den 2370ern erreichen Raumschiffe mühelos Geschwindigkeiten von Warp 9,2 und sogar über 9,9.

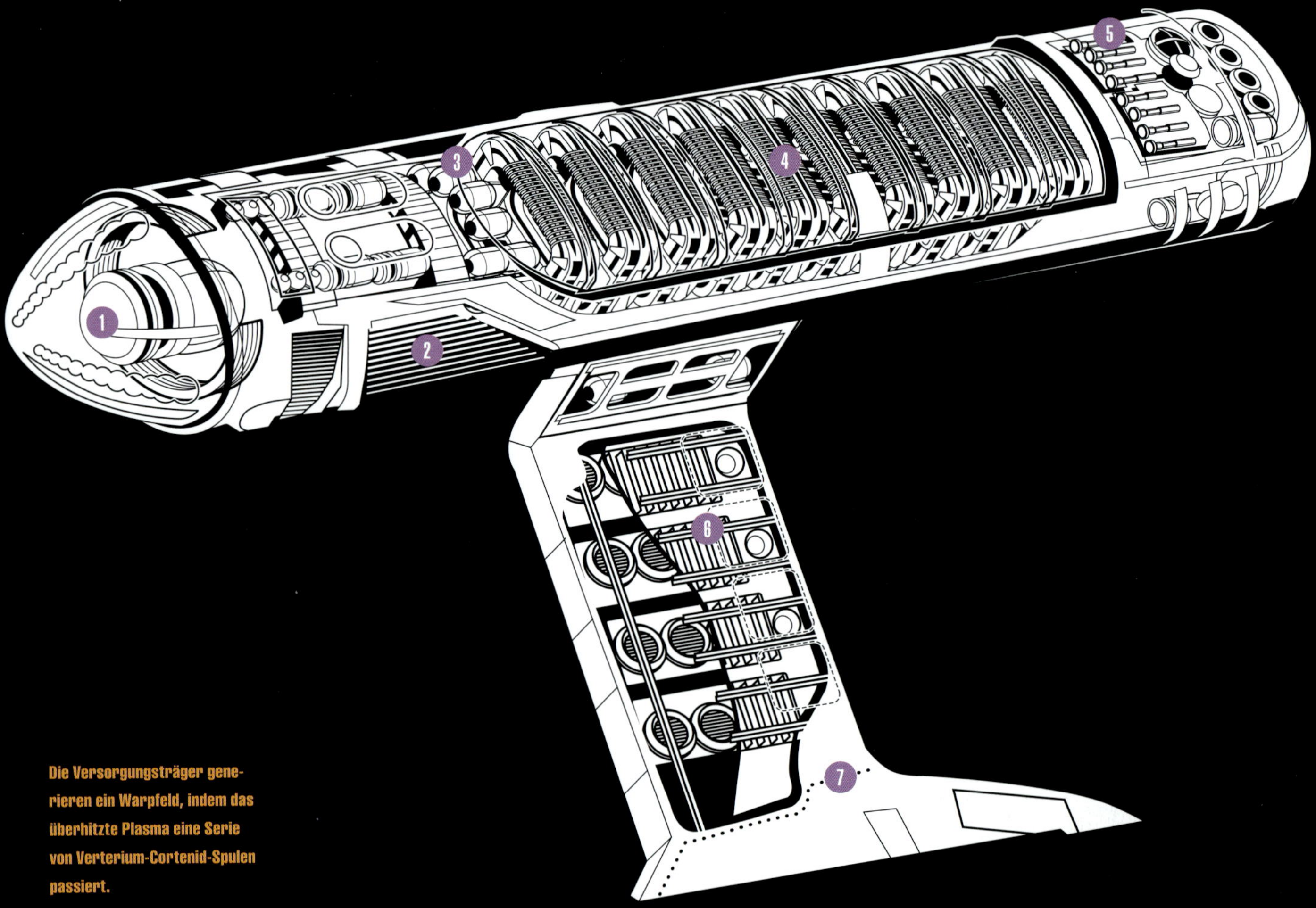

Die Versorgungsträger generieren ein Warpfeld, indem das überhitzte Plasma eine Serie von Verterium-Cortenid-Spulen passiert.

SCHNELLER ALS LICHT

1 Bussardkollektor
2 Warpfeldgitter
3 Plasmainjektor
4 Warpfeldspule
5 Feldachsenkontrolle
6 Plasmaleitungen (vom Warpkern)
7 Versorgungsträger der Gondel
8 Plasmatransferleitung (zur Warpgondel)
9 Deuteriumkontrollleitung
10 Sekundäres Sperrventil
11 Materieinjektor
12 Ringförmiger Druckbehälter
13 Materie-Antimaterie-Reaktionskammer
14 Phasenabgleichspule
15 Gasfluss-Trenner
16 Antimaterieinjektor
17 Magnetisch aufgehängter Antimaterie-Zuflusstunnel
18 Geformter Dilithiumkristall
19 Dilithiumkristallstrukturrahmen

Ein Warptriebwerk ist im Grunde eine Materie-Antimaterie-Anordnung. Es generiert große Energiemengen, mit denen das Plasma für die Warpgondeln erhitzt wird. Dies geschieht, indem Materie und Antimaterie innerhalb eines kontrollierten Magnetfeldes in Kontakt miteinander gebracht werden.

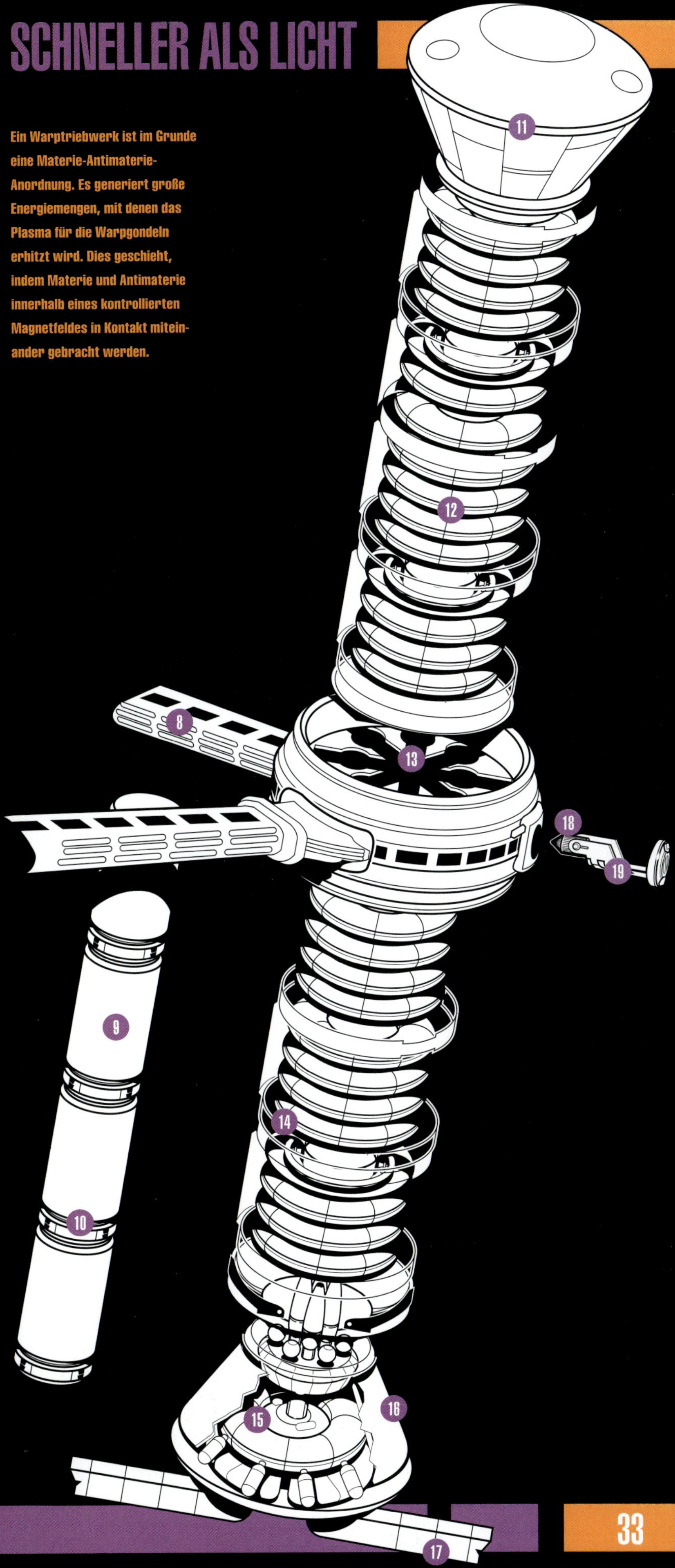

Schneller als Licht

ALTERNATIVE TECHNOLOGIEN

Der auf Zefram Cochranes Originalentwurf basierende Warpantrieb ist nach wie vor die üblichste Methode, mit Überlichtgeschwindigkeit zu reisen, aber er ist definitiv nicht die einzige.

WURMLÖCHER

Die schnellste der Sternenflotte bekannte Reisemethode stellen Wurmlöcher dar. Sie sind im Grunde Gänge durch das All, dank derer selbst große Entfernungen nahezu sofort überwunden werden können. Die Theorie dahinter ähnelt der des Warpantriebs, wenngleich hier die Raumstörungen bedeutend größer sind. Stellen Sie sich den Normalraum als einen Schnürsenkel vor. Reisen sie an ihm entlang, kann es sehr lange dauern, bis Sie Ihr Ziel erreichen. Ein Wurmloch hingegen nimmt die beiden Enden des Schnürsenkels, legt sie nebeneinander und ermöglicht es Ihnen so, von einem zum anderen zu springen.

Das bajoranische Wurmloch ist das einzige stabile Wurmloch, auf das die Sternenflotte je stieß. Es verbindet zwei Regionen der Galaxis, die 70.000 Lichtjahre auseinander liegen.

Wurmlöcher treten im All ganz natürlich auf, allerdings hat bislang niemand ein stabiles, natürliches Wurmloch entdeckt. Ihre Ein- und Ausgänge tauchen wahllos im Universum auf und verschwinden normalerweise schon nach einigen Minuten wieder. Einst hoffte man, dass barzanische Wurmloch (entdeckt 2366) sei stabil und habe „Bahnhöfe" im Gamma- und im Alpha-Quadranten, letzterer neben dem Planeten Barzan, doch es erwies sich als instabil und somit wertlos.

Das galaxisweit einzig bekannte stabile Wurmloch ist das künstlich erschaffene bajoranische. Es verbindet den Denorios-Gürtel nahe dem Planeten Bajor mit dem Gamma-Quadranten, der annähernd 70.000 Lichtjahre entfernt ist. Das Wurmloch öffnet sich nur, wenn sich ihm ein Schiff nähert, und obwohl bereits zahlreiche Schiffe in seiner Nähe verloren gegangen waren, wurde es erst 2369 „entdeckt", als Commander Benjamin Sisko und Lt. Jadzia Dax auf es stießen. Es wurde von einer alten, als Propheten bekannten Rasse erschaffen, die außerhalb der normalen Raumzeit existiert.

ICONIANISCHE PORTALE

Ein altes Volk namens Iconianer entwickelte eine Technik, dank derer es – in Ermangelung einer besseren Beschreibung – sogenannte Portale öffnen konnte, die zu jedem Ort der Galaxis führten. Die den Portalen zugrunde liegende Wissenschaft übersteigt den Kenntnisstand der Föderation, ihre Funktionsweise ist unbekannt. Die Iconianer wurden vor etwa 200.000 Jahren vernichtet, ihre Technik ging verloren. In jüngerer Zeit wurden zwei iconianische Außenposten wiederentdeckt – einer auf dem Planeten Iconia, der andere auf Vandros IV im Gamma-Quadranten. Beide verfügten noch über funktionstüchtige Portale. Ein im Außenposten befindliches Gerät erzeugte den Durchgang, der zu scheinbar jedem Ort der Galaxis führen konnte. Reisende hatten nichts weiter zu tun, als hindurchzugehen. Beide iconianische Außenposten wurden zerstört, damit ihre Geheimnisse nicht in die Hände der Feinde der Föderation fielen.

DIE SOLITONWELLE

Im Jahr 2368 unternahm Dr. Ja'Dar von Bilana III Experimente mit Soliton-Technologie, die Warptriebwerke obsolet machen sollten. Seiner Theorie nach würden eine Reihe Wellengeneratoren ein sich selbst verstärkendes Warpfeld erzeugen, das ein Schiff umschließen und es auf hohe Warpgeschwindigkeit beschleunigen konnte. Die Technik hatte einige Mängel – so konnte die Welle beispielsweise nur zwischen zwei Fixpunkten reisen. Sie wurde von einem Solitonwellen-Generator erzeugt und am anderen Ende von einer entgegengesetzten Welle, ausgehend von einer weiteren planetaren Sprungstation, wieder aufgelöst. So war sichergestellt, dass das reisende Schiff wieder aus dem Warpflug fiel. Vorteil dieser Technologie war, dass in der Welle reisende Schiffe keinen Warpantrieb benötigten. Zudem war sie außerordentlich effektiv – die Geschwindigkeitsübertragung lief bis zu 450 % effektiver als bei konventionellen Warptriebwerken. Die Experimente waren aber nur teilweise erfolgreich. Dr. Ja'Dar stieß bei seinen Bemühungen um eine stabile Welle auf beträchtliche Schwierigkeiten. Auch das Auflösen der Welle, deren Stärke stetig zunahm, erwies sich als problematisch. Die Welle hätte alles in ihrem Weg liegende zerstört, wäre es der *Enterprise*-D nicht gelungen, sie auszuschalten. Dazu feuerte die *Enterprise* Photonentorpedos in die Flugbahn, was zu einer Subraumstörung führte.

TRANSWARPKANÄLE

Die Borg nutzen ein System aus Transwarpkanälen, das dem üblichen Warpantrieb technisch überlegen ist. Dank dieser Kanäle können die Borg bis zu zwanzigfach schneller reisen als Sternenflottenschiffe. Transwarpkanäle sind den Wurmlöchern eng verwandt und im Grunde als eine sich schnell bewegende Weltraumregion beschreibbar. Tritt ein Schiff in einen solchen Kanal, wird es stark beschleunigt. Ohne Wartung haben sie allerdings nur eine kurze Lebensdauer. Borgschiffe sind mit Transwarptriebwerken ausgerüstet, die derartige Kanäle erzeugen. Die Kanäle selbst sind miteinander zu einem Netzwerk verbunden, das es den Borg erlaubt, große Entfernungen mit unfassbarem Tempo zu überwinden. Das Netzwerk wird an sechs Transwarpzentren gebündelt. Als 2379 eines dieser Zentren zerstört wurde, hatte dies große Auswirkungen auf die Borg. Wird ein Transwarpkanal erzeugt, muss er auch betreten werden. Dies geschieht mittels eines hochenergetischen Tachyonenimpulses, der den Kanal öffnet.

QUANTENSLIPSTREAM

Quantenslipstreamtechnologie ist dem Transwarp eng verwandt, aber noch fortschrittlicher. Sie verändert den Quantenzustand des Raumes, um die Krümmung der Raumzeit zu beeinflussen. Im Gegensatz zum Warpantrieb erschafft sie eine genau fokussierte Warpstörung direkt vor dem Schiff.

Schiffe konnten auf Solitonwellen reiten wie Surfer.

Transwarpkanäle sind wie Warpgeschwindigkeitstunnel im Weltraum.

U.S.S. EN
NC

U.S.S. Enterprise
NCC-1701

Die *U.S.S. Enterprise* NCC-1701 war das erste Föderationsschiff, das diesen berühmten Namen trug. Sie diente während der zweiten Hälfte des 23. Jahrhunderts und war länger als alle anderen *Enterprises* im Einsatz. Während ihrer vierzigjährigen Dienstzeit wurde sie von einigen der berühmtesten Captains befehligt, darunter Christopher Pike und James T. Kirk. Ihre Besatzung trug maßgeblich dazu bei, dass die Föderation das Universum verstehen lernte. Die Mission des Schiffes – neues Leben und neue Zivilisationen zu finden – führte es über die Grenzen des bekannten Raumes hinaus und ins Zentrum und zu den Randbereichen der Galaxis. Die *Enterprise* war in einige der wichtigsten Militäroperationen der Ära verwickelt, u. a. in Konflikte mit den Klingonen und den Romulanern.

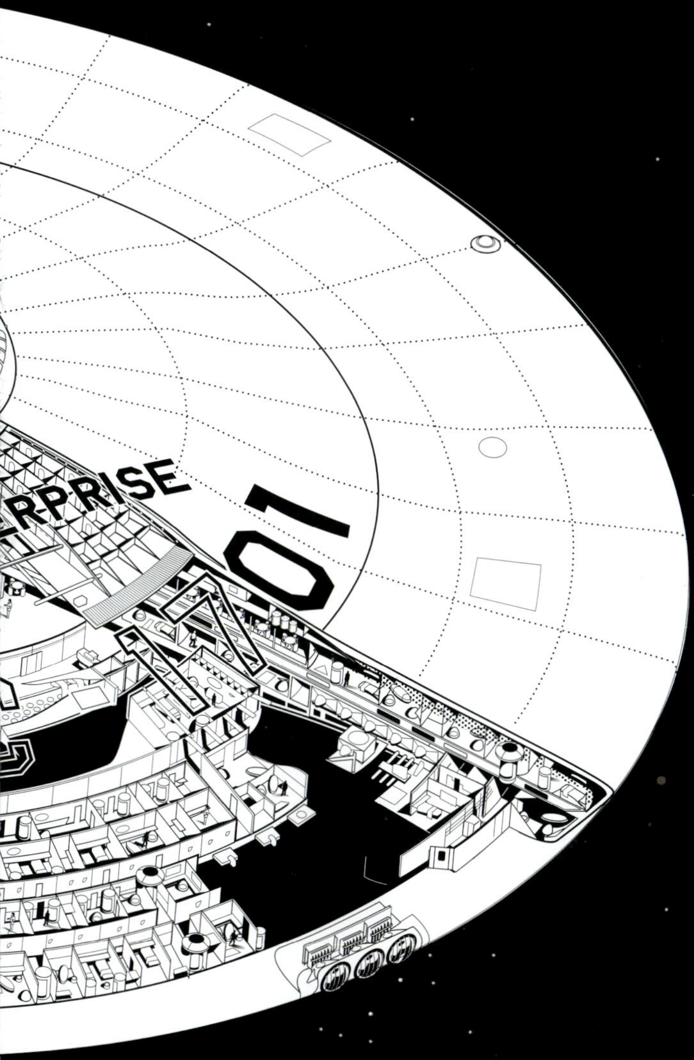

Klassifizierung	Constitution-Klasse
Erbaut	San-Francisco-Yards, Erde
Stapellauf	2245
Zerstört	2285 (Selbstzerstörung im Orbit des Genesis-Planeten)
Länge	289 m; 305 m (nach Umbau von 2271)
Anzahl der Decks	23
Besatzungsgröße	203 (Datum: 2254), 430 (Datum: 2264)
Bewaffnung	Phaser und Photonentorpedos
Kommandeure	Robert April, Christopher Pike, James T. Kirk, Willard Decker, Spock

CONSTITUTION-KLASSE

LISTE DER SCHIFFE

- U.S.S. Constellation NCC-1017
- U.S.S. Constitution NCC-1700
- U.S.S. Defiant NCC-1764
- U.S.S. Eagle NCC-956
- U.S.S. Endeavor NCC-1895
- U.S.S. Enterprise NCC-1701
- U.S.S. Essex NCC-1697
- U.S.S. Excalibur NCC-1664
- U.S.S. Exeter NCC-1672
- U.S.S. Hood NCC-1703
- U.S.S. Intrepid NCC-1831
- U.S.S. Lexington NCC-1709
- U.S.S. Potemkin NCC-1657
- U.S.S. Republic NCC-1371
- U.S.S. Yorktown NCC-1717*

* Die U.S.S. *Yorktown* wurde nach der Zerstörung der *Enterprise* NCC-1701 im Jahr 2285 in U.S.S. *Enterprise* NCC-1701-A umgetauft.

In der zweiten Hälfte des 23. Jahrhunderts oblag es primär den Schiffen der *Constitution*-Klasse, im Namen der Sternenflotte das All zu erkunden. Sie unterstützten neu errichtete Kolonien und Forschungsstationen, suchten nach neuen Welten und neuem Leben. Außerdem bewachten sie die Grenzen der Föderation und reagierten im Krisenfall auf Bedrohungen von außen. Alle Schiffe der *Constitution*-Klasse waren herausragend, doch das berühmteste wurde die *Enterprise* NCC-1701.

Sie lief 2245 unter dem Kommando Captain Robert Aprils in den Schiffswerften des irdischen San Francisco vom Stapel. Später wurde sie über ein Jahrzehnt lang von Captain Christopher Pike befehligt, verdiente sich ihren Platz in der Historie aber, nachdem James T. Kirk 2263 das Kommando übernahm. Im folgenden Jahr brach Kirk zu einer Fünfjahresmission auf, die zu den signifikantesten in der Geschichte der Föderation zählt.

Unter Kirk versammelte sich auf der *Enterprise* NCC-1701 eine der beeindruckendsten Besatzungen der Sternenflotte. Kirk selbst wurde zu einem der hochdekoriertesten Captains in der Flottengeschichte. Sein Wissenschaftsoffizier und Stellvertreter Spock war der einzige zu der Zeit auf einem Sternenflottenschiff arbeitende Vulkanier. Der halbmenschliche Offizier half dabei, Vulkan enger an dessen menschliche Partner in der Flotte zu binden, und wurde schließlich zu einem der bedeutendsten Botschafter der Föderation. Der leitende Schiffsmediziner Dr. Leonard H. McCoy wurde auch als Autor des Sachbuchs *Vergleichende Alien-Physiologie* bekannt, das hauptsächlich auf Material basiert, welches McCoy während seiner Dienstzeit auf der NCC-1701 sammelte. Schiffingenieur Montgomery Scott ist in Ingenieurkreisen eine Legende und zeigte Kollegen und der Nachwelt erst richtig, wie man ein Raumschiff bedient.

Während Kirks erster Fünfjahresmission wurden die NCC-1701 und ihre Besatzung in viele Ereignisse historischen Werts verwickelt. Neben vielen weiteren wissenschaftlichen Meilensteinen forschte die Mannschaft am Rande des bekannten Raumes, entwickelte eine verlässliche Form der Zeitreise und bewies die Existenz paralleler Universen.

Kurz nach Kirks Dienstantritt auf der *Enterprise* NCC-1701, überlebte dieses Schiff als erstes eine Begegnung mit der großen Energiebarriere, die die Galaxis umgibt. Das Durchqueren dieser Barriere zerstörte das Schiff nahezu. Die Auswirkungen auf die Besatzung zeigten, wie gefährlich der Kontakt mit der Barriere sein kann, steigerte sie in manchen Mannschaftsmitgliedern doch latent vorhandene psychische Talente. Lt. Gary Mitchell und Dr. Elizabeth Dehner bekamen nahezu gottgleiche Kräfte und wurden wahnsinnig.

Die *Enterprise* NCC-1701 war das erste Föderationsschiff, das die Durchführbarkeit von Zeitreisen bewies und dokumentierte. Im Jahr 2267 und nachdem eine schwere Krankheit die Besatzung geschwächt hatte, nutzte diese eine neue, von Chefingenieur Montgomery Scott und Wissenschaftsoffizier Spock entwickelte Methode, den Warpantrieb neu zu starten. Dies führte zu Warpstörungen

und ließ die unfreiwillig beschleunigte *Enterprise* 71 Stunden in der Zeit zurückreisen. Das war der zweifelsfreie Beweis für die Praktikabilität von Zeitreisen.

Einige Monate später war die NCC-1701 in einen Unfall verwickelt. Ein schwarzes Loch trieb sie noch viel weiter in die Vergangenheit, bis ins Jahr 1969. Der Mannschaft gelang die Rückkehr ins 23. Jahrhundert, indem sie die immensen, vom Warpantrieb erzeugten Gravitationskräfte nutzte und einmal um die Sonne flog. Dies erwies sich als sichere Methode für Zeitreisen und wurde noch viele Jahre von der Sternenflotte genutzt.

2267 bewies die *Enterprise* NCC-1701 die Existenz paralleler Universen, als ein Ionensturm zu einem Transporterunfall führte, bei dem ein Außenteam im „Spiegeluniversum" landete. Dieses ähnelte dem unseren stark, unterschied sich aber auch. Kirks Team gelang die Rückkehr, indem es die Bedingungen, die den Unfall herbeigeführt hatten, wiederholte.

Die NCC-1701 war in einige der wichtigsten militärischen und diplomatischen Missionen ihrer Zeit verwickelt. Das späte 23. Jahrhundert stellte eine sehr unberechenbare Periode dar. Die Föderation lag im Zwiespalt mit den Romulanern, den Klingonen und den Tholianern. Krieg war eine konstante Gefahr und die *Enterprise* NCC-1701 bei der Verhinderung zweier großer Konflikte von entscheidender Bedeutung. Bei Sternzeit 1709,2 antwortete sie auf den Notruf föderaler Außenposten nahe der Romulanischen Neutralen Zone. Als sie dort ankam, waren diese bereits von einem romulanischen Schiff zerstört worden. Das Schiff bediente sich einer Tarnvorrichtung und war nahezu unmöglich aufzuspüren. Kirk vermutete, die Romulaner würden das Gerät gerade testen. Sollte es intakt in den romulanischen Raum zurückkehren, so Kirk, beginne der alte Feind der Föderation alsbald einen großflächigen Krieg. Daher verfolgte die *Enterprise* das getarnte Schiff. Dank Kirks taktischer Brillanz gelang es, es zu zerstören.

Die Tarntechnologie bescherte den Romulanern schon zwei Jahre später einen großen taktischen Vorteil gegenüber der Föderation. Im Jahr 2268 war die *Enterprise* NCC-1701 in eine Geheimmission involviert, deren Ziel der Diebstahl eines solchen Gerätes war. Im Zuge dieser Mission musste Kirk einen Nervenzusammenbruch vortäuschen und sein Schiff in die Neutrale Zone vorstoßen lassen.

Die Gefahr eines Krieges mit dem Klingonischen Reich war sogar noch akuter. 2267 endeten die Friedensverhandlungen zwischen der Föderation und den Klingonen ergebnislos. Die *Enterprise* NCC-1701 wurde zum strategisch wichtigen Planeten Organia entsandt, um dessen Bevölkerung den Schutz der Föderation zu offerieren. Doch als auch die Klingonen dort auftauchten, gerieten die beiden Mächte an den Rand einer kriegerischen Auseinandersetzung. Dann aber erwiesen sich die Organier, eine technisch offenbar zurückgebliebene Zivilisation, als hochentwickelte und mächtige Wesen. Sie erzwangen einen Friedensvertrag, der für Jahrzehnte in Kraft blieb.

2267 entdeckte die Besatzung den Hüter der Ewigkeit. Dieses Portal ermöglichte Personen, zu jedem Punkt in Raum und Zeit zu reisen. Allerdings erwies sich die Nutzung als sehr gefährlich.

Die *Enterprise* NCC-1701 beendete ihre historische Fünfjahresmission 2270. Sie kehrte in die Werften von San Francisco zurück und unterzog sich einer Generalüberholung, bei der alle ihre Systeme auf den neuesten Stand gebracht wurden. Kirk wurde zum Admiral befördert und übernahm eine administrative Stellung in der Sternenflotte. Spock und McCoy verließen die Flotte. Spock wollte auf Vulkan Logik studieren, McCoy fortan auf der Erde praktizieren. Die achtzehnmonatige Schiffsüberholung lief unter der Aufsicht Willard Deckers.

Die Enterprise NCC-1701 war oft in Konflikte mit den Klingonen verwickelt.

BACKBORDANSICHT

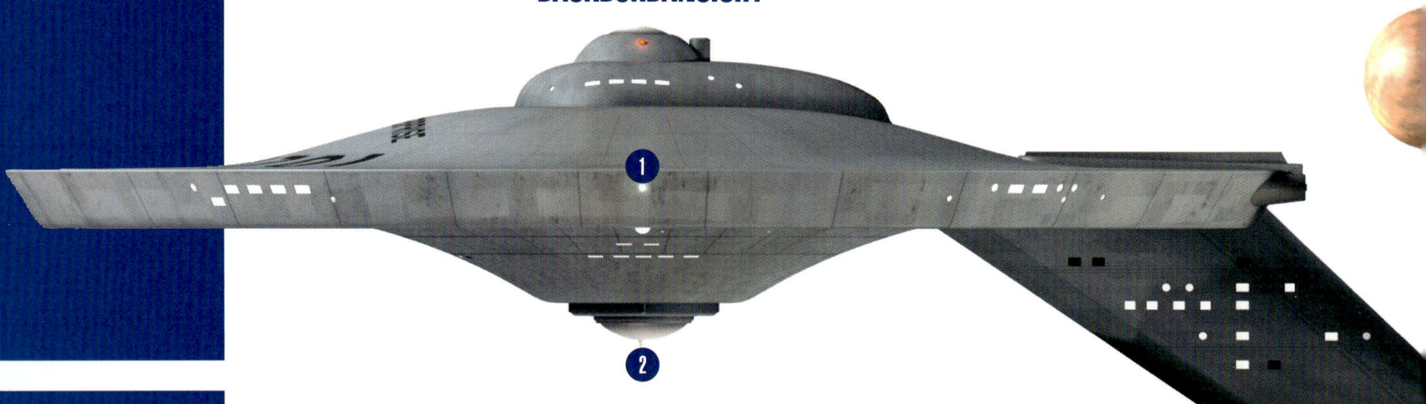

Die *U.S.S. Enterprise* NCC-1701 wurde im Jahr 2245 aus der Taufe gehoben. Mehrere Überarbeitungen garantierten, dass sie während ihrer gesamten Dienstzeit eines der fortschrittlichsten Schiffe der Sternenflotte blieb. Sie war mit Materie-Antimaterie-Warptriebwerken ausgestattet, die ihr eine Standardgeschwindigkeit von Warp 6 ermöglichten. Für kurze Zeitspannen

BUGANSICHT

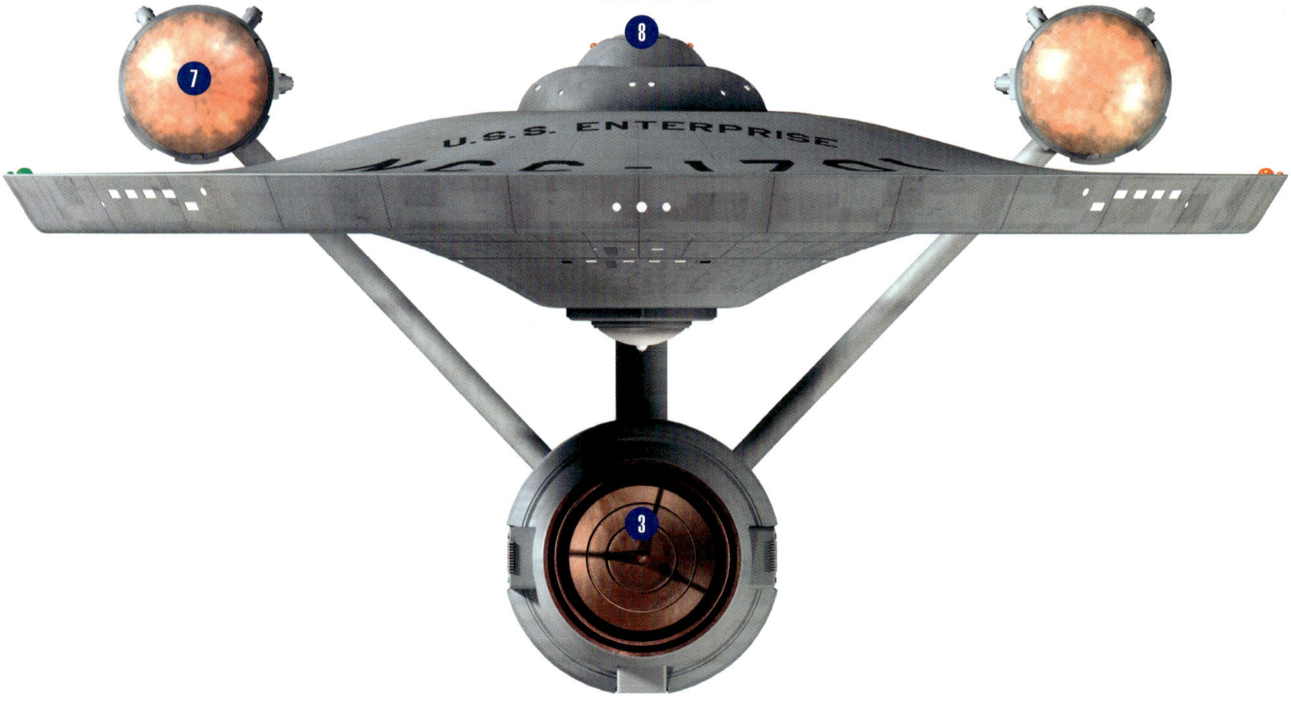

1 Untertassensektion

2 Sensorkuppel

3 Langstreckensensoren/ Navigationsdeflektor

4 Warpgondel

5 Gondelträger

6 Antriebssektion

konnte sie aber auch Warp 8 und mehr erreichen. Das Schiff war so gebaut, dass es Geschwindigkeiten von über Warp 10 nach alter Warpskala (oder Warp 8 nach dem im 24. Jahrhundert gebräuchlichen neuen Maßstab) überstehen konnte. Die Warptriebwerke waren die Hauptenergiequelle des Schiffes und die Impulsmaschinen das Backup. Versagten auch sie, konnte das Schiff immer noch etwa eine Woche lang mit gespeicherter Energie überleben. Bei Unterlichtgeschwindigkeit verließ sich die *Enterprise* NCC-1701 auf konventionelle Impulstriebwerke.

Die Haupttriebwerke brauchten Dilithiumkristalle, um die Warpreaktion zu fokussieren. Diese Kristalle konnten zu der Zeit weder gezüchtet, noch rekristallisiert werden, entsprechend wichtig waren sie für das Schiff.

Wie bei Sternenflottenschiffen üblich war das Schiff in drei Bereiche unterteilt: eine Untertassensektion, in der

HECKANSICHT

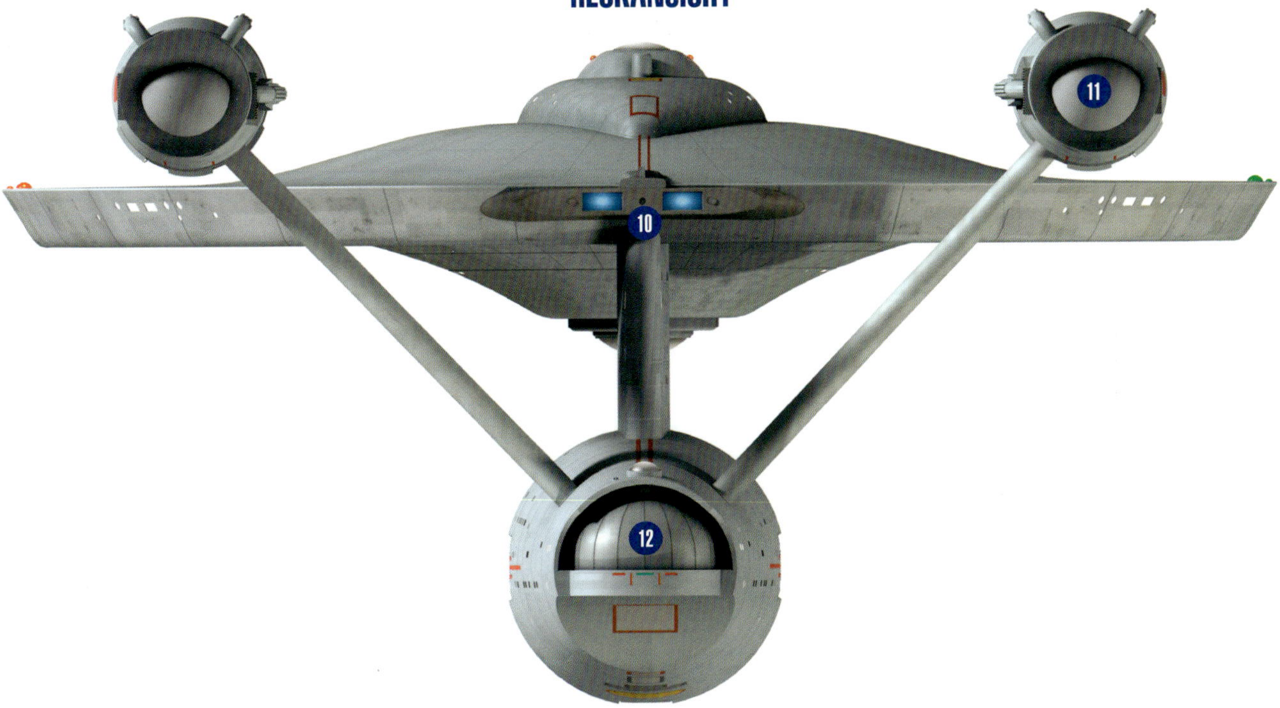

7 Bussardkollektor

8 Brücke

9 Schiffskennung

10 Impulstriebwerke

11 Subraumfeldstrahler

12 Shuttlehangar-Deck

RÜCKENANSICHT

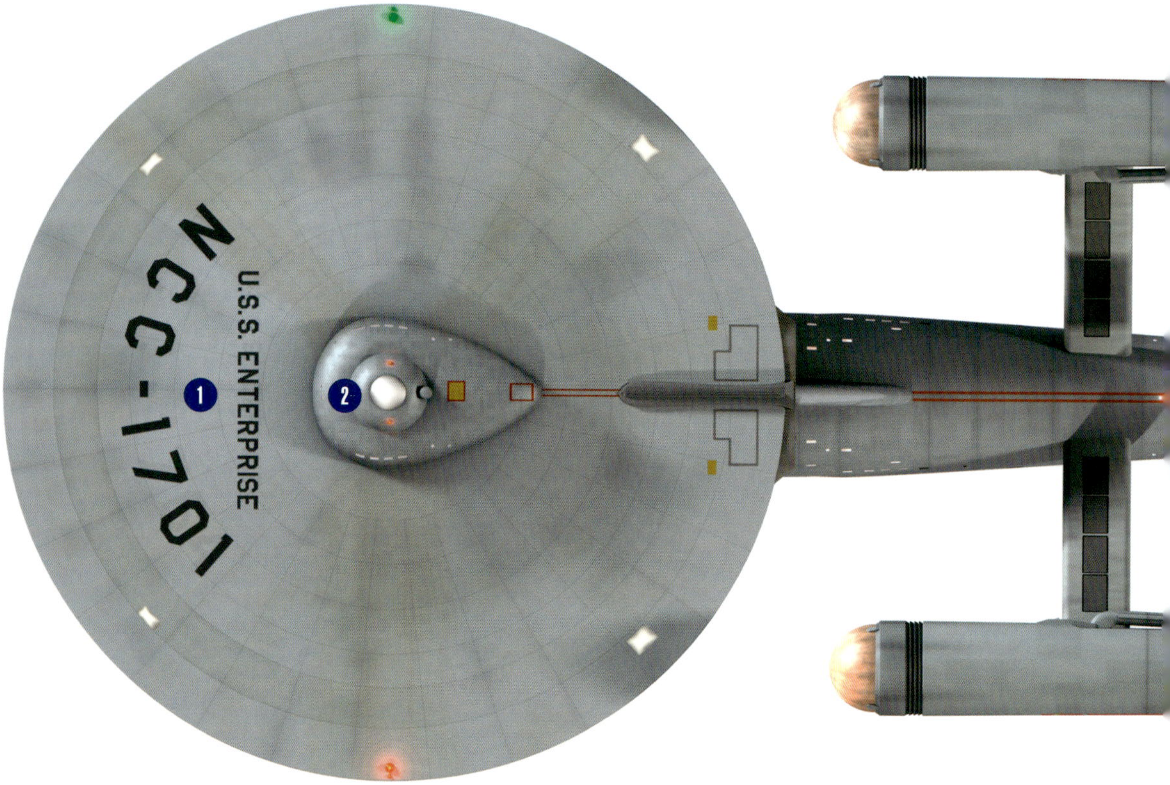

BAUCHANSICHT

1 Schiffskennung

2 Brücke

3 Warpkühlungszufuhr

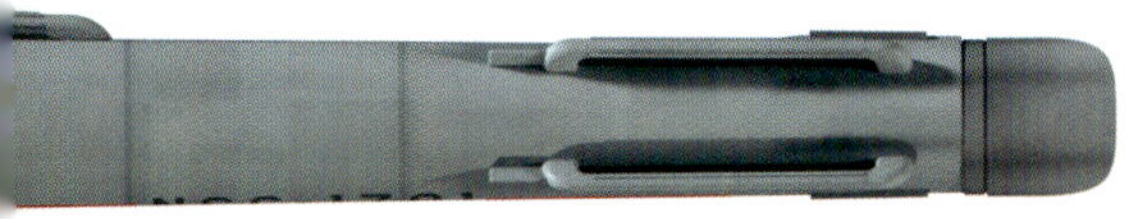

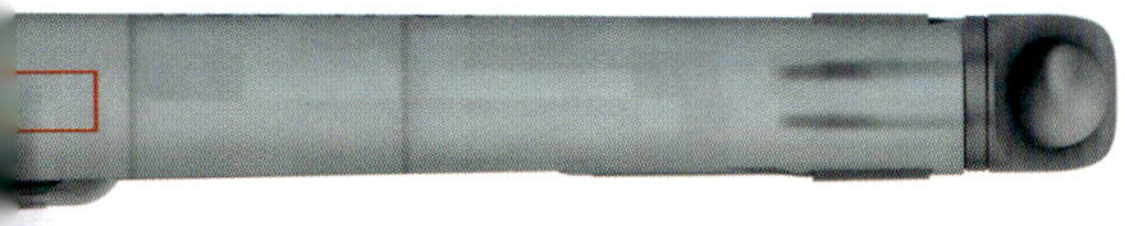

4 Phaserbänke

5 Kontrollreaktoren

6 Antriebssektion

sich die Hauptbrücke, die meisten Mannschaftsquartiere und die Impulstriebwerke befanden, eine Antriebssektion mit den Warptriebwerken, dem Shuttlehangar-Deck, dem Haupt-Navigationsdeflektor und einer Menge weiterer Einrichtungen sowie die beiden Gondeln, die das Warpfeld erzeugten. Im Notfall konnten die drei Komponenten von einander getrennt werden.

Die Untertassensektion umfasste 11 Decks. Die Brücke befand sich ganz oben und die Hauptsensorenplattform sowie die Phaserbank auf der Unterseite. Bei einem Umbau im Jahr 2265 wurde viel überholt, darunter auch das Brückenmodul. Die Antenne vor den Bussard-Kollektoren verschwand ebenso wie das alte Aussehen der Gondel-Rückseite.

Die *Enterprise* NCC-1701 war eine allfähige Forschungseinrichtung und mit 14 Laboren ausgestattet, darunter Stellarkartografie und Biowissenschaft. Obwohl die Hauptmission der Sternenflotte stets die friedliche Forschung vorsah, sind Reisen ins tiefe All extrem gefährlich. Deshalb war die NCC-1701 mit modernsten Waffen ausgestattet. Photonentorpedos mit einer Reichweite von 750.000 km konnten aus der Untertassenunterseite gefeuert werden, in der sich auch die gewaltigen Phaserbänke befanden.

Zur Verteidigung setzte das Schiff eher auf Deflektorschilde, denn auf die polarisierten Hüllen des vorigen Jahrhunderts. Diese Energiefelder umgaben das Schiff und konnten es vor wiederholtem Phaserbeschuss schützen. Falls nötig, konnte die Energie des Feldes unterschiedlich verteilt werden, sodass bestimmte Bereiche des Schiffes geschützter waren als andere.

Das Shuttlehangar-Deck befand sich am Ende der Antriebssektion. Die *Enterprise* NCC-1701 verfügte über mehrere Shuttles, von denen jedes für kurze Reisen und eine Maximalbesatzung von sieben Personen ausgestattet war. Normalerweise wurden Shuttles von eigenen Piloten geflogen, doch die *Enterprise* NCC-1701 besaß auch einen starken Traktorstrahl, mit dem die Shuttles oder andere Schiffe in den Shuttlehangar befördert, in einer gleichbleibenden Position außerhalb des Schiffes gehalten oder abgeschleppt werden konnten.

Die Shuttles der *Enterprise* NCC-1701 wurden meist zum Transport von Diplomaten und für kurze wissenschaftliche Forschungsreisen verwendet. Bei routinemäßigen Schiff-zu-Planet-Missionen brauchte man sie nicht, da die *Enterprise* über Transporter verfügte, die Personen und Ausrüstung zu und von einer Planetenoberfläche beamen konnten.

Die Schiffscomputer verwendeten Richard Daystroms revolutionäres Duotronik-System. Die Schiffshülle war mit starken Sensorbänken ausgestattet, die Daten für die Wissenschaftslabore sammelten.

Da es ihre Mission erforderlich machte, hielt sich die *Enterprise* NCC-1701 oft lange außerhalb des Föderationsraumes auf. Entsprechend autark funktionierte sie. Im Laufe der Jahre variierte die Besatzungsstärke. Unter Pike hatten knapp mehr als 200 Personen auf ihr gedient, zu Kirks Zeit stieg ihre Anzahl auf 430.

AUFBAU DER HAUPTBRÜCKE

Die Hauptbrücke der *Enterprise* NCC-1701 befand sich am oberen Ende der Untertassensektion, auf Deck 1. Sie umfasste das gesamte Deck und wurde durch einen Turbolift im hinteren Bereich des Raumes erreicht; beim 2270er-Umbau kam ein zweiter Turbolift hinzu. Alle Hauptsysteme des Schiffes wurden von der Brücke aus bedient, wenngleich in Notfällen auch von einem zweiten, in der Antriebssektion befindlichen Raum aus auf sie zugegriffen werden konnte.

Die runde Brücke wurde von einem Hauptmonitor dominiert. Dabei handelte es sich um einen Computerbildschirm, dessen Größe im Laufe der Jahre variierte: Unter Pike und zu Beginn von Kirks Mission war er recht klein, wurde beim 2266er-Umbau aber durch eine deutlich größere Version ersetzt.

Der Großteil der Konsolen war auf einer erhöhten Plattform angebracht, die den Rand des Raumes bildete. Wer eine Konsole bediente, saß der Wand zugewandt. Der Sitz des Captains befand sich im Zentrum der Brücke, gleich hinter der Steuer- und Navigationskonsole.

Die Konsolen, vom Hauptmonitor aus im Uhrzeigersinn: Verteidigungssubsysteme, Waffensubsysteme, Navigationssubsysteme, Wissenschaft und Kommunikation. Die Wissenschaftsstation, in die ein Terminal zum Zugriff auf den Bordcomputer integriert war, war normalerweise mit Wissenschaftsoffizier

Die Hauptbrücke war das Nervenzentrum der *Enterprise* und normalerweise mit dem Captain und seinem Führungsstab bemannt.

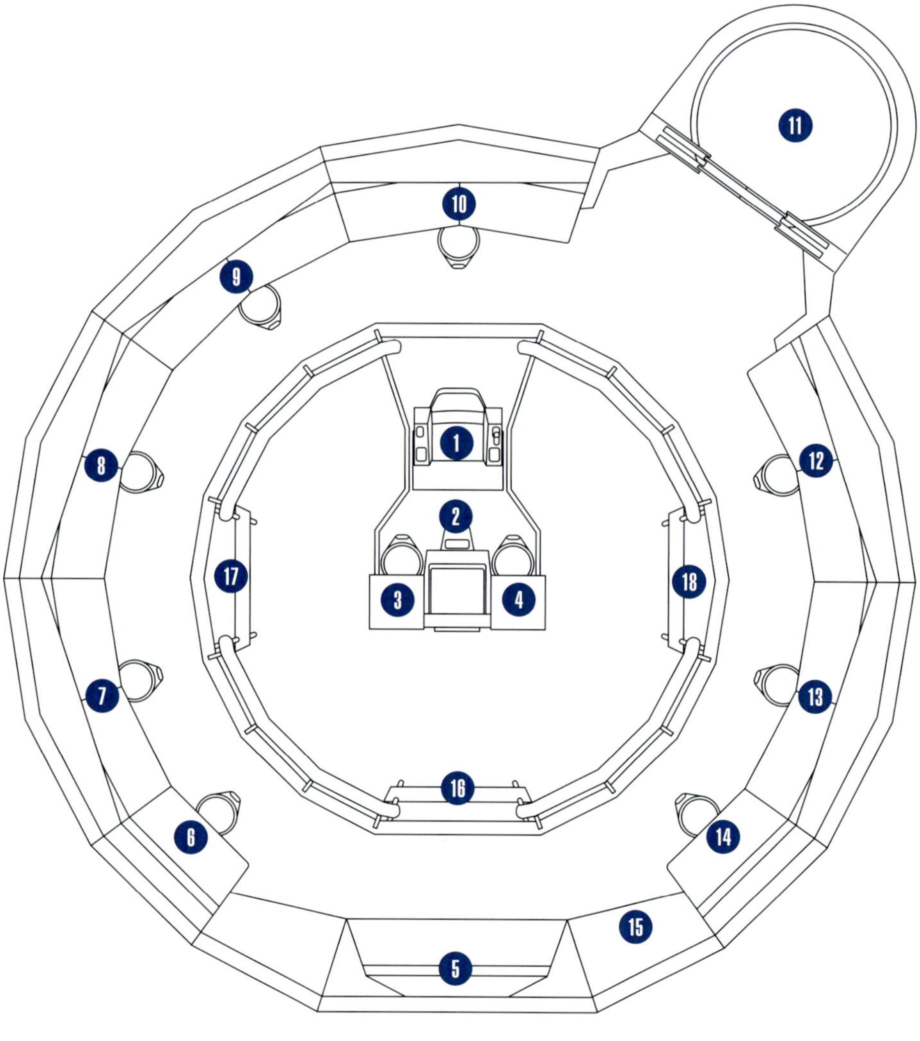

Spock besetzt, die Kommunikationsstation war der Arbeitsbereich Lt. Uhuras. Die Stationen rechts und links des Turbolifts galten der Technik und den Umweltsystemen. Sie waren während Routineeinsätzen nicht durchgehend bemannt, da diese Arbeiten meist vom Maschinenraum aus erledigt wurden.

Im Notfall konnten alle Brückenfunktionen in den Maschinenraum und an eine Hilfssteuerungsstation übertragen werden.

DER SITZ DES CAPTAINS

Wie bei Sternenflottenschiffen üblich, befand sich der Sitz des Captains in der Mitte der Brücke und war dem Monitor zugewandt. Auf der *Enterprise* NCC-1701 war er drehbar, wodurch sich der Captain auch zu den einzelnen Stationen umwenden und die Berichte seiner Offiziere einfordern konnte. Einige wichtige Funktionen waren in die

1. Sitz des Captains
2. Chronometer
3. Navigationssysteme
4. Steuer
5. Hauptmonitor
6. Verteidigungssubsysteme
7. Waffensubsysteme
8. Navigationssubsysteme
9. Wissenschaftsstation
10. Kommunikationsstation
11. Turbolift
12. Technikstation
13. Umweltsubsysteme
14. Techniksubsysteme
15. Brückenhilfsausrüstung
16. Stufen zur unteren Brückenebene
17. Stufen zur unteren Brückenebene
18. Stufen zur unteren Brückenebene

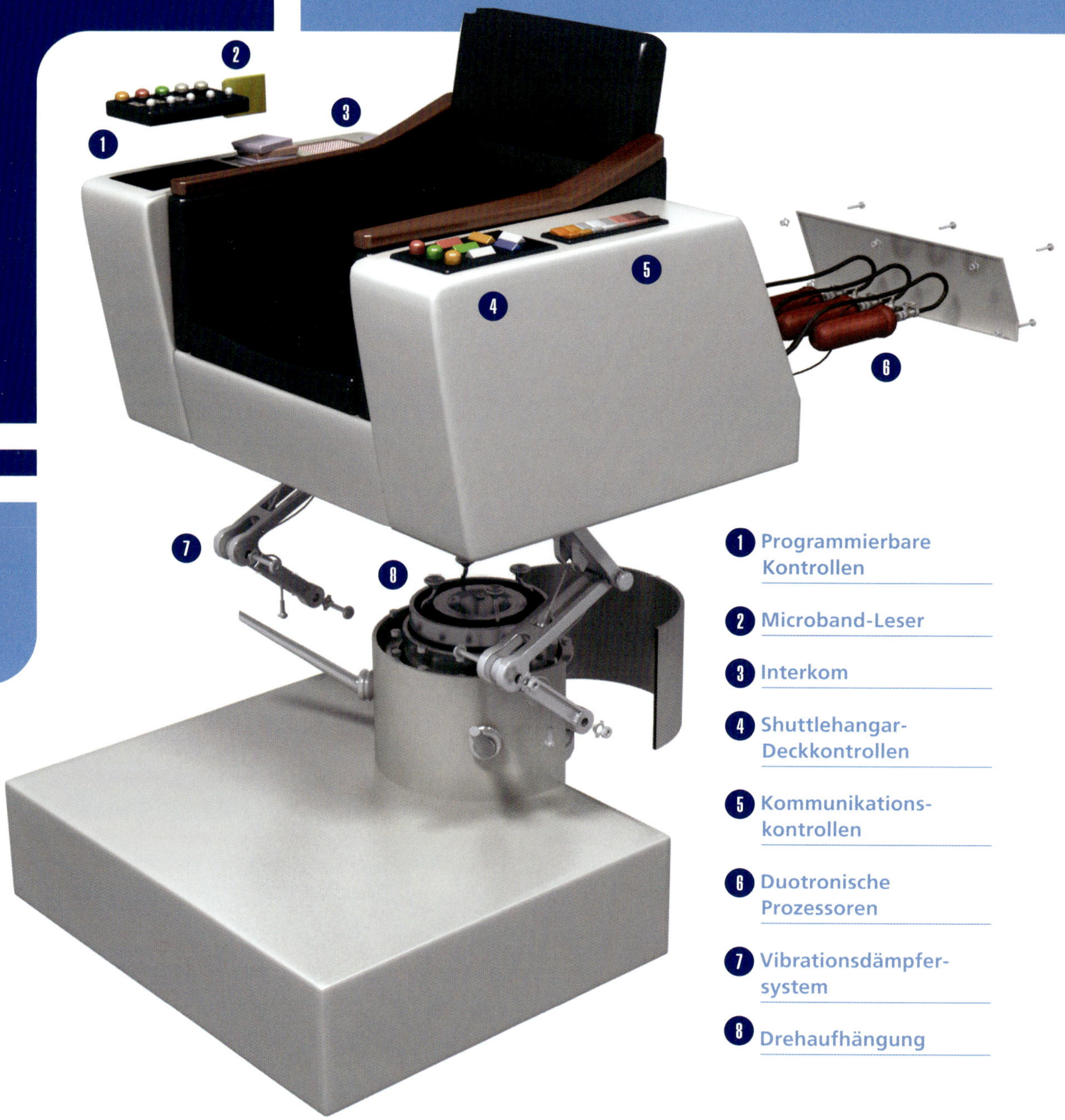

1. Programmierbare Kontrollen
2. Microband-Leser
3. Interkom
4. Shuttlehangar-Deckkontrollen
5. Kommunikations-kontrollen
6. Duotronische Prozessoren
7. Vibrationsdämpfer-system
8. Drehaufhängung

Zwischen 2264 und 2269 wurde die *Enterprise* NCC-1701 von James T. Kirk befehligt, einem der gefeiertsten Captains der Sternenflotte. Nach dem Ende der Mission wurde er zum Admiral befördert.

Armlehnen des Sessels eingebaut. Die am häufigsten verwendeten Tasten erlaubten den Zugriff auf das Interkom und ermöglichten Durchsagen an die gesamte Besatzung oder die direkte Kommunikation mit Abteilungsleitern wie dem leitenden Mediziner und dem Chefingenieur. Als Kommandant stand ihm auch die Kontrolle über den Alarmstatus des Schiffes zu. Er aktivierte zudem den Hauptmonitor und konnte sogar ein allgemeines Grußsignal ins All absenden.

In der rechten Armlehne befand sich der Zugang zum Schiffsinterkom sowie ein Microband-Lesegerät, mittels welchem der Captain Zugriff auf die Bestände des Bordcomputers hatte, wozu auch Tondokumente zählten. Andere Tasten der Armlehnen konnten auf diverse Funktionen programmiert werden, etwa zur Aktivierung der Impulstriebwerke und dazu, das Schiff in bzw. aus einem planetaren Orbit zu bringen.

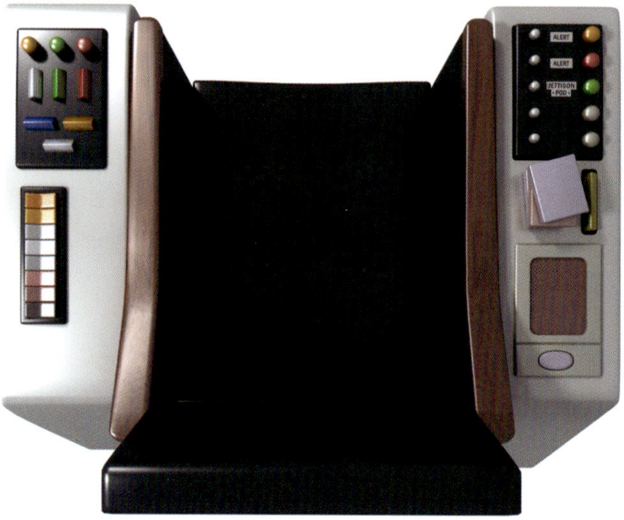

Der Halbvulkanier Commander Spock war Wissenschafts- und Erster Offizier des Schiffes. Er bediente Konsolen, die ihm Auskunft über die Umgebung des Schiffes gaben. Außerdem ermöglichten sie ihm den Zugriff auf die gesamte Sensorik und den Bibliothekscomputer.

WISSENSCHAFTSSTATION

Die Wissenschaftsstation war mit sämtlichen Schiffssensoren und dem Bibliothekscomputer verbunden. Daher konnte der Wissenschaftsoffizier jedes Phänomen, dem das Schiff begegnete, detailliert analysieren.

Die Wissenschaftsstation lieferte Informationen über die Energieversorgung, den Zustand und die Besatzungsgröße fremder Schiffe. Die Messungen der Sensoren ließen sich umgehend mit dem Wissen des Bordcomputers abgleichen. Oft halfen den Offizieren die Warpsignaturen der fremden Schiffe, deren Typ zu identifizieren. Außerdem umfasste die Wissenschaftsstation einen Microband-Leser und ein Audio-Interface zum Bordcomputer. Dieser konnte somit verbale Instruktionen befolgen und mittels akustischer Signale antworten. Schließlich gab die Station auch umfassend Auskunft über den Zustand des eigenen Schiffes, etwa die Schildstärke und etwaige Schäden.

Mittels Zugriffs auf den Hauptcomputer war der Wissenschaftsoffizier in der Lage, alle von anderen Stationen wie etwa dem Steuer eingehenden Informationen zu überprüfen. Im Notfall konnte von der Wissenschaft aus die Selbstzerstörung des Schiffes aktiviert werden. Diese erforderte drei Befehle, gegeben von drei Mitgliedern des Führungsstabes. War die Selbstzerstörung aktiv, erschienen die Zahlen 1–3 auf dem Monitor. Dann folgte ein 30-sekündiger Countdown. Schließlich zeigte ein zusätzlicher Indikator an, dass die Sequenz aktiviert worden war.

KOMMUNIKATIONSSTATION

Die Kommunikationsstation war für alle internen und externen Gespräche zuständig. Von dieser Konsole aus ließ sich das gesamte Spektrum der Subraumkanäle beobachten, was für externe Kommunikation unabdingbar war. Im Normalfall begann ein solcher Kontakt mit der Aussendung einer Grußbotschaft.

Um mit fremden Völkern zu sprechen, gab es den Universalübersetzer. Dieser analysierte eintreffende Botschaften und verglich sie mit den Einträgen einer umfangreichen Sprachdatenbank. In den meisten Fällen fand sich umgehend eine Entsprechung, was eine fließende Übersetzung ermöglichte.

Für interne Kommunikation war die Station mit dem Netzwerk aus Interkomkonsolen verbunden, die in jedem Raum und Korridor des Schiffes zu finden waren. Der Kommunikationsoffizier konnte dem ganzen Schiff Instruktionen übermitteln. Allerdings konnte der Captain dies mittels seiner Armlehnenkontrollen auch selbst tun.

An der Kommunikationsstation der *Enterprise* NCC-1701 saß Lt. Nyota Uhura. Ihr oblagen die Langstrecken-Subraum- und die bordinterne Kommunikation.

STEUER UND NAVIGATION

Die auch als Conn bekannte Doppelkonsole im vorderen Brückenbereich war Arbeitsplatz eines Steuermanns und eines Navigators. Der Steueroffizier saß links und war Pilot des Schiffes. Außerdem stand er in direktem Kontakt mit dem Maschinenraum. Rechts von ihm war der Navigator für die Einhaltung des Kurses und dessen Korrektur zuständig. Zwischen den beiden Sitzen befand sich der Astrogator, mit dem man die Richtung des Schiffes festlegte. Direkt unterhalb des Astrogators zeigte der Bordchronometer die Zeit an – was wichtiger war, als man denken mag. Warpflug führt unausweichlich zu Störungen im Raum-Zeit-Muster und kann zu Verwirrungen in der Zeitwahrnehmung führen.

Die beiden Offiziere hatten gemeinsame taktische Pflichten und kontrollierten die Waffen- und Verteidigungssysteme des Schiffes. Ein ausfahrbarer und auf Augenhöhe anhebbarer Zielscanner befand sich in der Steuerkonsole. Auf seinem Display ließen sich Schiffe und Phänomene außerhalb des eigenen Schiffes analysieren – auf ihre Zusammensetzung, Reichweite und ihren Status. Der Zielscanner diente zudem der Phaser- und Torpedoausrichtung. Ein Leuchtsignal in der Mitte der Doppelkonsole zeigte den Status des eigenen Schiffes an. Unter normalen Bedingungen leuchtete es nicht, flammte aber rot auf, sowie das Schiff auf roten Alarm ging.

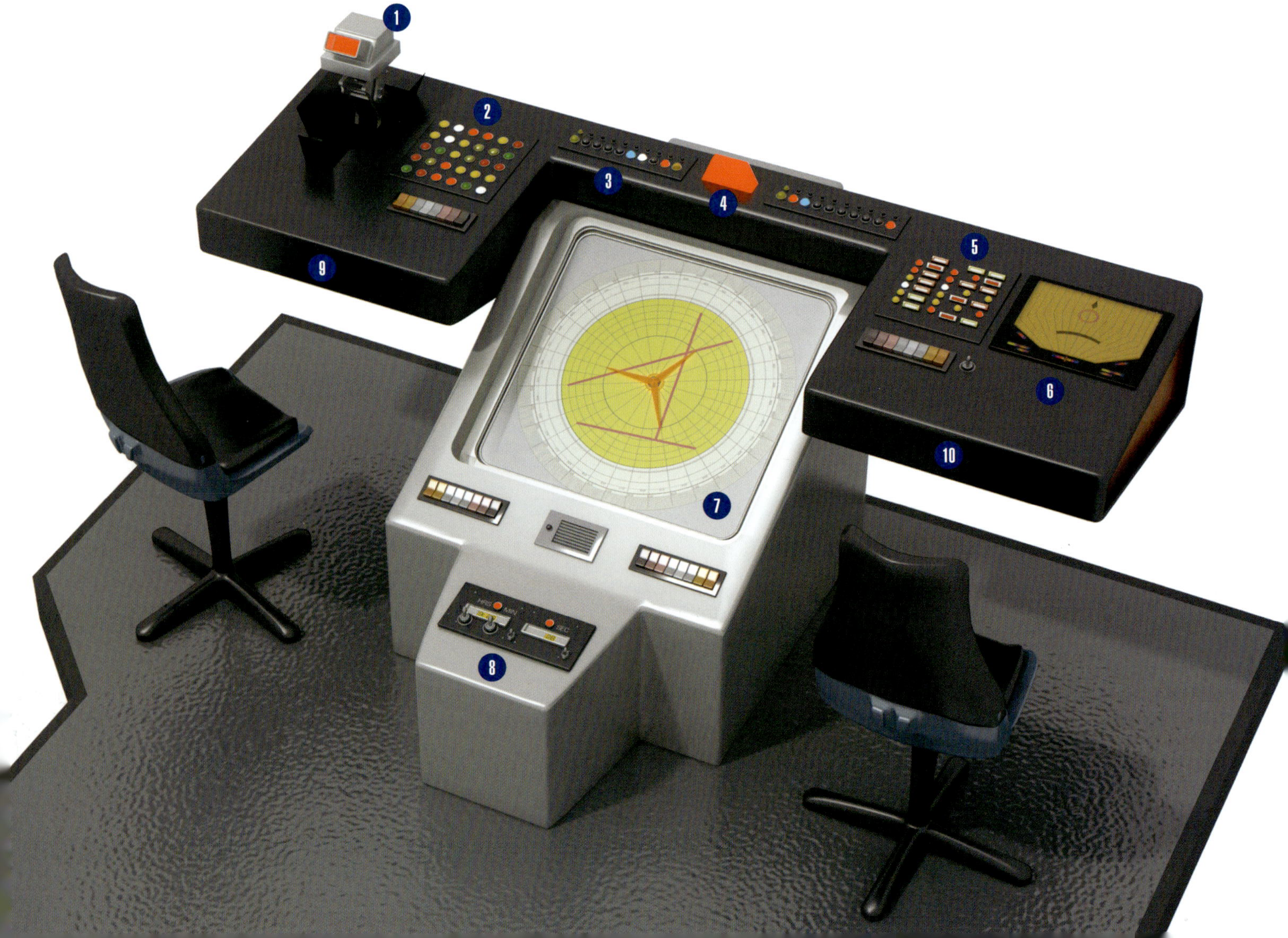

1. Zielscanner
2. Steuerkontrolle
3. Sensorüberwachung
4. Alarmindikator
5. Kursprogrammierung
6. Kursabweichungsanzeige
7. Astrogator
8. Bordchronometer
9. Station des Steuermanns
10. Station des Navigators

Die ursprüngliche Steuer- und Navigationskonsole (ganz unten) wurde später überarbeitet. Fortan umfasste sie auch z. B. den Zielscanner. Dieser blieb meist links des Steuers verborgen (Mitte), konnte aber für genaue Sensorenanalysen und taktische Aktionen ausgefahren werden (oben).

NAVIGIEREN IM ALL

Auf Raumschiffen werden die Ausrichtungen externer Objekte in der Regel nach zwei Kriterien angegeben: mittels relativer Peilung oder absoluter Kurse. Relative Peilungen werden anhand von Winkeldifferenzen – Azimut- und Höhenwinkel – und im Vergleich zur Flugrichtung des Schiffes bestimmt. Ein direkt vor diesem befindliches Objekt hätte somit eine Azimutpeilung von Null, wohingegen ein direkt hinter ihm befindliches Objekt eine Azimutpeilung von 180 hätte. Relative Peilungen dienen der Beschreibung der Position eines dem Schiff relativ nahen Objektes, etwa eines Asteroiden oder eines anderen Schiffes. Absolute Kurse werden mittels Winkeldifferenzen zu einem Vektor zwischen dem Schiff und dem Zentrum der Galaxis angegeben. In diesem System entspräche ein Vektor genau in Richtung des Galaxiszentrums einem Kurs von 000 Punkt 0 – unabhängig von der Ausrichtung des Raumschiffs. Absolute Kurse werden bei der interstellaren Navigation verwendet.

KURSAUSRICHTUNG 035 PUNKT 42

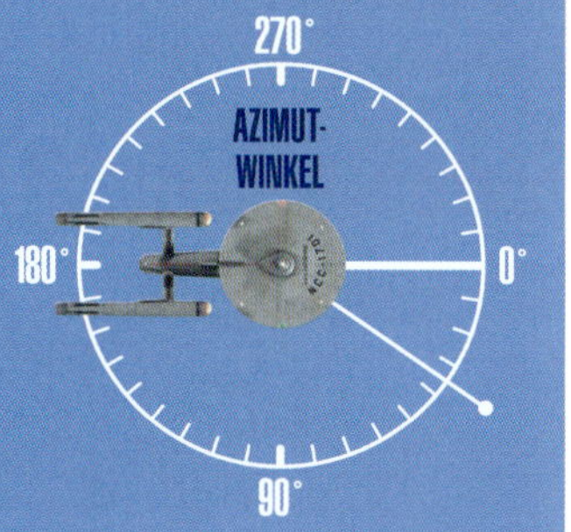

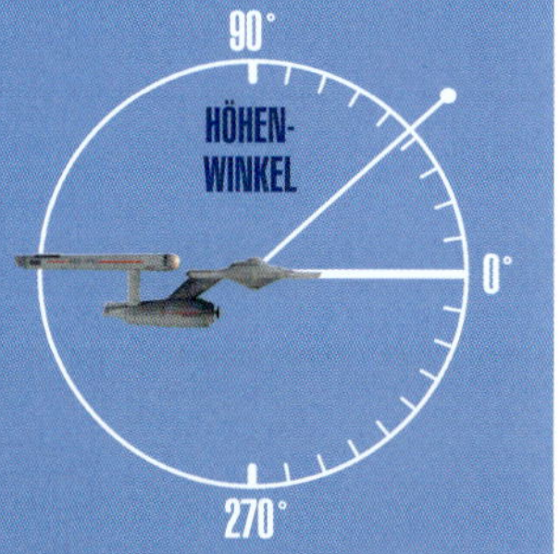

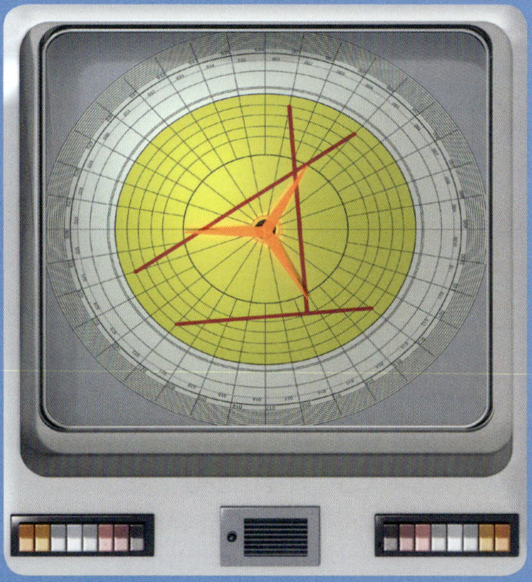

Der Phaser ist seit dem 23. Jahrhundert die gebräuchlichste Waffe auf Sternenflottenschiffen. Mit den zielgerichteten Energiestrahlen lässt sich die Struktur eines Zielobjekts durchbrechen. Die Hauptphaserbänke der *Enterprise* NCC-1701 befanden sich auf der Unterseite der Untertassensektion, gleich neben der Sensorkuppel.

Die *Enterprise* NCC-1701 war mit zwei Hauptwaffen ausgestattet: Phasern und Photonentorpedos. Gemeinsam waren sie stark genug, die Oberfläche eines ganzen Planeten zu zerstören.

Unter Captain Pike hatte das Schiff noch Laserkanonen besessen, doch waren diese bis 2267 durch fortschrittlichere Phaser ersetzt worden, die gezielte Energiestrahlen verschossen. Das Wort „Phaser" ist übrigens eine Abkürzung für PHASed Energy Rectification. Die Phaserbänke befanden sich an der Unterseite der Untertassensektion und hatten eine Reichweite von 300.000 km. Sie konnten im Kampf gegen andere Schiffe oder zum Beschuss planetarer Ziele aus dem Orbit verwendet werden. Ihre Intensität und Funktion war veränderbar – Phaser konnten ihre Ziele (Personen bzw. Objekte) betäuben, erhitzen oder auflösen. Ein erfahrener Schütze traf mit ihnen noch die kleinsten Gebäude oder betäubte alle Personen in einem ganzen Straßenblock. Die Schiffsphaser waren mit den Schiffsmaschinen verbunden. Falls nötig, konnte Energie von ihnen zu den Schilden umgeleitet werden. Dadurch verloren die Phaser aber an Effizienz. Phaser sind Energiewaffen und somit nur so schnell wie das Licht. Unter normalen Umständen sind sie im Warpflug nutzlos.

Die *Enterprise* NCC-1701 besaß zudem Photonentorpedos. Diese enthielten kleine Mengen an Materie und Antimaterie. Kamen sie miteinander in Kontakt, führte das zu einer großen Explosion. Innerhalb eines Torpedos befand sich auch ein kleiner Antrieb, der ihn bis zu 750.000 km weit beförderte. Im Gegensatz zu den Phasern ließen sich Torpedos auch im Warpflug abfeuern. Allerdings konnte ihnen ein Zielobjekt, das schnell genug war, entkommen.

Die *Enterprise* NCC-1701 schützte sich mittels ihrer Deflektorschilde (auch Schilde genannt). Das System erschuf ein Energiefeld, das um das gesamte Schiff reichen konnte. Es wehrte feindlichen Beschuss genauso ab wie etwaige Trümmer. Doch die Schilde wurden mit jedem Treffer schwächer und kollabierten bei längerem Beschuss. Sie erhielten ihre Energie aus so vielen Quellen wie möglich, daher konnte diese bedarfsgerecht verteilt werden. Deflektorschilde waren in hintere und vordere Gruppen unterteilt. Die Energie konnte zwischen diesen beiden aufgeteilt werden. Die Schilde ließen sich ausweiten, um auch andere, kleinere Schiffe aufzunehmen. Im

PHASER

Der Phaser ist ein zielgerichteter Energiestrahl und wurde Anfang des 22. Jahrhunderts erfunden. Er bedient sich des sogenannten Schnellen Nadion Effekts (SNE) und supraleitfähiger fuhigi-no-umi-Kristalle. In Phasern kommt die LiCu-518-Kristallform zum Einsatz. Schnelle Nadionen sind subatomare Partikel mit kurzer Lebensspanne. Passieren sie den Kristall, werden sie freigesetzt und geben starke nukleare Kräfte ab, aus denen der Phaserstrahl entsteht.

Der Phaser besteht aus mehreren Komponenten. Zunächst wird Elektroplasma in einen Plasmaversorgungsverteiler (PVV) geleitet. Dieser teilt die Energie auf mehrere Vorbrennkammern auf, die aus LiCu-518-Kristallen bestehen. Durch den SNE wird das Plasma in einen hochenergetischen Strahl umgewandelt, der zum Strahlemitter, einem dreiseitigen LiCu-518-Kristall weitergeleitet wird.

Die Stärke eines Phaserstrahls hängt von der Menge verwendeten Plasmas ab. Ausrichtung, Breite und Intensität hängen davon ab, in wie viele Vorbrennkammern die Energie aufgeteilt wird, da jede einen anderen Teil des Emitters beliefert.

Phaserenergie ist sehr vielseitig. Sie kann leichte Betäubungen genauso erwirken wie große Explosionen und die völlige Auflösung ihres Zieles.

23. Jahrhundert funktionierte der Transporter nicht bei hochgefahrenen Schilden.

Die Schilde ließen sich auch als eine Art Tarnvorrichtung verwenden, da sie das Schiff vor der Entdeckung durch primitivere Sensorik verbargen. Doch gelang dies nicht bei zeitgenössischen Schiffen wie denen der Klingonen und Romulaner.

PHOTONENTORPEDO TYP VI-B

1. Antriebsauslassöffnung
2. Serviceluke
3. Hauptzielscanner
4. Leitungs- und Zielerfassungsprozessor
5. Sensoren
6. Reaktionskammer
7. Magnetische Isolationskammern
8. Antriebsmodul
9. Antriebs- und Schubvektor-Subsysteme

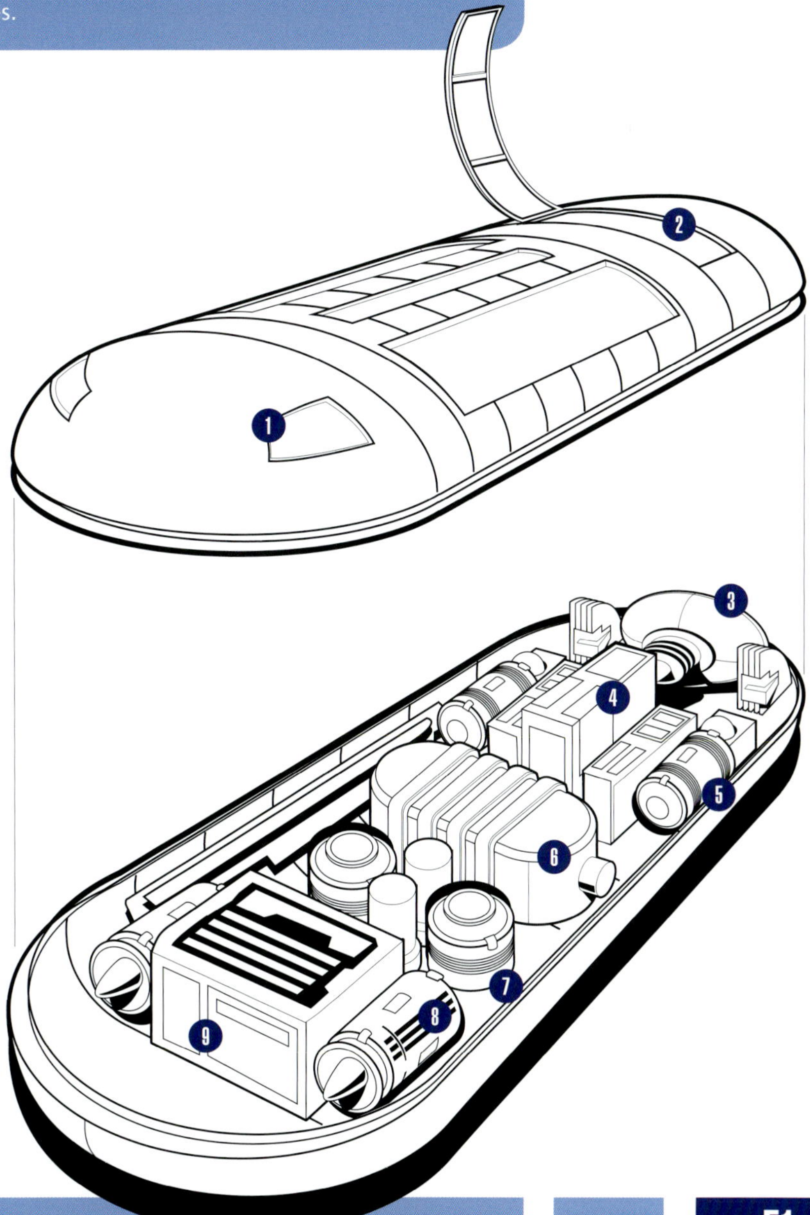

Wie ihre Vorgängerin besaß auch die *Enterprise* NCC-1701 zwei unterschiedliche Antriebssysteme: einen für Reisen bei Unterlichtgeschwindigkeit benutzten Impuls- und einen Warpantrieb. Letzterer zog seine Energie aus der Reaktion von Materie und Antimaterie (und war im Grunde eine weiterentwickelte Version von Henry Archers revolutionärem Warp-5-Triebwerk). Die Energie ließ sich auch in einem Batteriesystem speichern, durch das die Lebenserhaltung und andere Systeme auch eine Woche ohne Antrieb aufrechterhalten werden konnten.

Der Hauptmaschinenraum befand sich auf Deck 19 in der Antriebssektion. Von ihm aus wurden alle Triebwerksysteme bedient, sowie die Lebenserhaltung, die Energieverteilung und die Trägheitsdämpfung. Im Normalfall war hier auch der Chefingenieur anzutreffen. Hier hatte er alle Systeme im Blick und konnte sie bedienen – über eine Konsole, die eine ganze Wand einnahm. Zwar ließen sich seine Aufgaben auch von der Brücke aus erledigen, doch konnte das Personal des Maschinenraums jeglichen Ingenieursbefehl

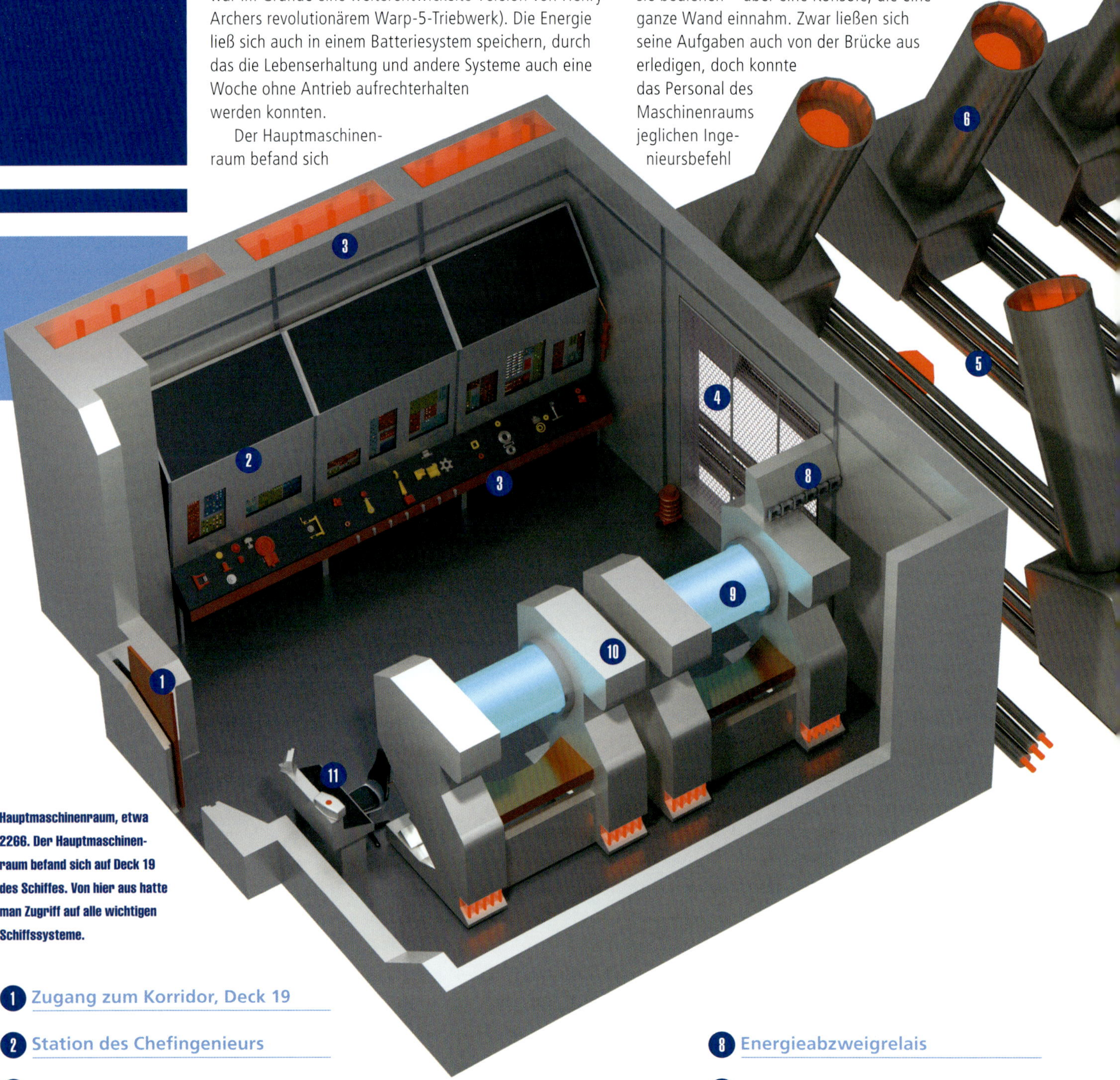

Hauptmaschinenraum, etwa 2266. Der Hauptmaschinenraum befand sich auf Deck 19 des Schiffes. Von hier aus hatte man Zugriff auf alle wichtigen Schiffssysteme.

1. Zugang zum Korridor, Deck 19
2. Station des Chefingenieurs
3. Haupt-Mischkontrolle
4. Schutzgitter
5. Warpplasmaverteiler
6. Plasmaleitungen
7. Warpplasma
8. Energieabzweigrelais
9. Ersatzenergieeinheit
10. Ersatzenergieeinheit
12. Manuelle Kontrolle für Notfälle

von Seiten der Brücke aufheben und die Kontrolle über das Schiff an sich reißen. Ein Ende des Raumes war zur Materie-Antimaterie-Reaktionsanordnung offen, denn es bestand zum größten Teil aus einem Schutzgitter. Hinter diesem befand sich der sogenannte Warpenergieverteiler.

Vor 2267 wurden die Dilithiumkristalle in einem anderen Raum aufbewahrt. Bei der Generalüberholung von Ende 2267 wurde aber auch der Hauptmaschinenraum der *Enterprise* NCC-1701 umgestaltet. Fortan waren die zwei Materie-Antimaterie-Integratoren im Zentrum des Raumes zu finden. Diese enthielten den Dilithiumkristall-Konvertierer.

Bei der Umgestaltung erhielt der Maschinenraum auch eine zweite Etage. Eine Treppe zwischen den Technikkonsolen führte zu einem Steg, über den die Warpantriebssysteme erreichbar waren. Ein kleines Nebenzimmer, bekannt als Notfallkontrollraum, war auch neu. In ihm befand sich die Arbeitskonsole des diensthabenden Offiziers.

Ein Netzwerk aus Zugangsschächten, den sogenannten Jefferies-Röhren, gestattete es dem Personal, die durch das ganze Schiff führenden technischen Systeme zu erreichen, etwa die Materie-Antimaterie-Reaktionskammer. Jefferies-Röhren waren relativ eng und boten oft nur einem Techniker Raum. Nicht selten waren sie mit Leitern oder Stufen versehen. Die Röhren bildeten ein Netzwerk, das horizontal, vertikal und diagonal durchs gesamte Schiff führte und von unterschiedlichsten Punkten, etwa einem normalen Korridor, aus betreten werden konnte.

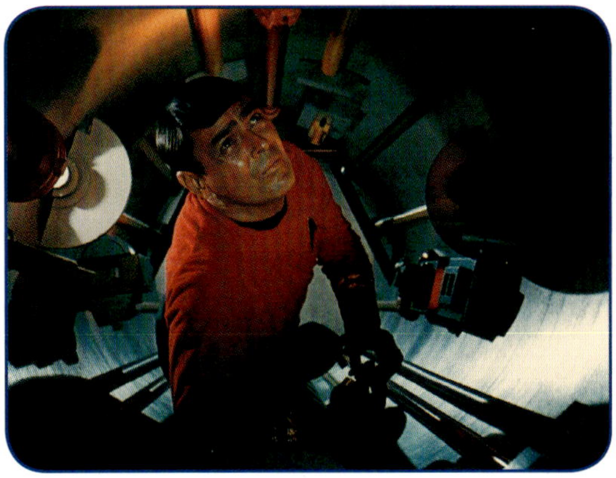

Der Hauptmaschinenraum wurde 2267 generalüberholt. Damals wurden die Materie-Antimaterie-Integratoren ins Zentrum des Raumes umgesetzt und dieser um eine obere Etage erweitert.

Ein Netz aus Jefferies-Röhren durchzog die gesamte *Enterprise* und erlaubte es den Ingenieuren, auf eine Vielzahl von Systemen direkt zuzugreifen. Die Röhren kamen oft zum Einsatz, wenn – etwa nachdem das Schiff Schäden im Kampf erlitten hatte – Systeme umgeleitet oder Verbindungen überbrückt werden mussten.

In den 2260ern war der Transporter zum Standard geworden, wenn es darum ging, Personal von einem auf ein zweites, nahes Schiff oder auf die Oberfläche eines Planeten zu befördern. Im Transporterraum der *Enterprise* NCC-1701 befand sich eine große, runde Transportkammer, deren Boden erhöht war und aus sechs kreisförmig angeordneten Personentransportplätzen bestand. Der Transporterchief oder mitunter auch Chefingenieur Scott bedienten diese von einer freistehenden Konsole aus.

Zu dieser Zeit hatten die Transporter eine effektive Reichweite von 16.000 km. Um ein Besatzungsmitglied zur oder von der Oberfläche eines Planeten zu befördern, benötigte der Transporter präzise Koordinaten des Zielobjekts bzw. -ortes. Diese lieferte ihm meist der Kommunikator der Zielperson. Wenn nötig, konnte der Erfassungsbereich des Transporters aber auch auf ein weites Gebiet ausgedehnt werden. In dem Fall transportierte er jede in diesem befindliche Person.

Beim Beamen auf Raumstationen oder andere Flotteneinrichtungen war es üblich, den Transporter mit einem Transporterplatz am Zielort zu verbinden. Das minimierte das ohnehin schon geringe Unfallrisiko. In den 2260ern waren die Transporter der *Enterprise* NCC-1701 schon fortschrittlich genug, Leute aus dem Transporterraum in einen anderen Bereich des Schiffes zu beamen.

Die Außenteams der *Enterprise* NCC-1701 nutzten meist den Transporterraum, um zur Oberfläche eines Planeten zu beamen. Mittels des Signals ihrer Kommunikatoren hielt der Transporter sie erfasst, wodurch sie sicher zurückgebeamt werden konnten.

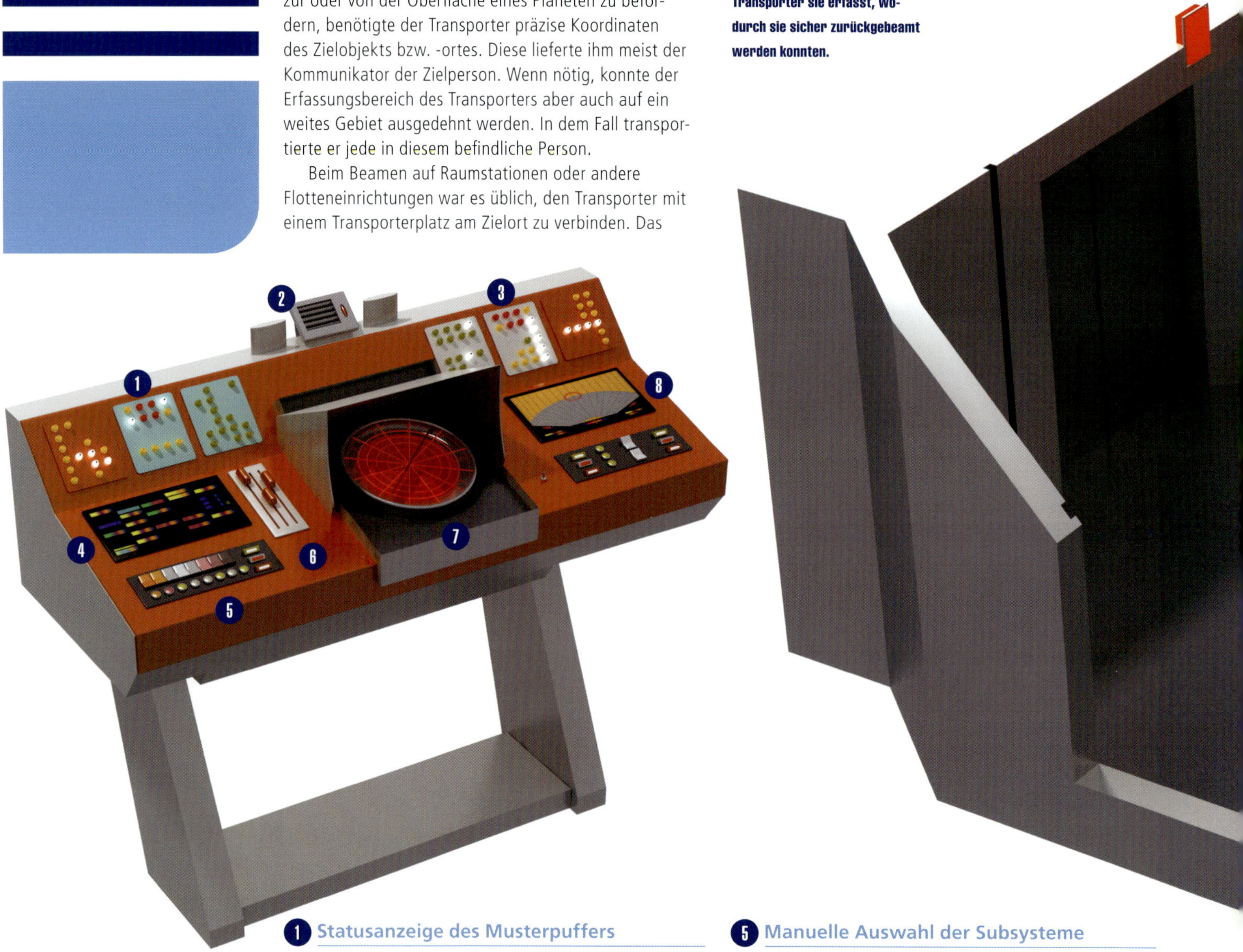

1 Statusanzeige des Musterpuffers

2 Kommunikationspanel

3 Statusanzeige Heisenbergkompensator

4 Statusanzeige Sequenzauslöser

5 Manuelle Auswahl der Subsysteme

6 Energiekontrollen

7 Zielscanner

8 Anzeige der Doppler-Kompensation

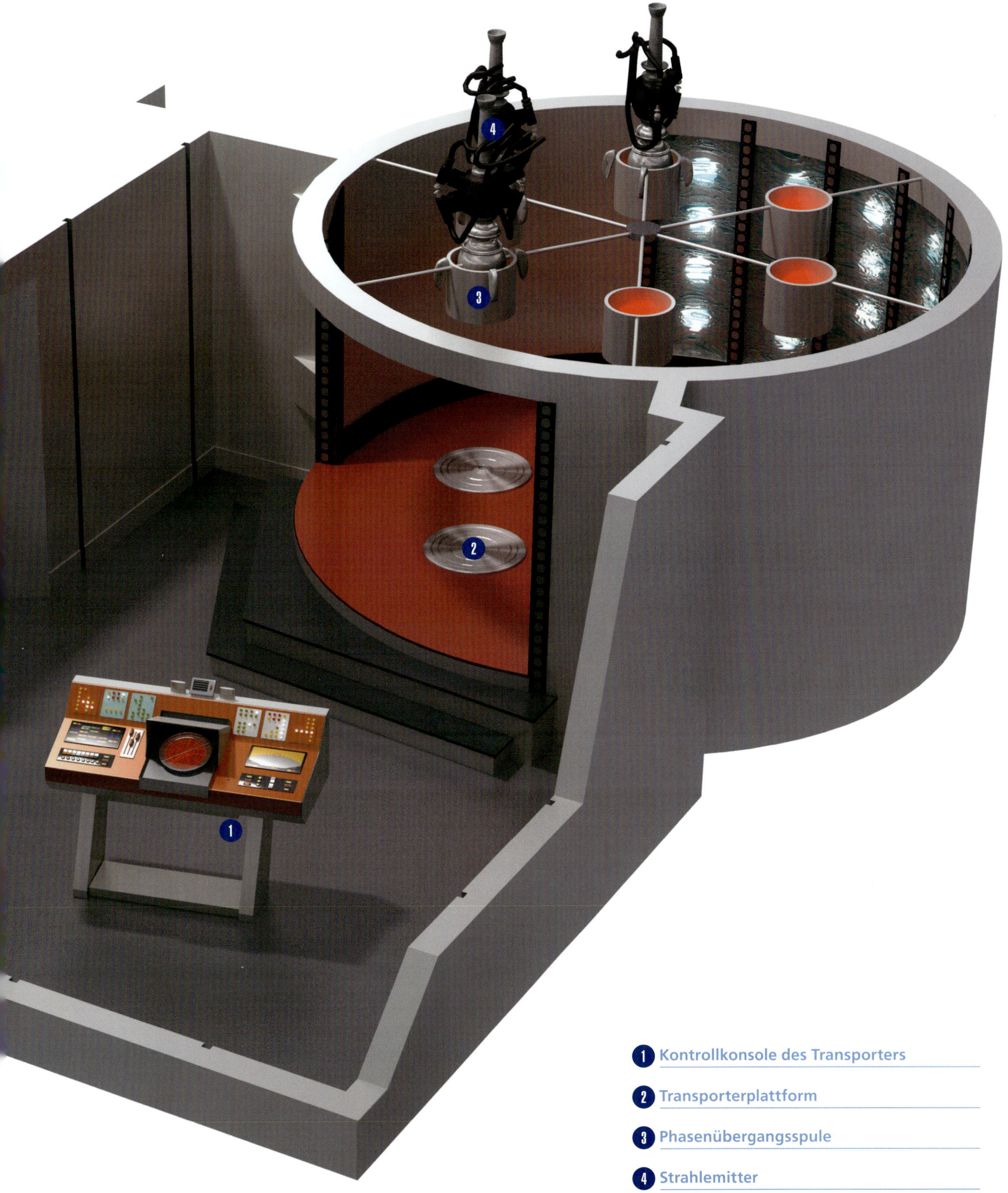

1 Kontrollkonsole des Transporters

2 Transporterplattform

3 Phasenübergangsspule

4 Strahlemitter

Die *Enterprise* NCC-1701 hatte nur ein Shuttlehangar-Deck. Es befand sich am hinteren Ende der Antriebssektion. Durch Umbaumaßnahmen wurden zudem Andockpunkte an mehreren Stellen des Schiffes geschaffen, etwa dem Ende der Untertassen- und seitlich an der Antriebssektion.

Die unverkennbaren Schwingtüren des klassischen Hangardecks führten direkt ins All und erlaubten es Shuttles, ungehindert das Schiff zu verlassen bzw. betreten. Wollte ein Shuttle starten, musste zunächst der Kabinendruck im Inneren des Decks abgelassen werden. Dies erforderte auch, dass alle dort arbeitenden Personen den Raum verließen. Die Shuttlestarts und -landungen wurden aus speziellen Druckkammern heraus (im oberen Bereich des Decks) und von der Brücke aus koordiniert. Es oblag dem Shuttlepiloten, das Schiff zu starten und zu landen, wenngleich Traktorstrahlen dabei halfen und eine etwaige Kollision verhinderten. Im Notfall ließ sich der gesamte Landungsprozess mittels Traktorstrahlen erledigen.

Eines der Shuttles der *Enterprise* NCC-1701 wurde auf einer rotierbaren Landeplattform positioniert. Dann ließ man den Druck aus dem Hangar und öffnete die Schwingtüren. Nun konnte das Shuttle das Schiff verlassen.

Schiffe der *Constitution*-Klasse hatten Sieben-Personen-Shuttles an Bord, die zu interstellaren Reisen in der Lage waren. Im Gegensatz zur *Enterprise* selbst waren sie zum Eintritt in eine Planetenatmosphäre und zum Start von sowie zur Landung auf einer Planetenoberfläche fähig.

Shuttles wurden für wissenschaftliche Forschungsmissionen eingesetzt, für Kurzstreckentransporte und zur Beförderung von Diplomaten zu und von Planetenoberflächen. So empfing die *Enterprise* NCC-1701 auf ihrem Weg zur Babel-Konferenz des Jahres 2268 die vulkanische Delegation im Hangardeck, nicht im Transporterraum.

Zu den Shuttles der NCC-1701 zählten die *Galileo* NCC-1701/7 – das beim Absturz auf Taurus II verloren ging, aber durch ein gleichnamiges ersetzt wurde – und die *Columbus* NCC-1701/2.

Die Shuttles der *Enterprise* NCC-1701 starteten vom Hangardeck aus, das sich am Ende der Antriebssektion befand. Öffneten sich dessen Türen, kam es im gesamten Deck zu einem Druckabfall.

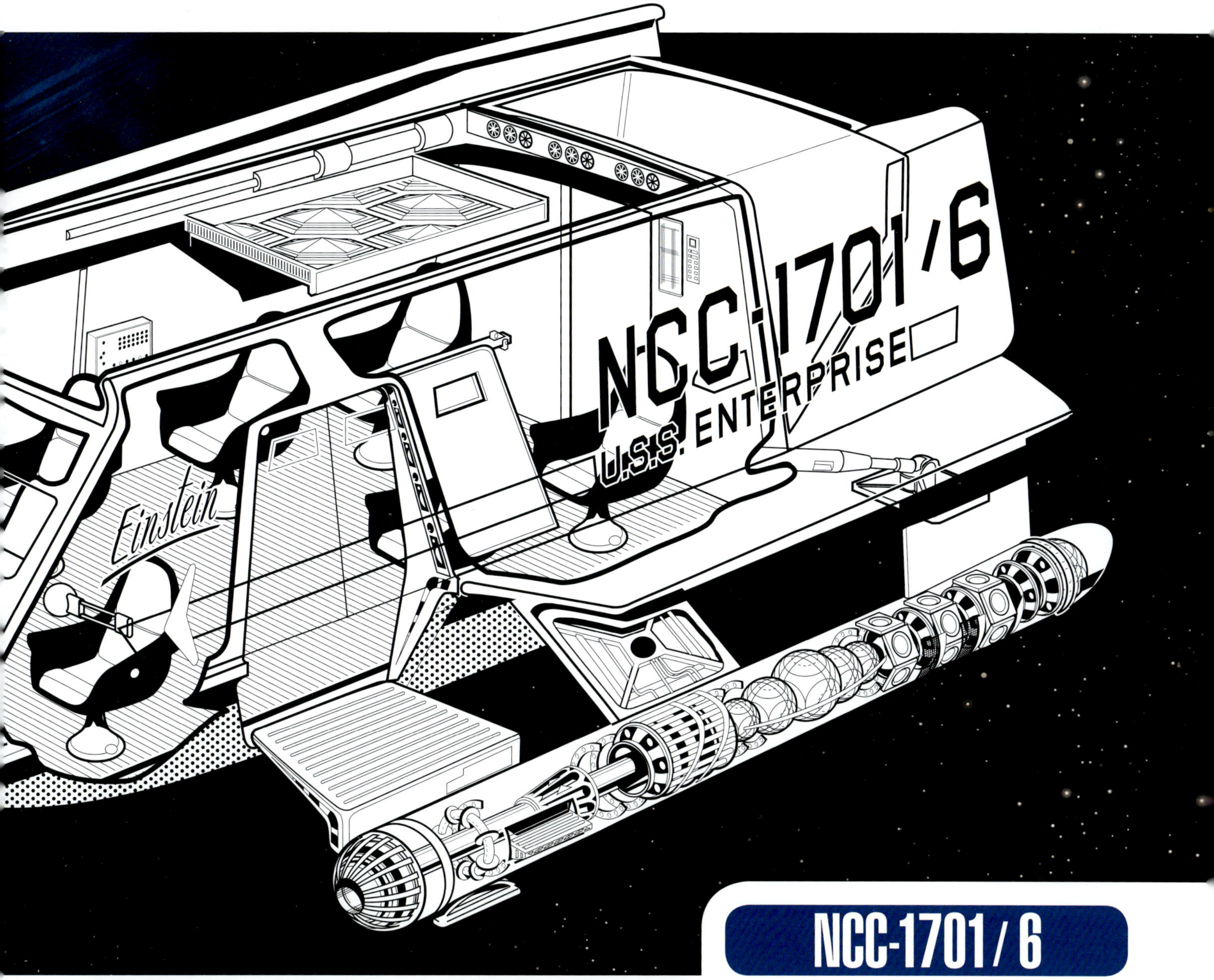

NCC-1701/6

Klassifizierung	Klasse F
Aktiver Dienst	2267–2273
Länge	7,3 m
Besatzungsgröße	7
Antrieb	Ionenantrieb
Bewaffnung	keine
Verteidigung	Deflektorschilde

Die Hauptkrankenstation der *Enterprise* NCC-1701 befand sich auf Deck 7 und somit in einem der geschütztesten Bereiche des Schiffes. Sie war Operationsraum, Erholungszimmer und Forschungslabor. Insgesamt bestand sie aus vier Räumen und einer Druckkammer, in der Besatzungsmitglieder simulierten atmosphärischen Belastungen ausgesetzt werden konnten. Dadurch sollte verhindert werden, dass sie an der Dekompressionskrankheit erkrankten, die von schneller Dekompression in Sauerstoff-Stickstoff-Atmosphäre herrührte. Außerdem war die Kammer bei Überdrucktherapie und Therapien in verminderter Schwerkraft hilfreich.

Die Hauptkrankenstation war in vier unterschiedliche Bereiche geteilt: ein Labor, das Büro des Chefmediziners, ein Untersuchungszimmer und einen Operations- und Erholungsraum. Labor und Büro hatten vollen Zugriff auf den Bibliothekscomputer und beinhalteten eine Vielzahl medizinischer Analyseinstrumente. Hier unternahm Dr. McCoy den Großteil seiner Forschungen für seine *Vergleichende Alien-Physiologie*. Der nächste Bereich der Station wurde von diversen Diagnosegeräten dominiert, darunter einem diagnostischen Biobett und einem kleineren, für kardiale Belastungstests geeigneten Bett. Lag ein Besatzungsmitglied auf diesem Bett und betätigte die dahinter in die Wand eingelassenen Pedale, konnten die Systeme seinen Herzschlag und allgemeinen Zustand während der Übung erfassen. Zum diagnostischen Biobett gehörte ein Lebenszeichen-Monitor. Er gab stets Auskunft über Herzschlag, Atmung, Blutdruck und Neuralzustand eines Patienten sowie andere wichtige Dinge. Die Anzeige konnte für Patienten aus anderen Spezies entsprechend angepasst werden.

Das diagnostische Biobett war um 90 Grad bis in die Senkrechte drehbar. Es gab detailliert Auskunft über den Zustand eines Patienten und war auch für Autopsien verwendbar.

1 Druckkammer

2 Zugangsterminal zum Bibliothekscomputer

3 Elektronenmikroskop

4 Büro des leitenden Mediziners

5 Diagnostisches Biobett

6 Untersuchungsbett

7 Diagnosezimmer

8 Zugang zum Korridor, Deck 7

9 Alarmstatus-Anzeige

10 Medikamentenanalysator und -synthetisierer

11 Biowert-Monitor

12 Operations- und Erholungsraum

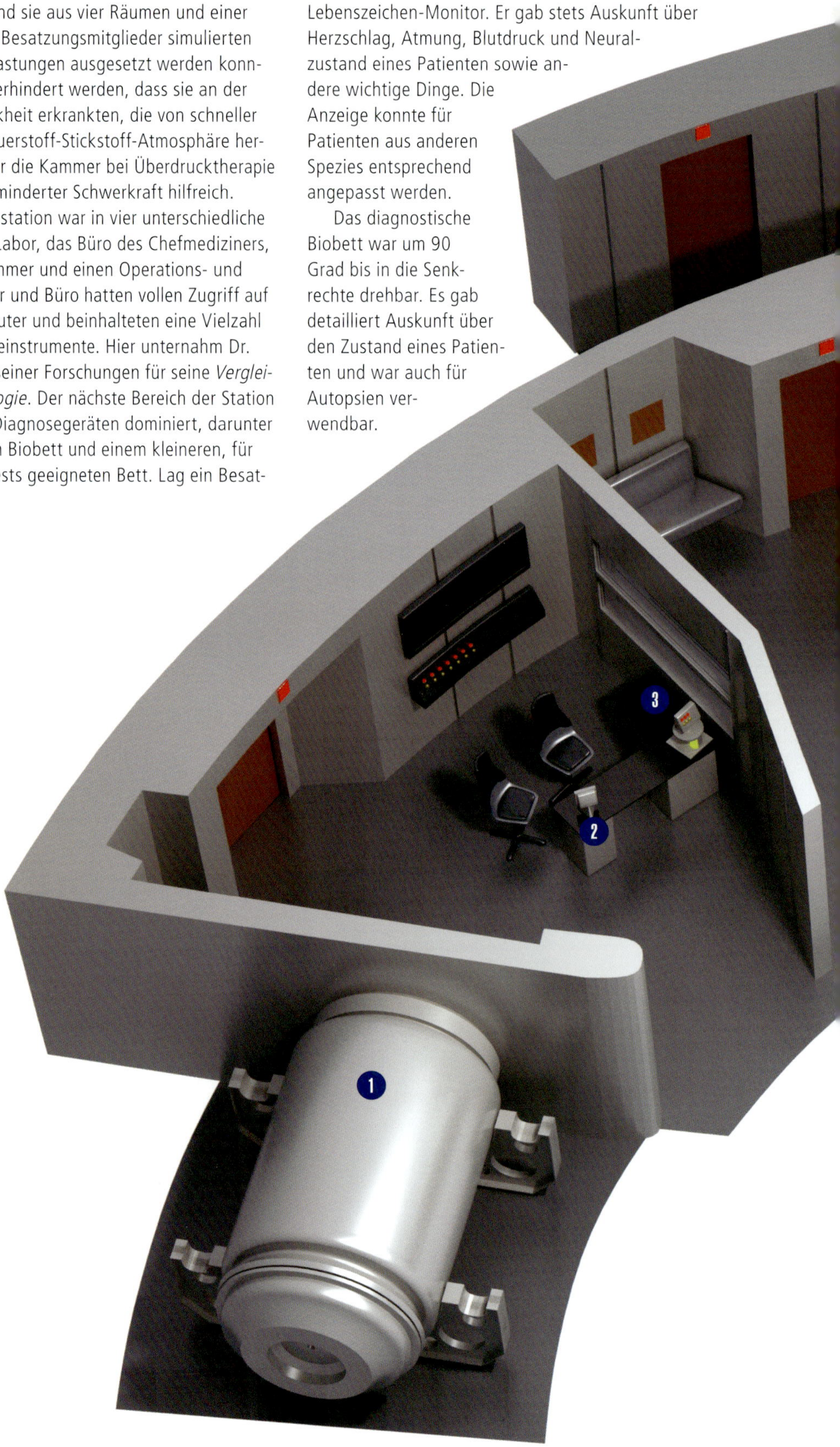

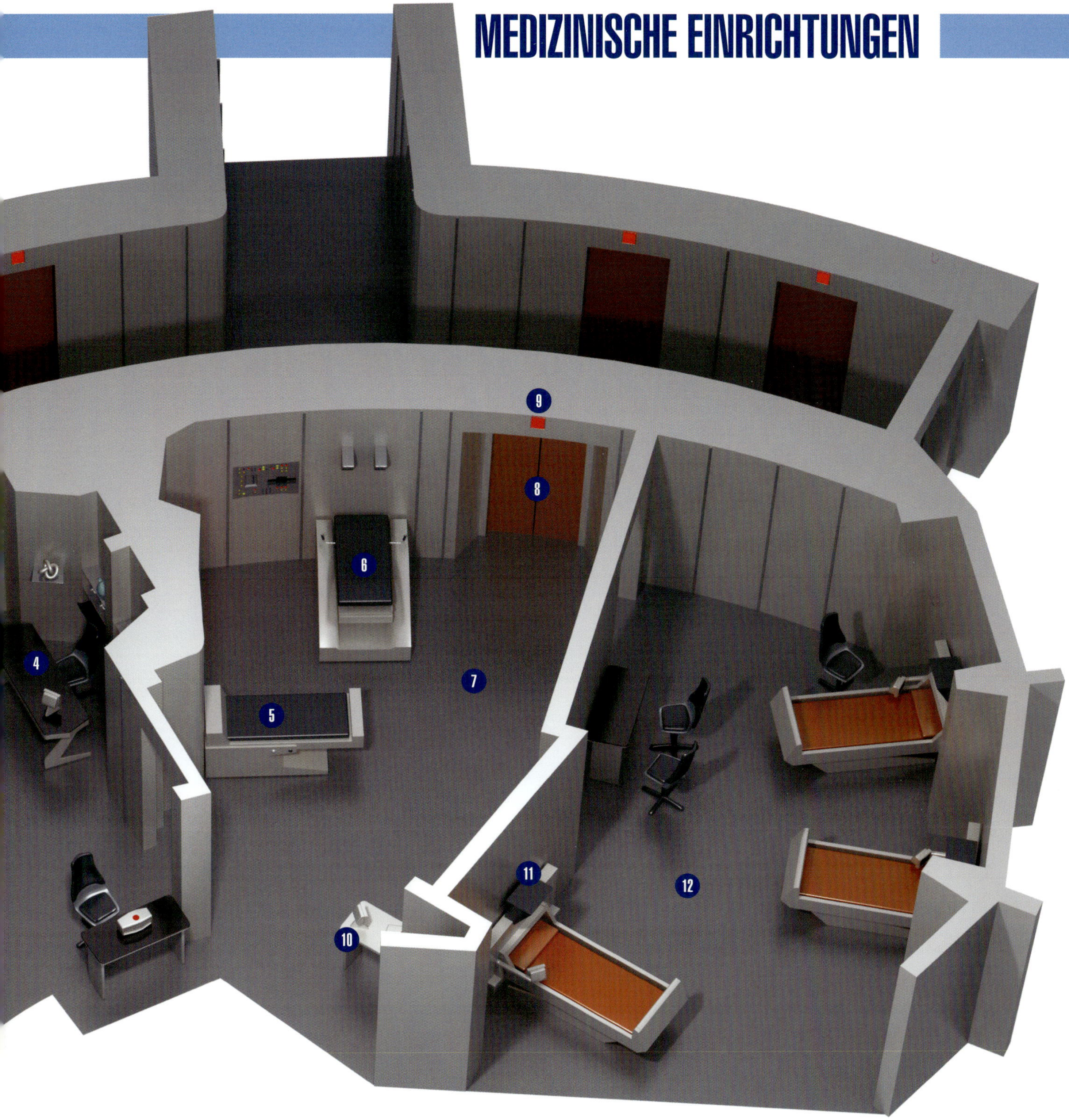

Ein weiteres Zimmer stand für Operationen und Regenerationsphasen zur Verfügung. Bei schwerwiegenden Eingriffen – wie etwa der Operation an Botschafter Sareks Herz im Jahr 2267 – wurde oberhalb des Patienten ein chirurgischer Unterstützungsrahmen ans Bett angebracht. So konnte der Arzt in steriler Umgebung arbeiten, präzise Informationen über den Zustand seines Patienten erhalten und kleine sowie kryogenische Operationen durchführen. Das vom Rahmen erzeugte sterile Feld erlaubte es den Chirurgen, ohne Masken und Kittel vorzugehen.

Alle Betten im Regenerationsbereich waren mit Monitoren ausgestatten, die über dem Kopf des Patienten über dessen Zustand informierten. Sollten Patienten gewalttätig werden oder zu gefährlichen Ausfällen neigen, kamen die Haltegurte an den Seiten des Bettes zum Einsatz. An einem Schwenkarm neben dem Bett befand sich ein Terminal, von dem aus die Patienten Zugriff auf den Bibliothekscomputer hatten. So konnten sie während ihrer Genesung lesen oder lernen.

Dr. McCoys Krankenstation war Büro und OP zugleich. Außerdem war es eine beachtlich ausgestattete, vollwertige Forschungseinrichtung.

Der Großteil der Wohnbereiche befand sich in der Untertassensektion des Schiffes. Die Unterkünfte der leitenden Offiziere und besonderer Gäste lagen auf den Decks 4, 5 und 6. Jedes Besatzungsmitglied der Enterprise NCC-1701 hatte ein eigenes Quartier, das aus einem einzelnen und in zwei unterschiedliche Bereiche gegliederten Zimmer bestand. Die Quartiere konnten nach persönlichen Vorlieben ihrer Bewohner gestaltet werden, umfassten aber stets einen Schlaf- und einen Arbeitsbereich. Zum Arbeitsbereich gehörte ein Tisch mit Computerterminal. Jedes Besatzungsmitglied hatte einen Safe im Raumteiler hinter dem Tisch. Dieser ließ sich öffnen, indem man die darauf befindlichen Knöpfe in der korrekten Reihenfolge berührte. In den 2250ern hatte Captain Pike eine größere Unterkunft, Captain Kirk bevorzugte aber die Standardmaße.

Auf dem Schiff gab es mehrere Gemeinschaftsräume. Zu diesen zählte der Erholungsraum, in dem Besatzungsmitglieder Musik oder 3-D-Schach spielten, eine Marketenderei (zu jener Zeit hatten Sternenflottenschiffe noch voll bemannte Kombüsen), eine Turnhalle und eine Kapelle. All diese Bereiche wurden beim Umbau von 2270 deutlich vergrößert. Gleichzeitig wurden die Mannschaftsquartiere umstrukturiert, fortan teilten sich mehrere Juniormitglieder der Besatzung ihr Zimmer.

1 Reguläres Mannschaftsquartier

2 Erholungsraum

3 Kapelle

4 Besprechungsraum

5 Bordbotanik

6 Turnhalle

1

2

3

4

5

6

NCC-1701 (2270/2271 Umbau) & NCC-1701-A

Klassifizierung	Constitution-Klasse (umgebaut)
Stapellauf	2271 (1701); 2286 (1701-A)
Dienstende	2285 (1701); 2293 (1701-A)
Länge	305 m
Anzahl der Decks	21
Besatzungsgröße	450
Bewaffnung	Phaser, Photonentorpedos
Kommandeure	Willard Decker, James T. Kirk, Spock

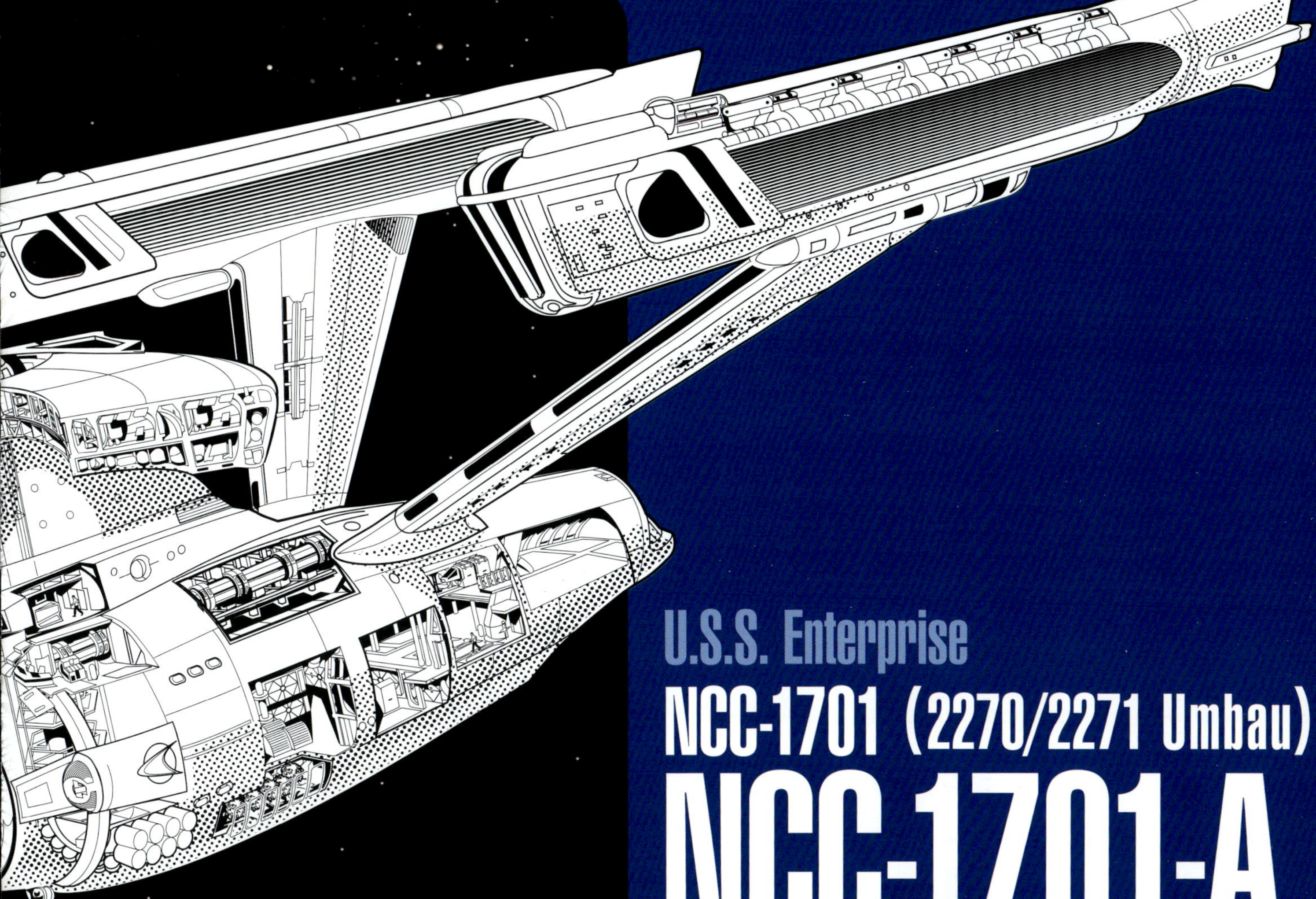

U.S.S. Enterprise
NCC-1701 (2270/2271 Umbau)
NCC-1701-A

Im Jahr 2269 kehrte die *U.S.S. Enterprise* NCC-1701 zur Erde zurück und unterzog sich einer unter der Aufsicht Captain Willard Deckers durchgeführten Generalüberholung. Kirk, inzwischen Admiral, übernahm anlässlich der V'Ger-Krise von 2271 wieder das Kommando. Während dieser Mission verlor Decker das Leben. Die umgebaute *Enterprise* NCC-1701 wurde Kirks Flaggschiff und war in weitere Weltraummissionen involviert, bis die Sternenflottenakademie sie als von Captain Spock geleitetes Trainingsschiff einsetzte. Doch 2285 übernahm Kirk abermals das Kommando, als Khan Noonien Singh die experimentelle Technologie Genesis gestohlen hatte, die ganze Planeten zerstören konnte. Die umgebaute *Enterprise* wurde ernsthaft beschädigt, als Genesis im Mutara-Nebel detonierte, und verglühte im Orbit des neu geschaffenen Genesis-Planeten. Ein neues Schiff der *Constitution*-Klasse, die *U.S.S. Yorktown* NCC-1717, wurde daraufhin 2286 in *Enterprise* NCC-1701-A umgetauft und blieb bis 2293 im Dienst.

Aufgrund der V'Ger-Krise wurde die umgebaute *Enterprise* NCC-1701 einige Monate zu früh in Dienst gestellt. V'Ger schien eine mächtige Energiewolke zu sein, die sich der Erde näherte und alles in ihrem Weg befindliche vernichtete, darunter die Observationsstation Epsilon IX der Föderation und drei klingonische Schlachtkreuzer. Die *Enterprise* war das einzige Föderationsschiff, das sie aufhalten konnte. Angesichts seiner jahrelangen Erfahrung und der Größe der Bedrohung übernahm Admiral Kirk wieder das Kommando und machte Decker zu seinem ersten Offizier. Obwohl die umgebaute *Enterprise* nicht voll einsatzbereit war, gelang es Kirk, die Wolke abzufangen und zu ermitteln, dass es sich bei ihr um eine riesige, lebende Maschine handelte, die einst die irdische Sonde *Voyager VI* gewesen war.

V'Ger war sich seiner selbst bewusst geworden und zur Erde zurückgekehrt, um seinen Schöpfer zu finden. Decker verschmolz mit V'Ger, der zuvor schon die *Enterprise*-Navigatorin Ilia absorbiert hatte, um diesem ein Verständnis menschlicher Emotionen zu ermöglichen. So erhielt die lebendige Maschine einen neuen Blick auf die Realität und verschwand buchstäblich – vermutlich aus unserem Universum –, um neue und andere Existenzformen zu erkunden.

Kirk blieb dauerhaft Kommandeur der *Enterprise* NCC-1701, die er zu seinem Flaggschiff machte, und startete mit ihr auf eine weitere Fünfjahresmission. Nach deren Ende in 2277 nahm er einen Posten an der Sternenflottenakademie an. Die umgebaute *Enterprise* wurde ein Ausbildungsschiff und unterstand dem Kommando des zum Captain beförderten Spock. 2285 nahm Kirk das mit Kadetten der Akademie bemannte Schiff, um den Abbruch der Kommunikation zum Regula-I-Weltraumlabor zu untersuchen, in dem man am Genesis-Projekt arbeitete. Genesis war ein experimentelles Terraforming-Konzept, das unbewohnbare Planeten in Leben erhaltende Welten transformieren sollte. Leider hatte es den Nebeneffekt, bei diesem Prozess alles bereits existierende Leben zu vernichten, wodurch Genesis eine mächtige Waffe darstellte.

Kirk entdeckte, dass Genesis in die Hände des genetisch veränderten Khan Noonien Singh gefallen war. Nach einem Kampf im All zündete Kirk den Genesis-Torpedo im Mutara-Nebel. Dabei wurde Khan getötet und ein ganz neuer Planet geschaffen. Die umgebaute *Enterprise* erlitt bei der Begegnung große Schäden und Captain Spock opferte sich selbst zum Wohl der Crew. Das Flottenkommando entschied, die *Enterprise* außer Dienst zu nehmen und die Besatzung auf neue Posten zu verteilen. Doch Kirk war entschlossen,

Ernsthaft beschädigt kehrte die *Enterprise* 2285 ins Raumdock zurück, um außer Dienst gestellt zu werden. Doch bevor es dazu kommen konnte, stahl Admiral Kirk sie, um Spocks Leichnam zu bergen. Das Schiff wurde im Orbit des Genesis-Planeten zerstört.

Nach dem Ende von Kirks erster Fünfjahresmission unterzog sich die *Enterprise* NCC-1701 im Erdorbit größerer Umbauten. Kaum flugfähig, wurde sie zurück in den Dienst gedrängt, als die als V'Ger bekannte Wesenheit zur Bedrohung wurde.

Spocks Leichnam vom Genesis-Planeten zu bergen und nach Vulkan zu bringen. Obwohl der Genesis-Planet zur verbotenen Zone erklärt worden war, stahlen Kirk und seine Mannschaft die umgebaute *Enterprise* und brachen dorthin auf. Bei ihrer Ankunft stellten sie fest, dass bereits Klingonen vor Ort waren. Kirk sah sich gezwungen, die *Enterprise* zu zerstören, damit sie ihnen nicht in die Hände fiel.

Mitsamt dem durch den Genesis-Effekt auf wundersame Weise regenerierten Spock kehrten Kirk und seine Besatzung schließlich zur Erde zurück. Dabei retteten sie diese vor einer mächtigen Raumsonde. Als Belohnung dafür ernannte man Kirk abermals zum Befehlshaber über ein Schiff der *Constitution*-Klasse, degradierte ihn aber zum Captain.

Kirks neues Schiff wurde die *U.S.S. Yorktown*, die erst kürzlich grundlegend renoviert worden war. Zu Ehren ihrer Vorgängerin taufte man sie in *U.S.S. Enterprise* NCC-1701-A um. Die Verwendung eines Suffixes bei der Schiffsregistriernumnmer ist eine seltene Ehre und wird nur den verdientesten Schiffen der Sternenflotte zuteil. Die *Enterprise* erwies sich diesem Privileg dauerhaft als würdig, hielten doch auch die folgenden vier Schiffe dieses Namens die Kennung NCC-1701, wenngleich sie verschiedenen Raumschiffklassen angehörten.

Die neue *Enterprise*-A beendete ihre Jungfernfahrt im Jahr 2287 und begann eine neue Forschungsreise unter Kirks Kommando. Sie wurde 2293 außer Dienst gestellt, nachdem sie in die historischen Verhandlungen mit den Klingonen auf der Khitomer-Konferenz verwickelt gewesen war. Dort hatte sie ein vom klingonischen General Chang befehligtes, getarntes Schiff zerstört, das die Friedensverhandlungen stoppen wollte. Kirk und Spock enttarnten auch Angehörige der Sternenflotte, die wie Chang darauf aus gewesen waren, einen Frieden mit den Klingonen zu verhindern.

Die *Enterprise*-A war bis 2293 im Dienst. Ihre Besatzung spielte eine gewichtige Rolle bei der Etablierung diplomatischer Gespräche mit den Klingonen, aus denen das Khitomer-Abkommen erwuchs.

BACKBORDANSICHT

Nachdem Captain Kirk seine erste Fünfjahresmission auf der *Enterprise* NCC-1701 beendet hatte, kehrte das Schiff zur Erde zurück und wurde im dortigen Raumdock aufgerüstet. Kirk beförderte man zum Admiral und machte ihn zum taktischen Leiter der Sternenflotte. Das Kommando über die *Enterprise* sowie die Beaufsichtigung der achtzehnmonatigen Umbauten oblag fortan Captain Willard Decker, wenngleich sich faktisch Chefingenieur Montgomery Scott um die Umrüstungen kümmerte. Scotts

BUGANSICHT

1 Sensorkuppel

2 Manövrierdüsen

3 Andockluke

4 Navigationsdeflektor

5 Warpgondel

6 Gondelträger

Erfahrungen mit der *Enterprise* spielten eine große Rolle bei den Umbauten. Ohne ihn sähen die technischen Handbücher der Sternenflotte anders aus.

Der Umbau war der umfangreichste, den die *Enterprise* NCC-1701 in ihrer Laufzeit erlebte und entsprach einem nahezu kompletten Wiederaufbau des Schiffes. Dies war stets Teil des Missionsplans für Schiffe der *Constitution*-Klasse, die *Enterprise* war nur eines von vielen seiner Art,

HECKANSICHT

7 Bussardkollektor

8 Hauptbrücke

9 Photonentorpedowerfer

10 Impulstriebwerke

11 Subraumemitter

12 Shuttlehangar

RÜCKENANSICHT

BAUCHANSICHT

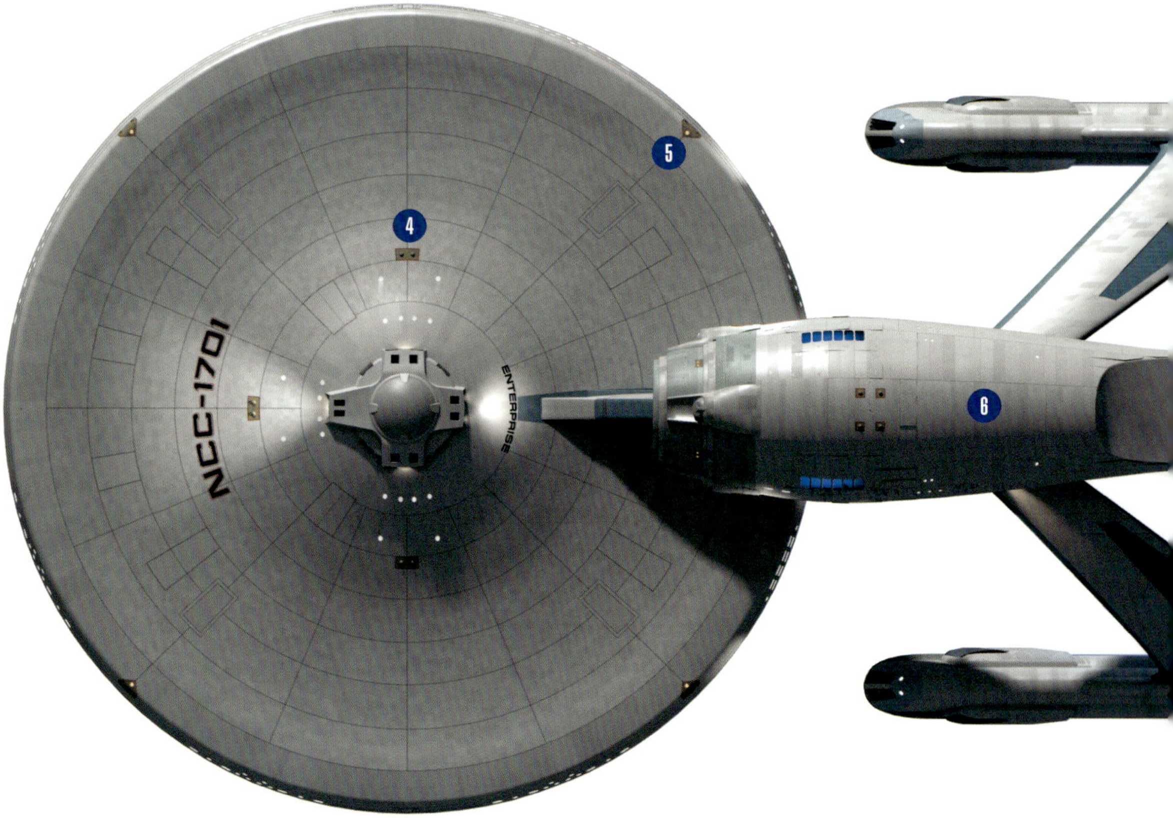

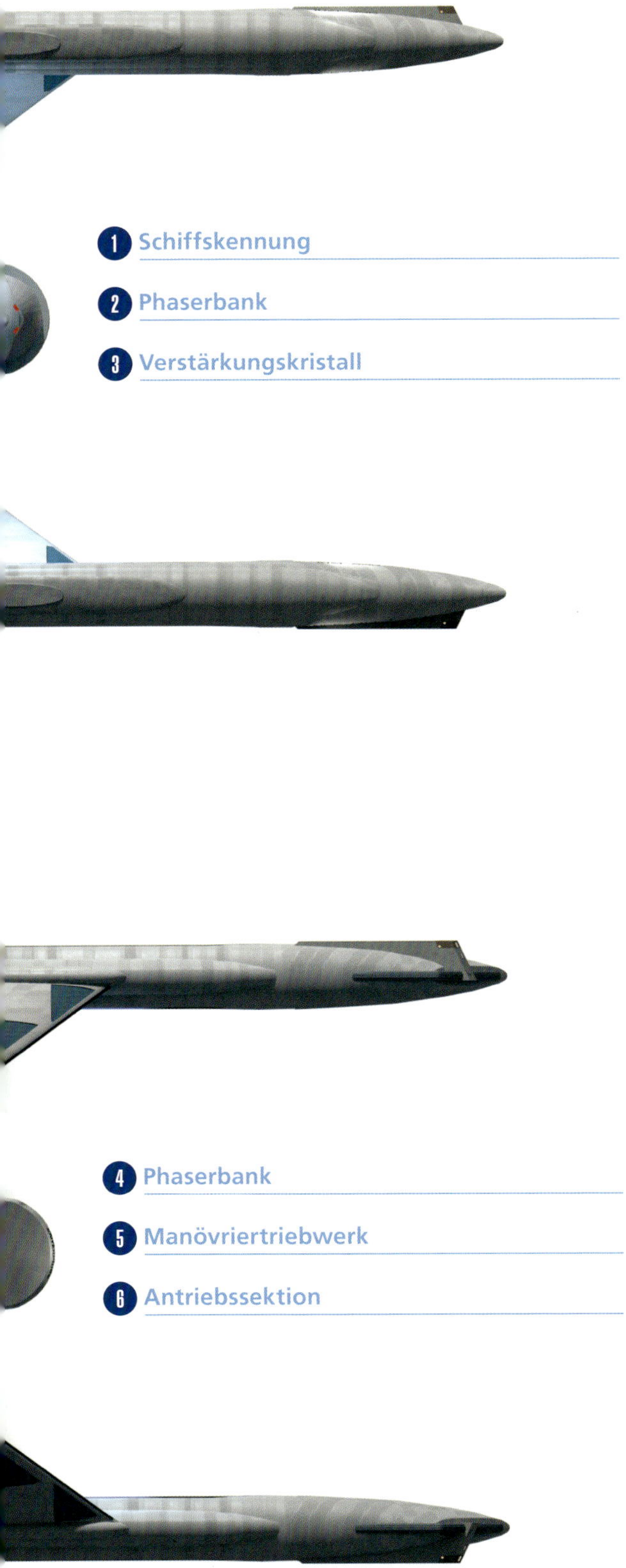

die in diesen Genuss kamen und ihre potenzielle Lebensdauer so verlängerte. Diese *Enterprise* war weitere fünfzehn Jahre im Einsatz, andere Schiffe ihrer Klasse hielten bis in die 2290er durch.

Der strukturelle Rahmen des Schiffes blieb beim Umbau unverändert, doch die Hülle wurde grunderneuert. Auch die Antriebssysteme ließ man generalüberholen: der Materie-Antimaterie-Reaktor wurde vollständig ausgetauscht und das horizontale Warpantriebssystem um einen vertikalen Warpkern erweitert, der fast durch das gesamte Schiff verlief. Diese Anordnung sollte zum Standard auf späteren Schiffen der Sternenflotte werden. Die Impulstriebwerke ersetzte man durch ganz neue Modelle. Die Phaser wurden zur Leistungssteigerung durch die Triebwerke geleitet, obwohl sie so im Falle eines Antriebsschadens ebenfalls inaktiv waren. Die Photonentorpedowerfer wurden von der Unterseite der Untertassensektion in den „Hals" umgelagert, gleich oberhalb des Navigationsdeflektors, der die beiden Sektionen verband. Die Warpgondeln und ihre Träger wurden durch neue, effizienter gestaltete ersetzt, die die Höchstgeschwindigkeit des Schiffes verbesserten. Aufgrund der etwas größeren Gondeln stieg die Länge der *Enterprise* von 289 auf 305 m.

Auch die Untertassensektion unterzog sich bedeutenden Änderungen. Sie wurde vergrößert, um Platz für weitere Räume zu schaffen, und erhielt ein neues Brückenmodul. Außerdem bekam sie nun eine Luftschleuse, an der Shuttles andocken konnten. Dies war nur eine von mehreren Luftschleusen und Andockluken, um die das Schiff ergänzt wurde. Man fand nun welche an der Seite der Antriebssektion, nahe der Torpedobank und auf der Ober- sowie der Unterseite der Untertasse.

Der Umbau des Schiffs aus der *Constitution*-Klasse brachte auch eine bedeutende Aufwertung der Warptriebwerke mit sich. Die umgestaltete Anlage machte es aber oft erforderlich, dass der technische Stab Schutzkleidung trug.

Auch die Einrichtungen im Schiffsinneren wurden optimiert. So erhielt die Enterprise neue Transporter, eine verbesserte Krankenstation und ein neues Brückenmodul. Das Design der Brücke war ebenfalls neu: Der Navigator gab die Verantwortung für die Waffen ab, weil nun eine eigene Konsole für Taktik und Sicherheit vorhanden war. Die Kommunikationsstation wanderte von Steuerbord nach Backbord und tauschte den Platz mit der Wissenschaft. Insgesamt wurde die Menge der Stationen aber verringert. Die Sitzmöbel waren nun mit Armlehnen ausgestattet, die in Notfällen halfen, die Sitzenden festzuhalten.

Die Enterprise-A hatte im Laufe ihrer Dienstjahre verschiedene Brückenmodule, die stetig überarbeitet wurden. So nahm die Anzahl der Computerdisplays bedeutend zu, manche der Stationen waren sogar durch kleine Raumteiler voneinander getrennt.

Im Hauptmaschinenraum war der Warpkern nun offen und in voller Größe zu sehen. Die Mannschafts-

1 Hauptmonitor
2 Hilfssysteme
3 Missionsleitung
4 Turbolift
5 Wissenschaftsstation
6 Taktik
7 Hauptsysteme
8 Taktik
9 Kommunikation
10 Umweltkontrolle
11 Antriebssysteme
12 Technikstation
13 Stufen zur unteren Brückenebene
14 Steuer
15 Navigation
16 Sessel des Captains

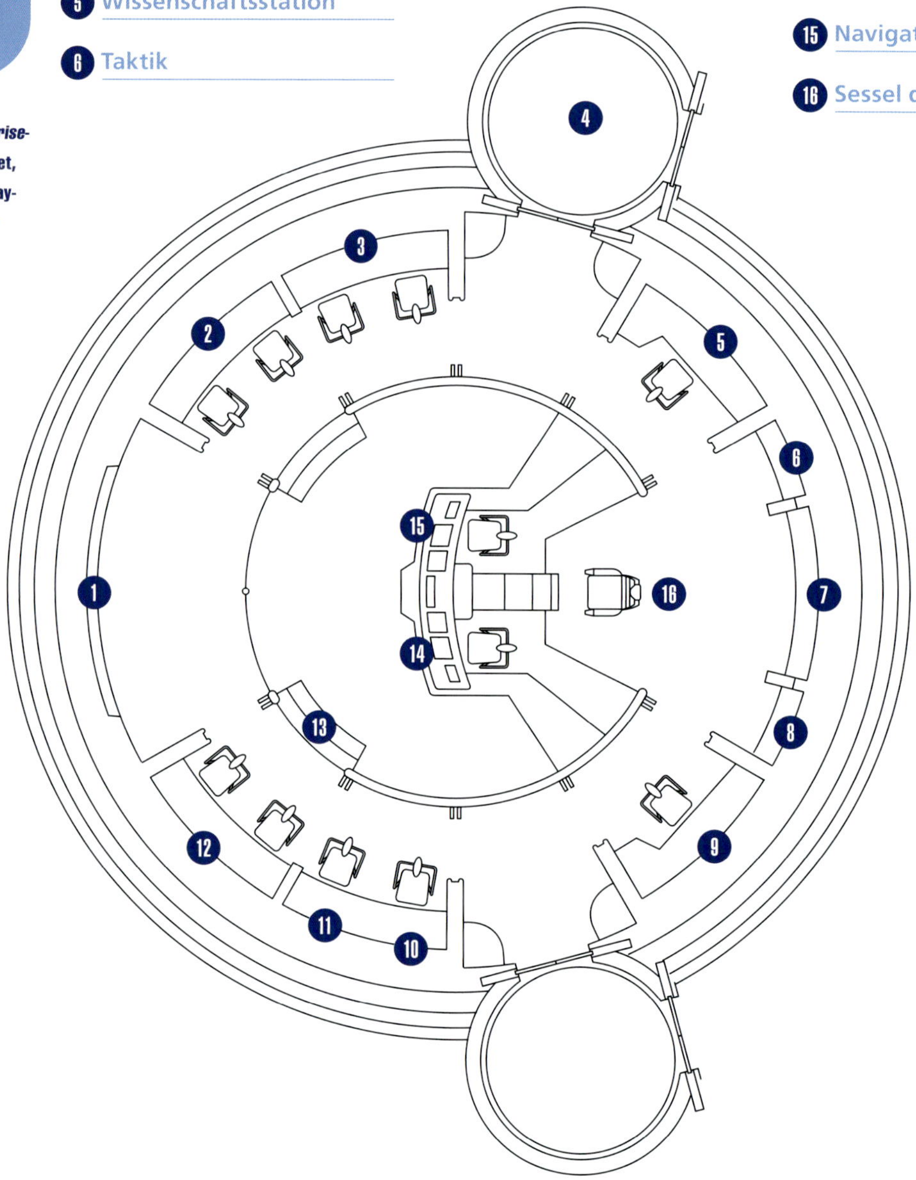

Das Brückenmodul der *Enterprise*-A wurde mehrfach überarbeitet, behielt aber stets sein Grundlayout bei. Der Captain saß in der Mitte des Raumes.

quartiere wurden umarrangiert. Juniorstabs- und einfache Besatzungsmitglieder mussten sich nun Unterkünfte teilen, wohingegen Führungsoffiziere ihre Einzelquartiere behielten. Die Freizeiträume wurden aufgewertet: so verfügten die umgebaute und die Enterprise-A über eine große Halle, in der der Großteil der Mannschaft gleichzeitig Platz fand. In dieser befanden sich Sitzgelegenheiten sowie Spiele und andere Dinge zum Zeitvertreib.

Zu dieser Zeit hatte das Schiff noch eine Kombüse, in der echte Nahrung für die Besatzung zubereitet wurde. Die diplomatischen Räumlichkeiten umfassten einen formellen Speisesaal, in dem Captain Kirk kurz vor den Friedensgesprächen von Khitomer zum Beispiel den klingonischen Kanzler Gorkon empfing.

Schiffsintern setzte man stärker auf Sicherheit. Die Sensoren ließen nun einen Alarm hören, sobald an Bord eine Energiewaffe abgefeuert wurde.

Die Enterprise-A verfügte über Shuttles mit Sitzen für zehn Personen, die aber mühelos auch mehr Personen aufnehmen konnten. Landung und Start eines Shuttles oblag im Normalfall dem Computer, wobei Traktorstrahlen das Shuttle in und aus dem Schiff trugen. Dennoch gab es im Shuttlehangar ein Notfallnetz, das ein Shuttle abbremsen konnte, falls dies manuell gelandet wurde und zu schnell war.

Die *Enterprise*-A hatte mehrere diplomatische Missionen und verfügte über einen formellen Speisesaal, in dem etwa Kanzler Gorkon bewirtet wurde.

Notfallsysteme im Shuttlehangar der *Enterprise*-A schützten die Besatzung im Falle einer Notlandung.

Transporter

MATERIESTROM-THEORIE

Der Transporter zählt zu den bedeutendsten Erfindungen der Erdgeschichte. Er wurde zum Standardbeförderungsmittel, verringerte den Bedarf an Autos und Straßen immens und hatte große Auswirkungen auf Städteplanung und Architektur. Seine Technologie steckt in Replikatoren – die zur Herstellung von allem zwischen einzelnen Werkzeugteilen bis hin zu ganzen Häusern verwendet werden – und revolutionierte die Landwirtschaft durch die Herstellung von Fleisch ohne Schlachtung. In der Weltraumforschung ließ er die Reise von Bord eines Raumschiffs hinunter auf eine Planetenoberfläche zu einer Sache von wenigen Sekunden werden.

Der Transporter wurde Anfang des 22. Jahrhunderts von Emory Erickson erfunden, aber erst in den 2250ern als Standard eingesetzt. Als die Menschen intensiv mit der Erforschung der Galaxis begannen, wurden Transporter nur für unbelebte Objekte wie Nahrung und Vorräte verwendet. Schiffe der *NX*-Klasse, wie die *Enterprise* NX-01, zählten zu den ersten, die mit für die Beförderung lebender Wesen freigegebenen Transportern ausgerüstet waren. Dennoch zögerten die Besatzungsmitglieder, die Technologie zu verwenden, und zwar aus gutem Grund: Der Transporter zerlegt eine Person buchstäblich in ihre Atome, transformiert diese in einen Energiestrahl, schickt ihn durchs All und baut die Person am Zielort wieder zusammen.

Transporter sind extrem verlässlich und werden tagtäglich millionenfach eingesetzt. Dennoch kann bei ihrer Nutzung einiges schief gehen. So kann der Strahl zerfallen. Schon die kleinste Abweichung der Zielausrichtung mag dazu führen, dass eine Person im Planetenboden materialisiert und einen qualvollen Tod stirbt – nicht zu reden von der metaphysischen Frage, was während des Transports mit der Seele einer Person geschieht. Selbst 100 Jahre nach der Einführung der Transporter hatten viele Leute, etwa Dr. McCoy, noch extreme Probleme mit ihnen.

TRANSPORTERFUNKTION

Einfach ausgedrückt analysiert der Transporter die zu befördernden Personen und/oder Objekte. Er speichert die genaue Position und den Energiezustand ihrer subatomaren Partikel auf Quantenebene. Dann wird die Person in einen Energiestrahl umgewandelt bzw. „energisiert". Technisch gesehen handelt es sich um einen Materiestrahl auf subatomarer Ebene. Dieser wird in einem Musterpuffer gehalten. Während er dort ist, können die Computer etwaige Schäden in Punkto relativer Ge-

1. Bedienkonsole
2. Hauptenergiespulen
3. Molekularbildscanner
4. Transporterplattform
5. Phasenübertragungsspulen
6. Musterpuffer
7. Biofilter

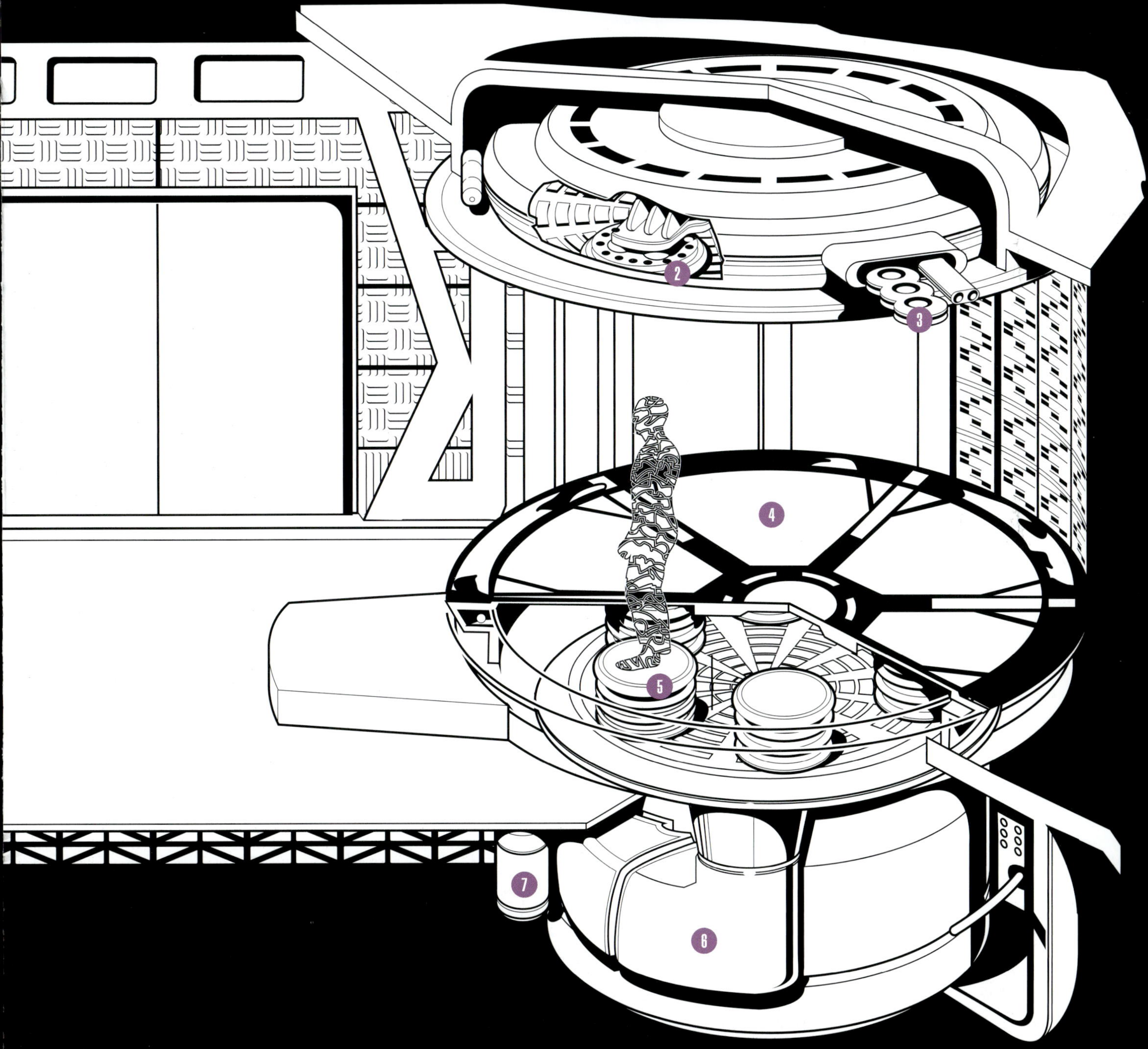

Wer oder was auf der Transporterplattform der *Enterprise* stand, konnte in einen Energiestrahl aufgelöst werden. Diese Energie wurde dann an einen anderen Ort gebeamt.

schwindigkeit (unterschiedliche Bewegungsgeschwindigkeiten) zwischen der Transportkammer und dem Zielort kompensieren. Danach wird der Materiestrahl an einen der Transporteremitter an der Schiffsaußenseite geleitet und zum Zielort gebeamt, wo sein Inhalt neu zusammengesetzt wird.

Geht etwas schief, kann der Musterpuffer die transportierte Person theoretisch neu zusammensetzen. Praktisch hängt dies aber davon ab, wie weit der Prozess schon fortgeschritten ist.

Man kann Personen nur für begrenzte Zeit im Musterpuffer halten. Meist bringen schon Minuten einen Qualitätsverlust mit sich. Chefingenieur Montgomery Scott fand eine Lösung für dieses Problem: Als sein Schiff *Jenolen* 2294 fast zerstört wurde, gelang es Scott, sich in den Musterpuffer seines Transporters zu retten. Dort fand ihn 75 Jahre später die Besatzung der *Enterprise*-D. Scott vermied den Qualitätsabfall seines Musters, indem er die Phaseninduzierer als Quelle regenerativer Energie nutzte und indem er den

TRANSPORTER BETRIEBSZEITSTRAHL

00,000	00,001	00,007	00,046	00,057	00,063	00,072	00,085
Beginn der Autosequenz	Beginn Autodiagnostische Sequenz	Transportsystem erbittet Verifizierung der Signalausrichtung sowie der Verfügbarkeit des Musterpuffers und dessen Backups	Diagnostische Überprüfung der Transportkontrollen	Diagnostische Überprüfung der Zielscanner und Dopplerkompensation	Diagnostische Überprüfung der Musterpuffer	Diagnostische Überprüfung der Ersatz-Musterpuffer	Initialisierung der Musterpuffer und der Ersatz-Musterpuffer

00,151	00,236	00,259	00,327	00,332	00,337	00,338	00,341
Energieanstieg auf 1,7 MeV. Initialfrequenz bei 10,2 GHz	Supraleitender Tokamak auf Arbeitsleistung	RES-Elemente auf 1,7 MeV	Musterpuffer synchron mit Phasenübertragungsspulen	Molekularabbildscanner wieder auf Null gesetzt	Auflösungsverstärker der Molekularabbildscanner aktiv	RES-Elemente auf Initialisierungsstufe (12,5 MeV)	Kontrollkonsole zeigt Beginn der Energisierungssequenz an. Diese wird manuell durchgeführt

Puffer im Diagnosemodus arretierte, wodurch das gespeicherte Muster immer wieder erneuert wurde. Im Speicher war Scott pure Energie, daher alterte und hungerte er nicht.

TECHNOLOGISCHE FORTSCHRITTE

Im Laufe der Jahre wurden Transporter immer raffinierter. Die ersten Modelle benötigten 90 Sekunden pro Transportvorgang, und die Transportierten spürten buchstäblich, wie sie auseinandergenommen wurden.

Frühe Modelle waren nicht ausgefeilt genug, einen Transport zwischen mit hohen Geschwindigkeiten reisenden Schiffen zu ermöglichen. Commander Scott änderte das, als er den Raum selbst als ein sich bewegendes Objekt verstand. Dennoch blieb es schwierig, durch die Deflektorschilde eines Schiffes zu beamen – was kaum überrascht, besteht der Sinn eines Deflektorschildes doch im Ableiten von Energie. Dadurch sind Transporter in Kampfsituationen nur von begrenztem Nutzen. Und zwar nicht nur, weil man während eines Kampfes kein Personal auf feindliche Schiffe beamen kann. Will ein Captain seine Leute zurück aufs Schiff holen, muss er zunächst die Schilde senken, wodurch sein Schiff verletzbar wird.

Ende des 24. Jahrhunderts hatte man diese Einschränkung zum Teil überwunden, indem man die Schildfrequenzen eng mit dem Transporterstrahl abglich. War die Schildfrequenz bekannt, konnte der Transporter entsprechend justiert und durch die Schilde hindurch gebeamt werden.

Lange Zeit glaubte man, es sei unmöglich, im Warpflug von einem Schiff auf ein anderes zu beamen. Das Problem sind nicht nur die zwei unglaublich schnellen Objekte, der Transporter muss zudem die von den Warpfeldern erzeugte Raumkrümmung kompensieren. Ende des 24. Jahrhunderts kam ein Lösungsansatz auf, doch seine Umsetzung wird nicht empfohlen und nur in Notfällen angegangen.

Im Laufe der Jahre lernten die Ingenieure der Sternenflotte, wie sie den Inhalt eines Transporterstrahls vor der Wiederzusammensetzung modifizieren konnten. Schon im 23. Jahrhundert konnten sie so bakterielle oder virale Infektionen, die sich ein Besatzungsmitglied auf einer Planetenoberfläche zugezogen hatte, beim Beamvorgang herausfiltern. Dadurch wurden die Dekontaminierungskammern, die in frühen Schiffen noch essentiell gewesen waren, unnötig. Doch das Filtersystem ist nicht fehlerfrei. Manche Erreger entgehen seiner Kontrolle.

Im Grunde lassen sich mit dieser Technologie auch Personen entwaffnen. Man kann auch einen abgefeuerten Energiestrahl während des Beamens entfernen, damit er am Zielort nicht ebenfalls materialisiert.

Transportertechnik kam auch in anderen Bereichen zum Einsatz. Das Prinzip kann zur Erschaffung perfekter Kopien der meisten nichtbelebten Objekte verwendet werden. Dies revolutionierte die Herstellung zahlloser Materialien und Ausrüstungsgegenstände. So war Transportertechnologie seit dem 24. Jahrhundert Grundlage der Nahrungsreplikatoren. Die Transporter analysierten und speicherten zahlreiche Mahlzeiten. Sie wurden bei niedriger Auflösung – molekular, nicht auf Quantenebene – transportiert, aber nicht wieder zusammengefügt. Stattdessen wurden die relativ einfachen Muster in den Schiffscomputern gespeichert und liefern quasi auf Knopfdruck eine Kopie des Originals. Endlich war es zur Fleischbeschaffung nicht mehr nötig, Tiere zu töten.

00,097	00,102	00,118	00,121	00,138	00,140	00,142	00,145
Diagnostische Überprüfung der Phasenübertragungsspulen	Aktivierung des Referenzsignals	Prüfung der Emitterbank-Aufträge	Diagnostische Überprüfung der Emitterbank und Wellenleiterspulen	Diagnostische Überprüfung der Molekularbildscanner und Heisenbergkompensatoren	Prüfung der Zielkoordinaten mittels Zielscanner	Kontrollkonsole signalisiert Systembereitschaft	Emissionsbeginn des ringförmigen Eindämmungsstrahls (RES) innerhalb der Kammer

00,359	00,363	00,417	00,432	00,464	00,523	00,596	00,601
Molekularbildscanner beginnen Scansequenz. Referenzstrahl findet Frequenz	RES-Regulierung abgeschlossen	Phasenübertragungsspulen beginnen Anstieg auf 162,9 GHz, Energie auf 32 MeV	Molekularbildscanner beginnen Übertragung analoger Bilddaten an Musterpuffer	Überprüfung der Bilddaten	Musterpuffer frequenzsynchron mit Phasenübertragungsspulen	Phasenübertragungsspulen auf 162,9 GHz. Dematerialisierungszyklus beginnt	Speicherung der Transportspur als Nachweis der Transporteraktivität

Replikatortechnologie kommt auch bei der Herstellung von Bauteilen, Medizin und sogar in Holodecks zum Einsatz.

RISKANTE PROZEDUR

Wenngleich sehr nützlich und verlässlich, hatten die Transporter im Laufe der Jahre überraschend viele Fehlfunktionen. Bei frühen Modellen kamen Personen schon mal im Beamvorgang ums Leben, weil das Muster zerfiel oder Fremdobjekte in den Materiestrahl gerieten und mit der gebeamten Person verschmolzen. Bei frühen Experimenten kam es zudem vor, dass Personen unvollständig in den Materiestrahl übertragen wurden. Dies geschah Cyrus Ramsay, einer der ersten Testpersonen für Langstreckentransporte, der nach einem Experiment nicht mehr materialisierte.

Im Jahr 2209 fand man heraus, dass die wiederholte Nutzung primitiver Transporter zum Zusammenbruch bestimmter Neurochemikalien führen konnte, mit dem ein Verlust der Motorik und eine Schwächung der Gehirnfunktion einherging. Dies nannte man „Transportersyndrom". Betroffene wurden paranoid, litten unter Halluzinationen, schmerzhaften Spasmen und Demenz. Als das Problem bekannt war, wirkte man ihm mit gebündelten Musterpuffern erfolgreich entgegen.

Transporter waren in eine Reihe eigenartiger Unfälle verwickelt, die sich nur schwer rekonstruieren lassen. Zu den bemerkenswertesten gehört die Aufspaltung der transportierten Person in zwei Personen. Der erste verzeichnete Vorfall dieser Art ereignete sich im Jahr 2266: Captain Kirk wurde beim Hochbeamen von Planet Alfa 117 dupliziert. Es entstanden zwei körperlich identische Kirks, die aber verschiedene Charakterzüge hatten. Eine Version besaß Kirks Vernunft und Einfühlungsvermögen, ließ aber seine aggressivere Seite und Entscheidungsstärke vermissen. Bei der anderen war es genau umgekehrt. Die beiden Kirks wurden wieder eins, indem man sie durch den exakt gleichen Transporterstrahl schickte.

Ein ähnlicher Unfall ereignete sich 2361 auf der *U.S.S. Potemkin*, die einen wissenschaftlichen Außenposten auf Nervala IV evakuierte. Der Planet hatte ein ungewöhnliches Störungsfeld, das die Transporter beeinträchtigte. Als Lt. William Riker zurück zur *Potemkin* beamte, musste sein Muster mit einem zweiten Eindämmungsstrahl gestützt werden. Irgendwie wurde der ursprüngliche Strahl zurück auf die Planetenoberfläche reflektiert, wo Riker rematerialisierte, obwohl der zweite Strahl ihn erfolgreich aufs Schiff beförderte. So erschuf der Transporter einen perfekten Riker-Klon. Im Gegensatz zu den beiden Kirks, waren die Rikers komplett identisch. Damals bemerkte niemand, was geschehen war. Ein Riker wurde Erster Offizier der *Enterprise*-D, der andere blieb auf dem Planeten, bis er 2369 gefunden wurde.

Auch der umgekehrte Fall – die Verschmelzung zweier lebender Wesen zu einem – ist bekannt. 2372

00,998	01,027	01,105	01,132	01,190	01,204	01,216	01,221
Musterpuffer akzeptiert Materiestrahl	Prüfung des Materiestrahls	Energiezufluss zur Phasenübertragungsspule steigt auf 37 MeV	RES bei 1,9 MeV. Referenzstrahl phasengesichert	Erneute Überprüfung der Zielkoordinaten, Reichweite und relativen Geschwindigkeit	Erneute Überprüfung des Musterpuffers. Möglichkeit zum Wechsel auf Ersatzpuffer oder Sequenzabbruch	Zielerfassung. Fortlaufender Scan der Zielkoordinaten beginnt	Emitterbank beginnt Übertragung des Eindämmungsstrahls zu Zielkoordinaten

03,069	04,077	04,185	04,823	04,824	04,947	04,949	04,951
Materieübertragung zu 50 % abgeschlossen. Abbruch nicht länger möglich	Dematerialisierung komplett. Energielevel des RES beibehalten	Phasenübertragungsspulen bei 25,1 GHz	Emitterbank-Materialisierungssequenz komplett	Musterintegrität wird geprüft	Phasenübertragungsspulen wechseln in Bereitschaftsmodus	Primäre Energiespulen lösen Sperre des RES	Supraleitende Tokamak-Energie sinkt auf Bereitschaftsniveau

kamen an Bord der *U.S.S. Voyager* der Vulkanier Tuvok und der Talaxianer Neelix als eine einzelne Person aus dem Transporter: Tuvix. Dies konnte schließlich rückgängig gemacht werden. Beide Männer überlebten den Vorgang bei bester Gesundheit, doch das Wesen Tuvix starb unweigerlich.

Bei anderen Gelegenheiten wurden Personen bei der Rematerialisierung zum normalen Universum phasenverschoben, wodurch sie unsichtbar und sogar unberührbar waren. Dies geschah Hoshi Sato 2152 während einer frühen Mission der *Enterprise* NX-01. Es geschah auch Lt. Ro Laren und Lt. Commander Geordi La Forge auf der *Enterprise* NCC-1701-D, nachdem sie in Kontakt mit einer experimentellen romulanischen Tarnvorrichtung gerieten.

Wie entdeckt wurde, können bestimmte Lebensformen innerhalb des Materiestrahls existieren. Die Besatzung der *Enterprise*-D erfasste quasi-energetische Mikroben, die innerhalb des Transporterstrahls ein Crewmitglied befielen. Sie existierten gleichzeitig als Materie und Energie. Eine Umprogrammierung der Biofilter machte ihnen schließlich den Garaus.

Transporter sind auch erprobte Mittel zum Wechsel in parallele Universen. Passiert ein Strahl einen Ionensturm, kann er ins sogenannte Spiegeluniversum abgelenkt werden, in dem die Föderation – dort bekannt als Terranisches Imperium – eine aggressive Militärmacht ist und den Großteil der Galaxis beherrscht.

Seit den 2260ern war der Transporter das Standardmittel, um Außenteams auf Planetenoberflächen zu befördern. Personen konnten schnell und sicher gebeamt werden.

01,227	01,229	01,230	01,237	01,240	01,241	02,419	02,748
Erste Anzeichen der Rückstrahlung des RES. Dopplerkompensator synchronisiert mit Musterpuffer	Korrektur der Zielkoordinaten auf Zielebene bestimmt	RES bei voller Energie	Musterpuffer beginnt mit Übertragung des Materiestrahls an Emitterbank	Emitterbank beginnt Übertragung der Bilddaten durch RES	Emitterbank beginnt Übertragung des Materiestrahls durch RES und leitet Materialisierungssequenz ein	Überprüfung der Materialisierungssequenz. Möglichkeit zu Abbruch und Wechsel auf andere Transporterplattform	Phasenübertragungsspulen beginnen Auslaufen auf 25,1 GHz. (Beginn von Frachtmasse abhängig)

04,973	05,000
Emitterbank löst Sperre des RES	Bestätigung des erfolgreichen Transports

Die genannten Zeiten beziehen sich auf die Schlüsselereignisse innerhalb eines Standardbeamvorgangs mit Standardtransporter der Sternenflotte. Sie variieren je nach Frachtmasse und Transportweite.

U.S.S. Enterprise NCC-1701-B

Die *U.S.S. Enterprise* NCC-1701-B war ein Schiff der *Excelsior*-Klasse und wurde in den Antares-Werften der Sternenflotte erbaut. Ihr Stapellauf fand 2293 im irdischen Raumdock statt. Sie ist berühmt dafür, dass Captain Kirk bei ihrer Jungfernfahrt verloren ging, aber sie unternahm auch zahlreiche Forschungsmissionen und war während des Tomed-Zwischenfalls in Militäroperationen verwickelt. Aus diesen resultierte ein wichtiger Vertrag zwischen der Föderation und dem Romulanischen Imperium. Die *Enterprise*-B war 36 Jahre lang im Dienst und ging schließlich im All verloren. Ihr genaues Schicksal blieb ein Rätsel, wenngleich man vermutet, die Besatzung sei einer Krankheit erlegen.

Klassifizierung	Excelsior-Klasse (Enterprise-Variante)
Erbaut	Antares-Werft
Stapellauf	2293
Im Einsatz verschollen	2329 (Schicksal unbekannt)
Länge	467 m
Anzahl der Decks	32
Besatzungsstärke	502
Bewaffnung	Phaser und Photonentorpedos
Kommandeure	John Harriman, William George, Demora Sulu, Thomas Johnson Jr.

EXCELSIOR-KLASSE

LISTE DER SCHIFFE (AUSZUG)

U.S.S. Al-Batani NCC-42995
U.S.S. Cairo NCC-42136
U.S.S. Charleston NCC-42285
U.S.S. Crazy Horse NCC-50446
U.S.S. Enterprise NCC-1701-B
U.S.S. Excelsior NCC-2000
U.S.S. Fearless NCC-4598
U.S.S. Gorkon NCC-40512
U.S.S. Grissom NCC-42857
U.S.S. Hood NCC-42296
U.S.S. Intrepid NCC-38907
U.S.S. Lakota NCC-42768
U.S.S. Lexington NCC-14427
U.S.S. Livingston NCC-34099
U.S.S. Malinche NCC-38997
U.S.S. Melbourne NCC-62043
U.S.S. Okinawa NCC-13958
U.S.S. Potemkin NCC-18253
U.S.S. Repulse NCC-2544
U.S.S. Roosevelt NCC-2573
U.S.S. Tecumseh NCC-14934

Als die Sternenflotte die alt gewordenen Schiffe der *Constitution*-Klasse durch größere und schnellere ersetzen wollte, begannen 2288 auch die Arbeiten an der *Enterprise* NCC-1701-B. Dieses Projekt begann eigentlich schon in den frühen 2280ern, verzögerte sich aufgrund von Problemen mit den neuen Transwarpmaschinen aber. Die *U.S.S. Excelsior*, das erste Schiff dieser Klasse, trat erst 2284 in den Dienst, als Testobjekt des neuen Transwarpantriebs. Doch trotz vielversprechender Anfänge erwies sich dieser als unzuverlässig und wurde schon 2287 aufgegeben. Das machte es erforderlich, die gesamten Antriebssysteme der Klasse durch konventionellere zu ersetzen. Die *Excelsior* konnte erst 2290, vier Jahre später als geplant, vollends in den Dienst treten.

Die *Enterprise*-B folgte ihr drei Jahre später. Sie trat ihre Reisen drei Monate nach der Stilllegung ihrer Vorgängerin, der *Enterprise* NCC-1701-A, an. Captain John Harriman hatte ihren Bau überwacht, aber nur begrenzt Erfahrungen in Sachen Weltraumforschung. Aufgrund des Rufes ihrer Vorgängerin wurde der Stapellauf der neuen *Enterprise* zum Medienereignis. Auch Captain James T. Kirk und mehrere seiner Offiziere wohnten ihm bei. Das Schiff sollte zum Pluto und zurück reisen. Während des Jungfernflugs entdeckte es aber zwei el-aurianische Schiffe in einer Notlage: Sie waren in einem als Nexus bekannten Energieband gefangen. Die *Enterprise*-B antwortete auf ihre Hilferufe und rettete eines der Schiffe und 47 Passagiere des anderen. Doch bei der Mission ging Captain Kirk verloren, als er den Deflektorschild modifizierte, um der *Enterprise*-B ein Entkommen aus dem Energieband zu ermöglichen.

Die *Enterprise*-B wurde bei dieser Mission stark beschädigt und kam erst Monate später wieder aus dem Raumdock, diesmal unter Captain William George. Zu seinem Führungsstab zählten Chefingenieur Michael Jennings, die leitende Medizinerin Dr. Kate Giles und der Wissenschaftsoffizier Narayn'Ka. Während Captain Georges Amtszeit spielte das Schiff eine bedeutende Rolle bei der Erforschung des Alls jenseits des Gourami-Sektors, kartografierte 142 Sternsysteme und stellte den Erstkontakt mit 17 Kulturen her.

Nach zwei Jahren der Weltraumforschung wurde die *Enterprise*-B dem Föderationsraum zugeteilt, wo es zu ihren Aufgaben zählte, an der Grenze zur Romulanischen Neutralen Zone zu patrouillieren. In den 2290ern war es zu Verbesserungen der Beziehungen zwischen den Romulanern und der Föderation gekommen und so nahmen beide Parteien an Friedensgesprächen während der Khitomerkonferenz und den daraus resultierenden Verhandlungen teil. Doch in den frühen Jahren des 24. Jahrhunderts nahmen die Spannungen wieder zu und die *Enterprise*-B war wiederholt in Machtkämpfe mit romulanischen Kriegsschiffen verwickelt.

Die Ereignisse kulminierten im katastrophalen Tomed-Zwischenfall: Die Sternenflotte reagierte auf einen Angriff der Romulaner, der mehrere Tausend Tote

Die *Enterprise*-B stieß auf das Nexus-Energieband, als sie dem Notruf zweier el-aurianischer Schiffe folgte. Die Rettungsmission wurde ein Erfolg, doch ging Captain Kirk, Besucher auf der *Enterprise*, beim Einsatz verloren. Man hielt ihn für tot.

gefordert hatte, indem sie die *Enterprise*-B mit einer Tarnvorrichtung ausstattete und in die Romulanische Neutrale Zone entsandte. Daraus erwuchs ein Konflikt innerhalb des romulanischen Senats, der erst beigelegt werden konnte, als eine isolationistische Partei die Macht an sich riss und Friedensverhandlungen mit der Föderation anstrebte. Die *Enterprise*-B beförderte mehrere Föderationsbotschafter, darunter den Vulkanier Sarek, zum Planeten Algeron, wo ein neuer Vertrag ausgehandelt wurde. Dieser etablierte die Neutrale Zone neu und verbot es der Föderation, Tarnvorrichtungen zu verwenden.

Nach dem Tomed-Zwischenfall wurde die Erste Offizierin der *Enterprise*-B, Demora Sulu, die direkt nach der Akademie Steueroffizierin geworden war, zum Captain befördert. In den Folgejahren kommandierte sie das Schiff während vieler Reisen, darunter einer Zweijahresmission zu den archäologischen Überresten der proto-vulkanischen Debrune-Zivilisation im Barradas-System.

2320 wurde die *Enterprise*-B zur neu etablierten Grenze des cardassianischen Raumes beordert. Das nun unter dem Kommando Captain Thomas Johnson Juniors stehende Schiff wurde wieder in eine brenzlige Situation verwickelt, als sich zwischen den Cardassianern und der Föderation kurzzeitig ein kriegerischer Konflikt anzubahnen schien. Im Jahr 2328 besetzte die Cardassianische Union den Planeten Bajor. Die *Enterprise*-B bot zahlreichen bajoranischen Flüchtlingsschiffen Unterstützung an, doch die Sternenflotte war nicht gewillt, einen Konflikt zu beginnen. Daher erhielt die *Enterprise* die Order, sich auf die Umsiedelung besagter Bajoraner auf nahe Planeten im Föderationsraum zu beschränken.

Seit 2329 gilt die *Enterprise*-B als verschollen. Man hält sie für zerstört. Letzten Berichten an die Sternenflotte zufolge hat die Besatzung sich eine gefährliche Infektion zugezogen. Was genau nach dieser finalen Botschaft geschah, ist aber unbekannt.

Die *Enterprise*-B war ein modifiziertes Schiff der *Excelsior*-Klasse und trat 2293 in Dienst.

Captain John Harriman, der wenig Erfahrung mit Weltraummissionen hatte, überwachte den Bau der *Enterprise*-B.

BACKBORDANSICHT

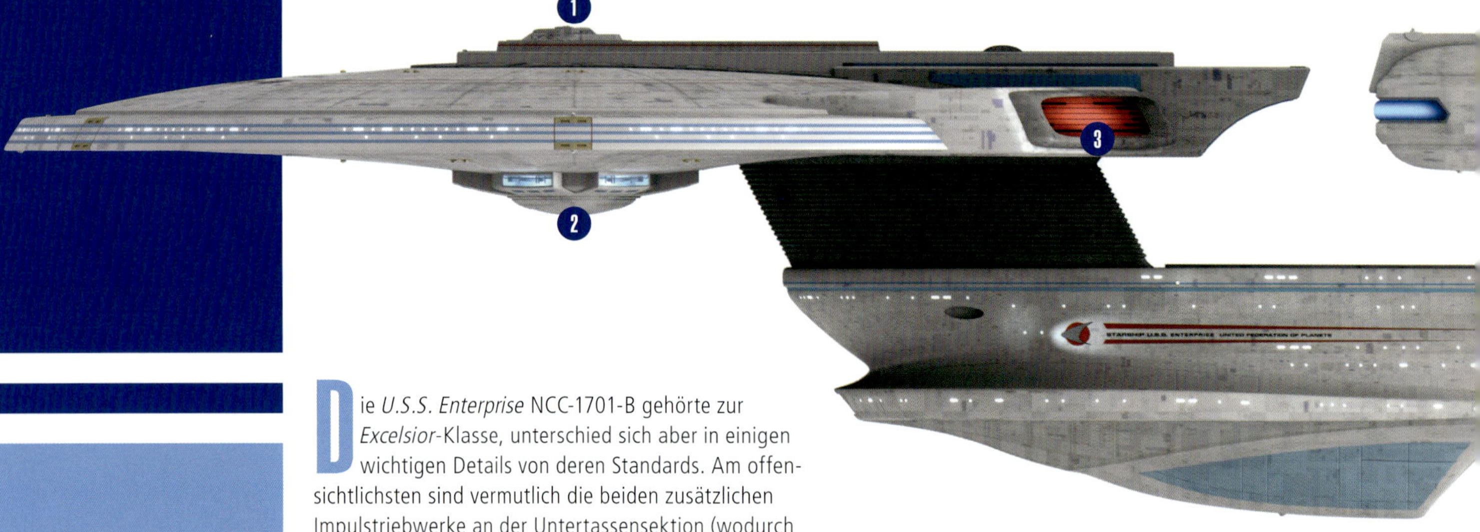

Die *U.S.S. Enterprise* NCC-1701-B gehörte zur *Excelsior*-Klasse, unterschied sich aber in einigen wichtigen Details von deren Standards. Am offensichtlichsten sind vermutlich die beiden zusätzlichen Impulstriebwerke an der Untertassensektion (wodurch die Gesamtzahl auf vier anstieg). Dies war eine Reaktion auf die enttäuschende Höchstgeschwindigkeit, die die Untertasse der *Excelsior* getrennt von ihrer Antriebssektion erreichte. Der zweite große Unterschied bestand in der Verbreiterung der Decks am unteren Ende der Antriebssektion, was zusätzlichen Laborraum und mehr Sensorenleistung ermöglichte.

Trotz ihrer holprigen Anfänge als Versuchsobjekt für die gescheiterten Transwarpexperimente der 2280er, zählte die *Excelsior*-Klasse zu den erfolgreichsten Raumschifftypen der Sternenflotte. Die technischen Grundlagen ihres Designs fußten stark auf den von Captain Montgomery Scott bei dessen revolutionärer Arbeit mit dem Neudesign der *Constitution*-Klasse gemachten Erfahrungen. Die Sternenflotte hatte erkannt, dass die entwickelten Ideen in einer ganz neuen Schiffsklasse besser umgesetzt werden konnten. Also begann sie mit der Entwicklung des *Excelsior*-Typs, dessen endgültiges Design sich als so flexibel erwies, dass es bis ins nächste Jahrhundert hinein verwendet wurde.

In ihrem Innern war die *Enterprise*-B ein Standardschiff ihres Typs. Sie hatte 32 Decks, wobei die Hauptbrücke auf Deck 1 am oberen Ende der Untertas-

BUGANSICHT

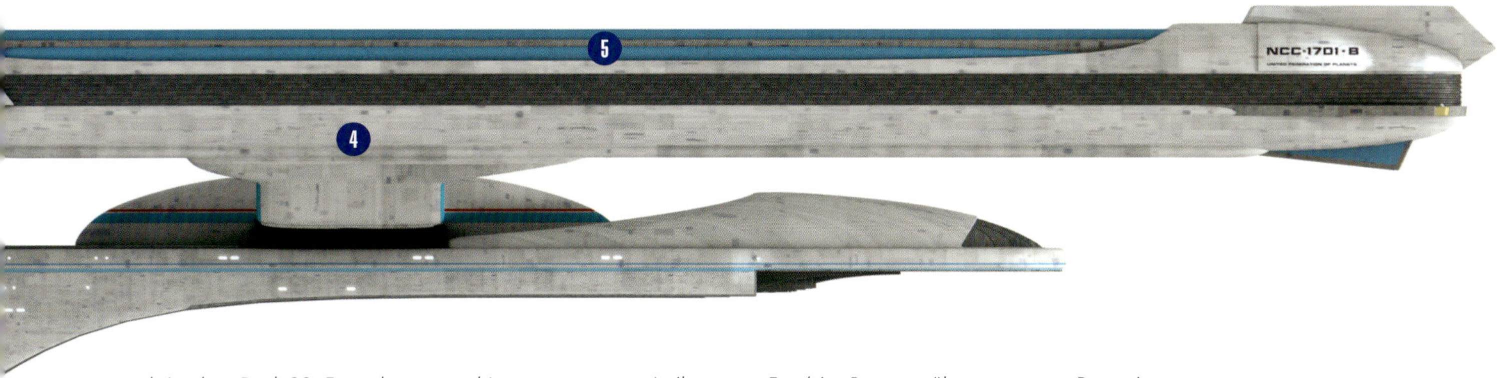

sensektion lag. Deck 32, Entstehungs- und Lagerungsort der Antimaterie, befand sich am unteren Ende der Antriebssektion.

Die Untertassensektion umfasste fast alle Quartiere des Schiffes. Der Großteil der Offiziere residierte auf Deck 4. Auf Deck 6 fand sich die Hauptkrankenstation – in der Mitte der Untertasse, einem der sichersten Orte an Bord. Ursprünglich teilten sich mehrere Junior-Besatzungsmitglieder ein Quartier, doch Umbauten ermöglichten schon bald, dass jedes Besatzungsmitglied bei langen Forschungsmissionen mehr Wohnraum bekam. Angesichts der langen Zeitspannen, die die Mannschaft an Bord verbringen musste, hielt man dies für nötig.

Bei ihrem Stapellauf war die *Enterprise*-B eines der schnellsten und fortschrittlichsten Schiffe der Flotte. Sie war erst das fünfte Schiff der *Excelsior*-Klasse, das in aktiven Dienst trat.

In ihrer vom *Excelsior*-Prototyp übernommenen Bauweise befand sich der Warpkern im vorderen Schiffsbereich und erstreckte sich beinahe über die gesamte Antriebssektion, von Deck 21 bis 31. Es gab zwei Computerkerne,

1 Hauptbrücke
2 Sensorkuppel
3 Impulstriebwerk
4 Warpgondel
5 Warpfeldgitter
6 Phaserbank
7 Manövriertriebwerke
8 Navigationsdeflektor
9 Subraumfeldstrahler
10 Impulstriebwerke
11 Haupt-Shuttlehangar
12 Sondenausstoß

HECKANSICHT

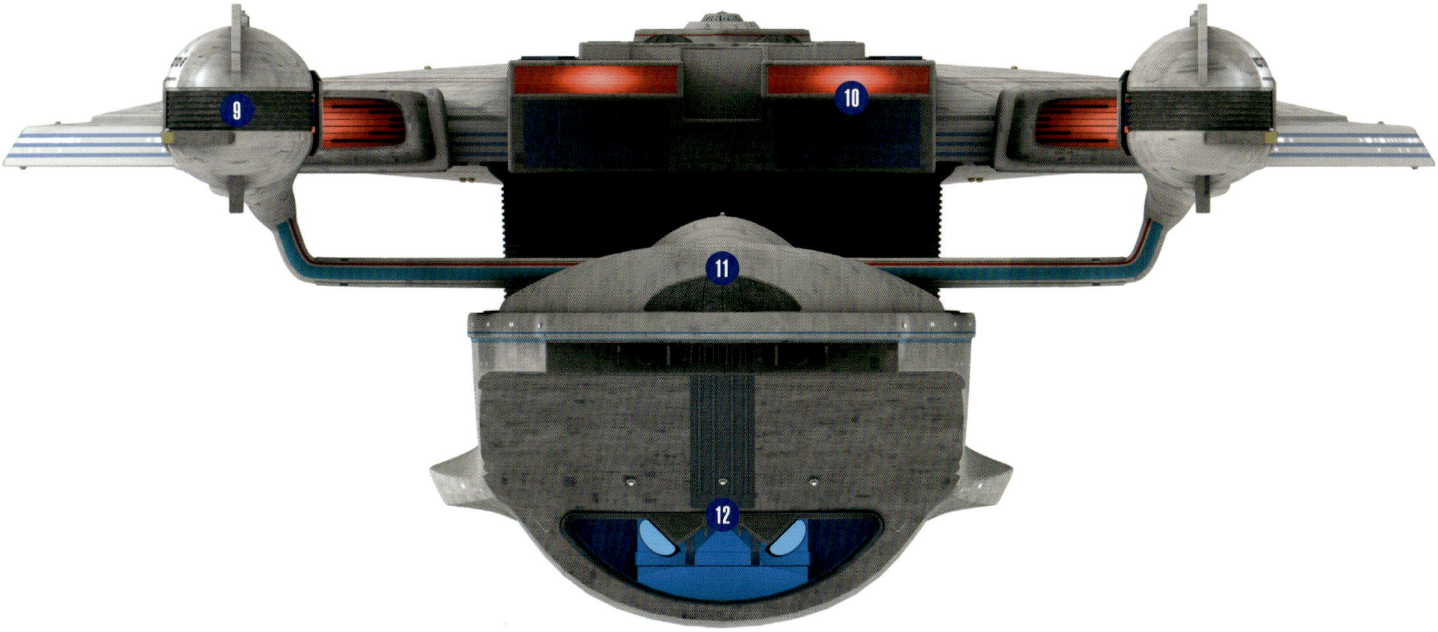

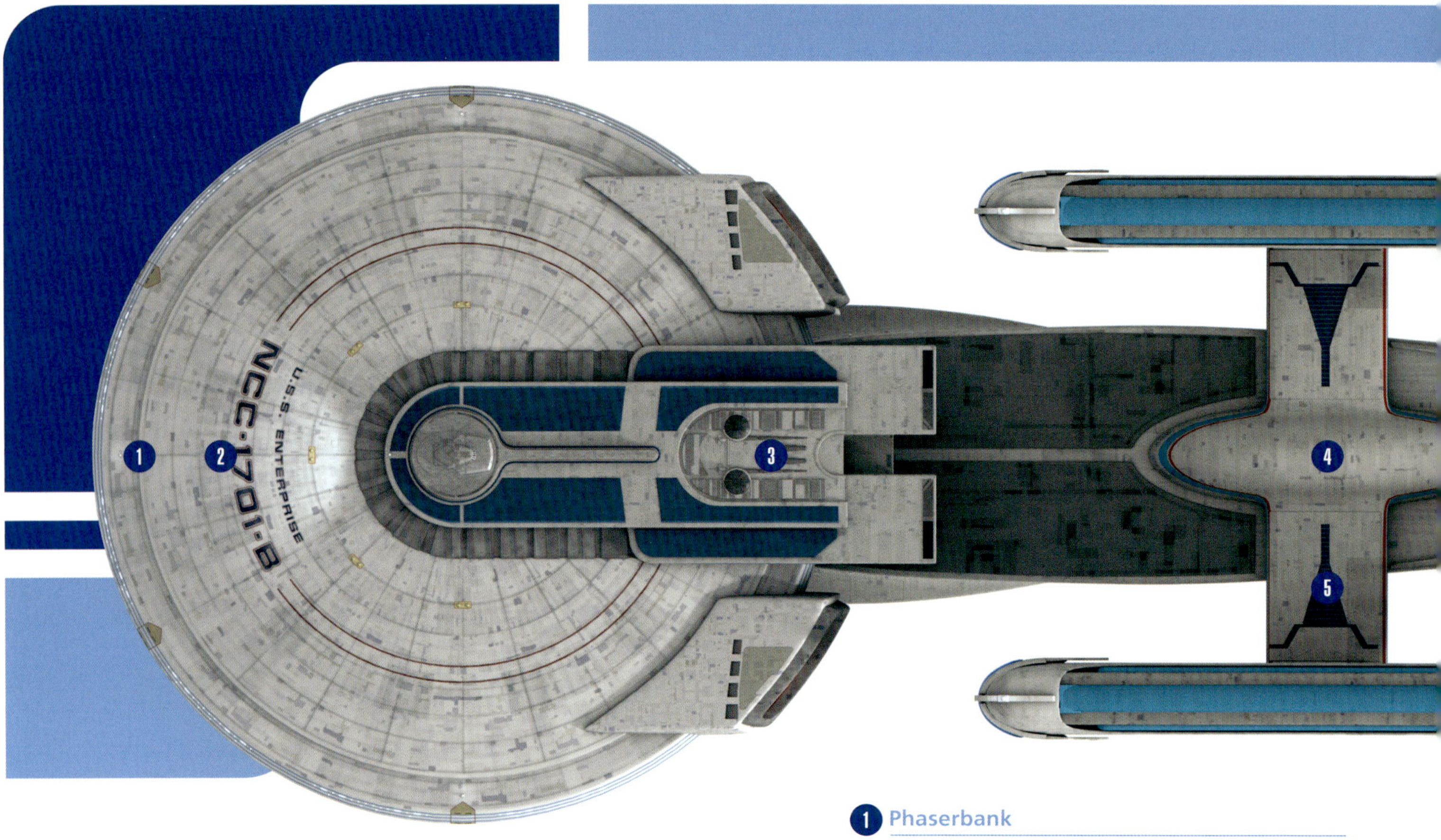

1 Phaserbank

2 Schiffskennung

3 Impulsantriebssystem

4 Warpplasmaverteiler

5 Gondelträger

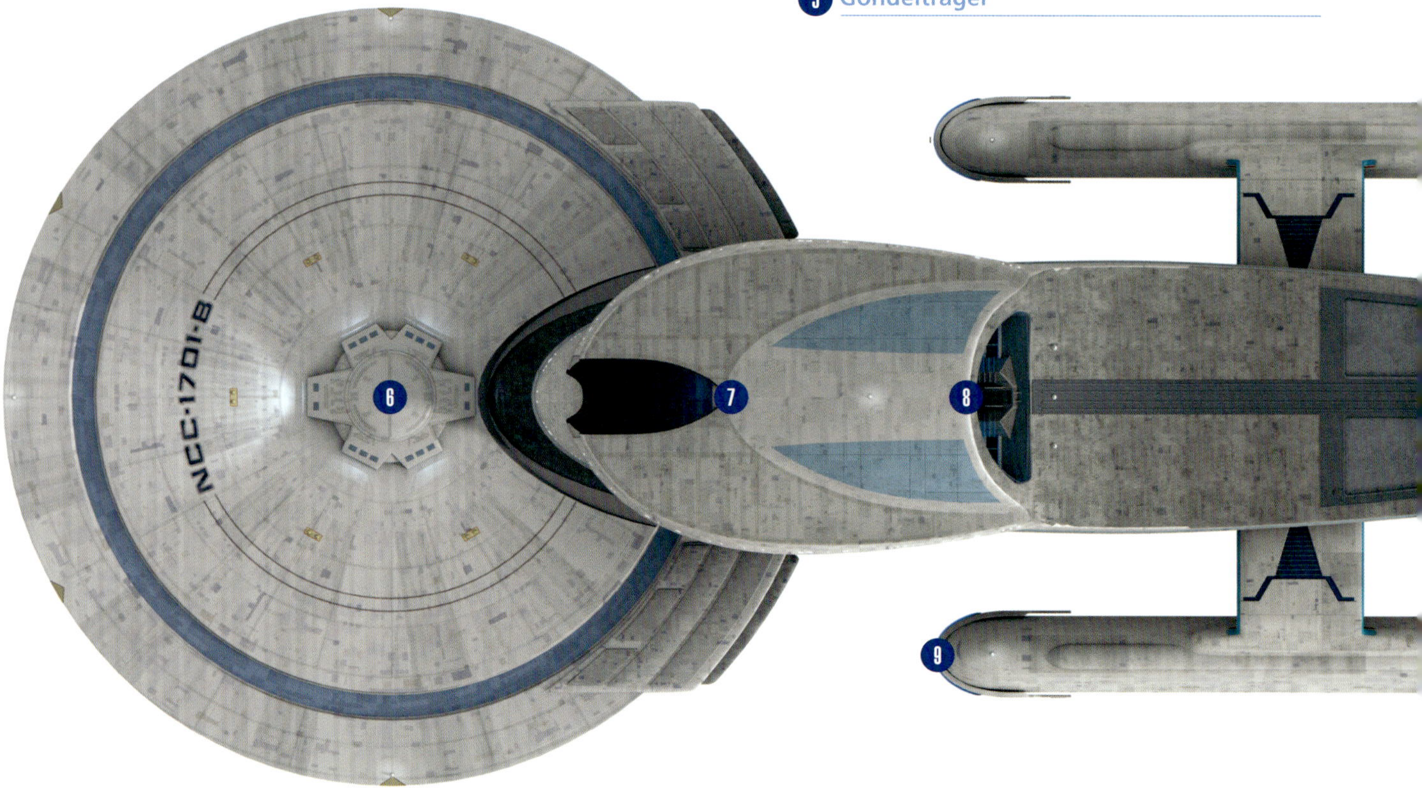

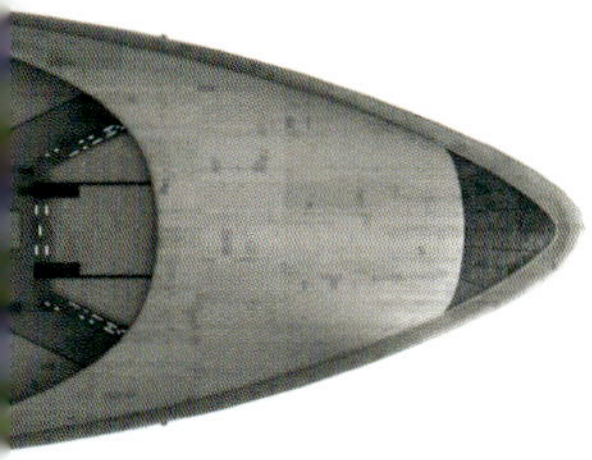

RÜCKENANSICHT

6 Sensorkuppel

7 Navigationsdeflektor

8 Sondenausstoß

9 Bussardkollektor

10 Hintere Verteidigungssysteme

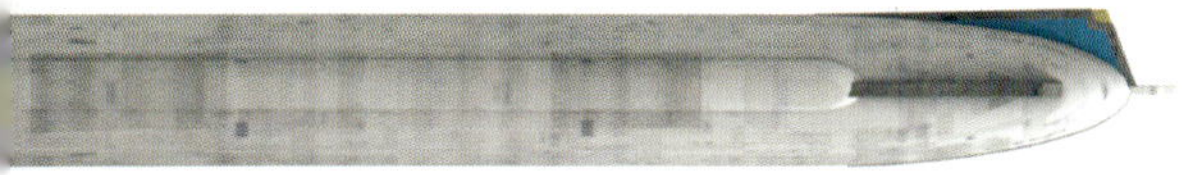

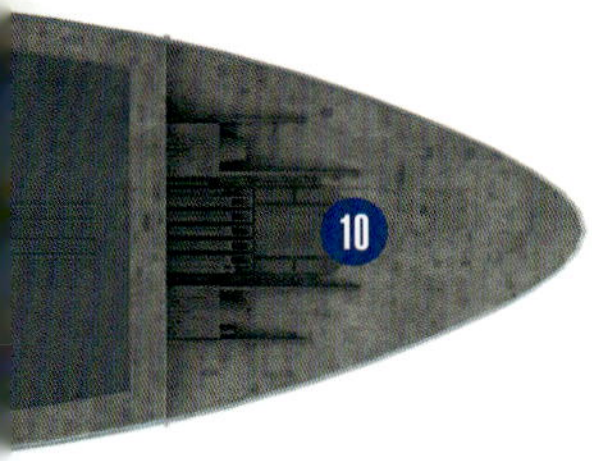

BAUCHANSICHT

TRANSWARPANTRIEB

In den 2280ern rüstete die Sternenflotte die *U.S.S. Excelsior* NX-2000 mit einem experimentellen Warpantrieb aus, den sie Transwarpantrieb nannte. Man hoffte, dieser würde sich als technologischer Durchbruch erweisen. Den Großteil eines Jahrzehnts verbrachte die *Excelsior* mit Tests unter der Aufsicht Captain Styles.

Der Transwarpantrieb fußte auf einem extrem komplexen Gleichungssystem, das die Leistung eines herkömmlichen Warptriebwerks ähnlich steigerte, wie die Kelvaner im Jahre 2268 die Maschinen der *Enterprise* NCC-1701 optimiert hatten. Doch das in Computermodellen funktionierende System erwies sich in der Praxis als untragbar. Die *Excelsior* erreichte nie die dauerhaft möglichen Geschwindigkeiten, die das Projekt verheißen hatte.

2287 wurde das Projekt Transwarp aufgegeben. Alle späteren Schiffe der *Excelsior*-Klasse, darunter auch die *Enterprise* NCC-1701-B, erhielten konventionelle Warptriebwerke. Ironischerweise erreichte die *Enterprise*-B aufgrund von Fortschritten in der Warpforschung schließlich höhere Geschwindigkeiten als in den 2280ern dem Transwarpprogramm prognostiziert worden waren.

Im 24. Jahrhundert bezeichnete der Begriff Transwarp jede Geschwindigkeit, die herkömmliche Warpgeschwindigkeiten überstieg. Entsprechend galt er für viele Technologien. So beschrieb er zum Beispiel das Borg-Netzwerk aus Subraumkorridoren und den Warp-10-Flug, der Tom Paris mit dem Shuttle Cochrane gelang.

einen pro Sektion. Wurde die Untertasse abgetrennt, konnten sie so eigenständig funktionieren. Im Normalzustand standen beide Kerne aber in ständigem Kontakt. Sie dienten einander als Backup bei ernsten Systemfehlern, etwa bei dem auf der *Excelsior* von 2285. Der Kern auf der Untertassensektion erstreckte sich von Deck 6 bis 9, der größere in der Antriebssektion reichte fünf Decks weit (von 23 bis 28).

Die *Enterprise*-B hatte einen einzelnen Shuttlehangar am hinteren Ende der Antriebssektion. Dort kam der Großteil ihrer Fracht an Bord, bevor er zu den beiden Frachträumen im oberen Bereich der Sektion befördert wurde.

Die *Enterprise*-B war stark bewaffnet und ebenso für den Kampf wie für die Forschung konzipiert. Sie hatte Phaseremitter des Typs 8 und an ihrer Vorder- wie Rückseite Photonentorpedobänke. Ein großer Startbereich in der Antriebssektion diente auch dazu, Sonden und Subraumrelais starten zu lassen.

Zeitreisen

RAUM-ZEIT-MANIPULATIONSTHEORIE

Zeitreisen galten lange als unmöglich – zumindest nach allgemeinem Verständnis des Begriffes. Und zwar nicht nur, weil sie gegen die grundlegenden Gesetze der Physik zu verstoßen schienen. Müsste unsere Gegenwart, gäbe es Zeitreisen, nicht längst mit Touristen aus der Zukunft überschwemmt sein? Soweit es die Vulkanier betraf, war dieses letzte Argument der endgültige Beweis für die Unmöglichkeit von Zeitreisen.

Doch schon im 20. Jahrhundert wusste man auf der Erde, dass die Zeit nicht immer mit gleichem Tempo voranschreitet. Einstein belegte beispielsweise theoretisch, dass sie langsamer vergeht, je stärker die Erdanziehung ist – zumindest verglichen mit der an einem Ort mit weniger Schwerkraft. Es scheint viele bizarre Phänomene zu geben, die mit der Zeit zu tun haben, und die Sternenflotte stieß auf Raumgegenden, in denen die Zeit unter-

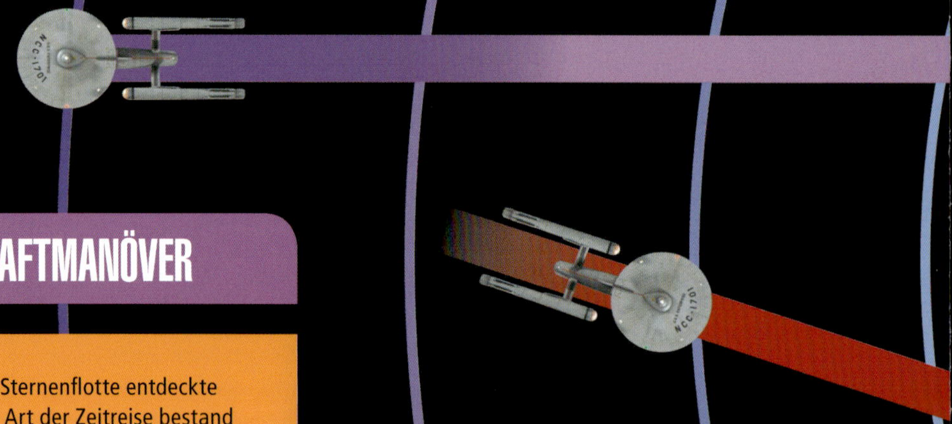

FLIEHKRAFTMANÖVER

Die erste von der Sternenflotte entdeckte und praktizierte Art der Zeitreise bestand darin, ein Schiff mit hoher Geschwindigkeit ins Gravitationsfeld eines Sterns zu fliegen. Das Schiff muss diesem gefährlich nahe kommen und ihn halb umfliegen. Entzieht es sich der Gravitation, just wenn diese am stärksten auf es einwirkt, verursacht es eine Störung im Raum-Zeit-Kontinuum, wodurch es in die Vergangenheit oder Zukunft geschleudert wird.

schiedlich schnell vergeht, sich wiederholt oder gar rückwärts verläuft.

Es gibt auch Beweise, wenngleich diskutable, nach denen Zeitreisende in den Verlauf der Geschichte eingegriffen haben. Einen tatsächlichen Beweis für die Möglichkeit von Zeitreisen erbrachte allerdings erst die Besatzung der *U.S.S. Enterprise* NCC-1701 im Jahr 2266, als sie zum Kaltstart ihrer Warptriebwerke gezwungen war. Irgendwie erzeugte das Warpfeld eine ernste Störung im Raum-Zeit-Gefüge, wodurch das Schiff 71 Stunden in die Vergangenheit gelangte. Ein paar Monate später reiste die Besatzung der *Enterprise* sogar noch weiter zurück, als sie auf ein Schwarzes Loch stieß. Diesmal landete sie im Jahr 1969 und lief Gefahr, den Verlauf der Geschichte zu stören. Nachdem die *Enterprise* von der US Air Force entdeckt worden war, nahm die Besatzung den Piloten John Christopher an Bord. Sie wollte ihn mit in die Zukunft nehmen, erkannte aber, dass dies die Geburt Colonel Shaun Christophers, des Kommandanten der ersten Erd-Saturn-Mission, verhindert hätte. Schließlich gelang es ihr, Christopher in den Moment zurückzubefördern, in der er noch nicht auf die *Enterprise* gestoßen war.

Um in ihre eigene Zeit zurückzukehren, entwickelte die Mannschaft eine Zeitreisetheorie. Zu dieser gehörte es, die Störungen, die der Warpantrieb eines Raumschiffes im Raum-Zeit-Gefüge verursachte, mit den Gravitationskräften in der Nähe eines Sternes zu kombinieren. Ein Raumschiff muss ganz dicht an einen Stern heranfliegen und in genau dem richtigen Moment aus dessen Gravitationsfeld ausbrechen, um einen Korridor durch die Zeit zu öffnen. Den richtigen Zeitpunkt zu ermitteln, erfordert extrem genaue Kalkulationen, in denen die Masse des Schiffes, das Gravitationsfeld des Sterns und die durch die Triebwerke erzeugten Störungen gehören. Dennoch wurde diese Methode der Zeitreise erfolgreich wiederholt – etwa im Jahr 2286, als der damalige Admiral Kirk und seine Mannschaft mit ihr zwei Buckelwale ins 23. Jahrhundert brachten.

Wie gezeigt wurde, kann das Raum-Zeit-Gefüge von Warpkernbrüchen und gewaltigen Materie-Antimaterie-Detonationen, wie sie etwa wiederholter Beschuss mit Photonentorpedos verursacht, beschädigt werden. In manchen Fällen führte dies nachweislich zu Öffnungen durch die Zeit. Die *U.S.S. Enterprise* NCC-1701-C reiste während der Schlacht von Narendra III durch eine solche.

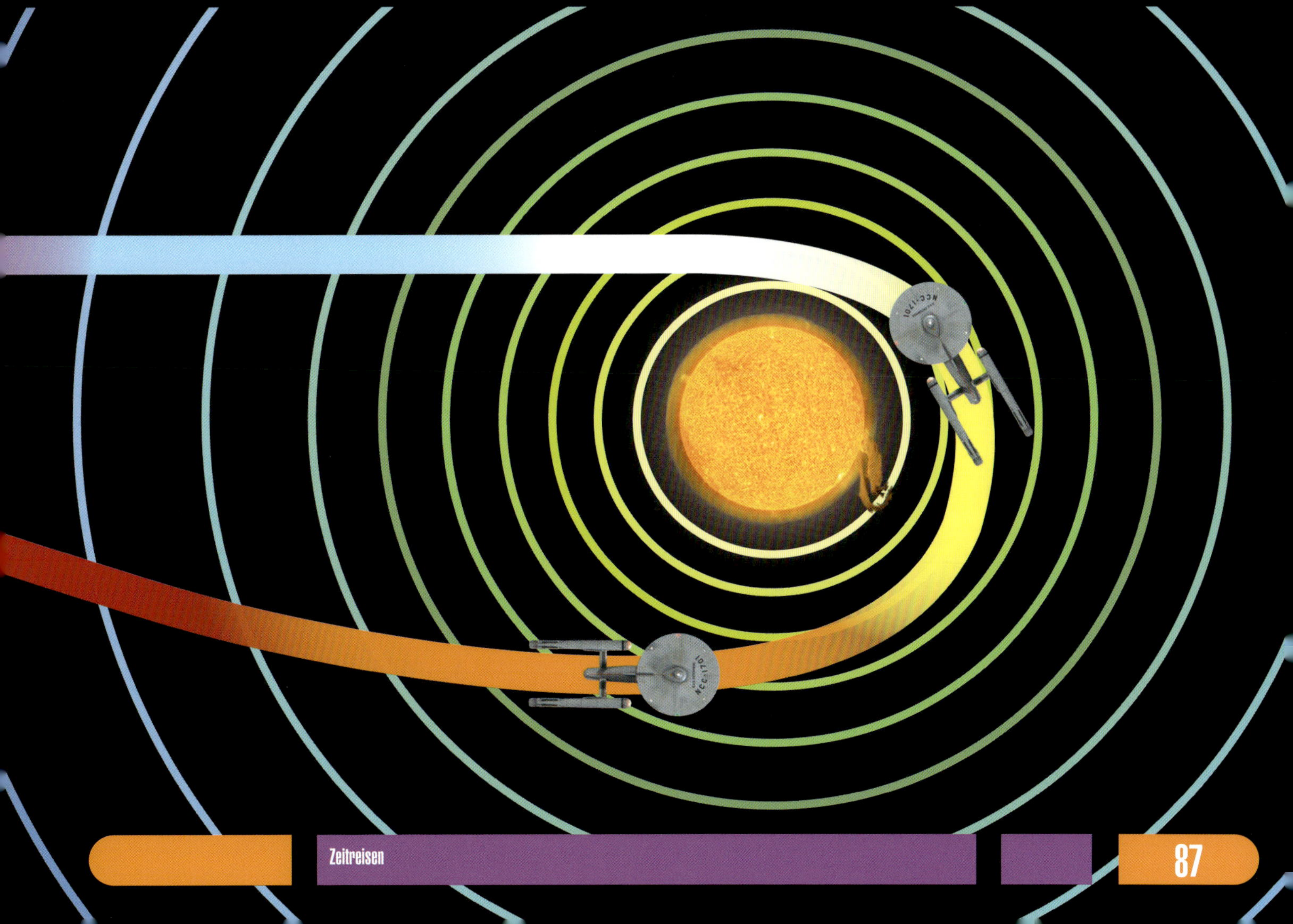

Die Folgen derartiger Schäden sind unmöglich vorauszusehen. Diese Öffnungen gelten als höchst unsichere Methode der Zeitreise.

Die Sternenflotte hat einige verlässlichere Alternativen entdeckt, wobei der Hüter der Ewigkeit wohl die beeindruckendste darstellt. Der Hüter ist eine sich seiner selbst bewusste Maschine, die Portale zu jedem Punkt in Raum und Zeit öffnen kann. Er wurde vor über fünf Milliarden Jahren von einer alten und sehr hoch entwickelten Kultur erbaut. Die Besatzung der *U.S.S. Enterprise* NCC-1701 stieß 2267 auf ihn, dies war eine der bedeutendsten Entdeckungen aus Captain Kirks erster Fünfjahresmission. Doch schon früh zeigte sich, welche Gefahren eine Nutzung des Hüters mit sich brachte: Auf der ersten Reise rettete Dr. McCoy Edith Keeler das Leben. Keeler wurde daraufhin Friedenskämpferin und veränderte den Lauf der Geschichte derart, dass Amerika erst spät in den Zweiten Weltkrieg eingriff und die Nazis gewannen. Kirk war also gezwungen, den Verlauf der Geschichte zu korrigieren und Keeler sterben zu lassen.

Die Besatzung der *Enterprise* NCC-1701 stieß auch auf dem Planeten Sarpeidon auf Zeitportal-Technologie, kurz bevor dieser 2269 von der Supernova des Sterns Beta Niobe zerstört wurde. Wie genau die Zeitreisegeräte von Sarpeidon funktionierten, ist unklar, doch die Planetenbewohner erzeugten mit ihnen Portale, die ihnen die Flucht in ihre eigene Vergangenheit ermöglichten.

Im 24. Jahrhundert hatte die Sternenflotte Chronitonen entdeckt: Quantenpartikel, durch die sich die Raumzeit manipulieren und eine Zeitreise ermöglichen ließ. Die Borg bedienten sich Chronitonen, als sie in die Erdvergangenheit reisten, um Zefram Cochranes ersten Warpflug zu verhindern.

Zeitreisen und ihre Gefahren veranlassten die Föderation, eine Oberste Temporale Direktive zu erlassen. Laut dieser ist jede Person, die durch die Zeit reist, verpflichtet, den Kontakt zu den Personen der Vergangenheit auf ein Minimum zu reduzieren. Man darf ihnen nicht helfen und sich nicht in ihre Angelegenheiten einmischen. Die Behörde für temporale Ermittlungen wurde aus der Taufe gehoben. Sie untersucht Zeitreisevorfälle im Namen der Föderation. Es überrascht nicht, dass James T. Kirks Akte – mit 17 verschiedenen Verstößen – ihre größte ist.

Die Föderation fand auch Dimensionen und sogar Wesen, die außerhalb der normalen Raumzeit existieren. Captain Kirk wurde 2293 in den Nexus gerissen, eine Dimension jenseits der Zeit, konnte sie aber 2371 ungealtert verlassen. Die bajoranischen Propheten, ein Volk unvorstellbar mächtiger Wesen im bajoranischen Wurmloch, existieren außerhalb der linearen Zeit. Auch ein Artefakt namens Drehkörper der Zeit, das vermutlich aus diesem Wurmloch stammt, kann Personen durch die Zeit schicken.

Im Delta-Quadranten nutzten die Krenim Zeitreisetechnologie, um ein temporales Waffenschiff zu starten, das jenseits der Normalzeit existierte und seine Feinde aus dem Lauf der Geschichte löschen konnte. Zum Bedauern der Krenim brachten ihre Eingriffe in den Zeitverlauf unvorhersehbare Folgen mit sich, sodass sie sich gezwungen sahen, die Geschichte stetig wieder zu verändern, um die Nebeneffekte vorheriger Bemühungen auszugleichen. Schließlich wurde das Waffenschiff selbst aus der Zeit entfernt. Dadurch wurde die ursprüngliche Zeitlinie, also die ohne die Eingriffe der Krenim, wieder hergestellt.

Der Hüter der Ewigkeit zählt zu den außergewöhnlichsten Methoden der Zeitreise, auf die die Sternenflotte je stieß. Es handelt sich dabei offenbar um ein denkendes Portal, dass eine Person zu jedem Punkt in Raum und Zeit zu befördern vermag.

Admiral Kirk und seine Besatzung reisten mit einem gestohlenen klingonischen Schiff ins San Francisco der 1980er Jahre, um die Erdozeane der Zukunft wieder mit Buckelwalen zu bevölkern.

Die Sternenflotte ist auch mit den Q vertraut, einer scheinbar allmächtigen Rasse, die mit reiner Gedankenkraft durch die Zeit reisen kann.

In der Zukunft scheint Zeitreise gebräuchlicher zu werden, doch sie bleibt gefährlich. Man glaubt zu wissen, dass es im 31. Jahrhundert einen temporalen Kalten Krieg geben wird, in dem verschiedene Parteien jeweils zu ihrem Vorteil in den Lauf der Geschichte eingreifen. Die erste *Enterprise* NX-01 geriet in den Brennpunkt dieses Krieges. Captain Archer scheint ernsthafte Schäden verhindert zu haben, doch das Problematische an Zeitreisen ist natürlich, dass man dies nie mit Gewissheit sagen kann.

Die Besatzung der Enterprise-D fand sich als Teilnehmer von Zefram Cochranes historischem ersten Warpflug wieder, als sie den Borg in die Erdvergangenheit folgte, wo diese die Zukunft der Menschheit verändern wollten.

Captain Archer war in einen temporalen Kalten Krieg verwickelt, in dem diverse Parteien aus der Zukunft Einfluss auf die Geschichte zu nehmen versuchten.

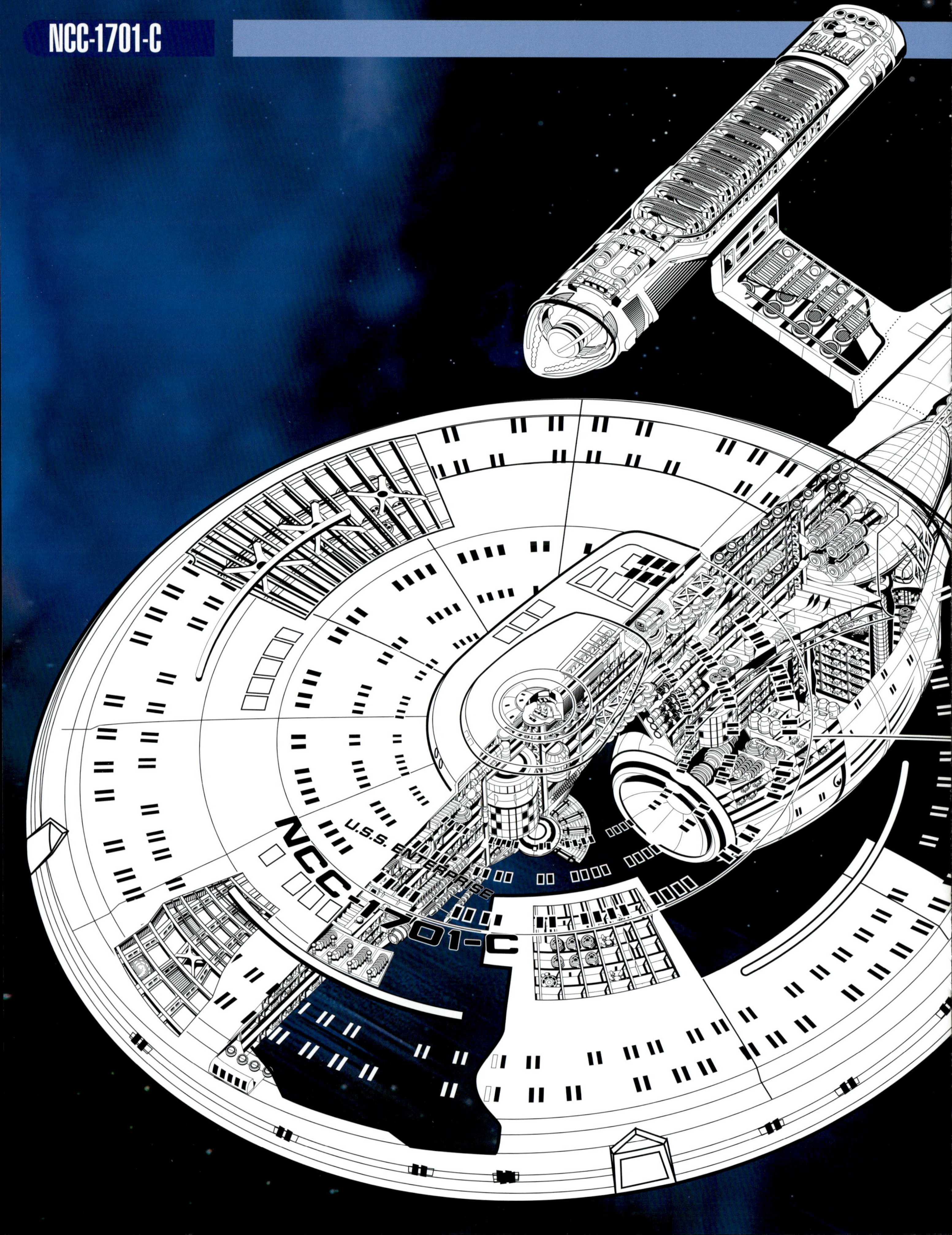
U.S.S. ENTERPRISE
NCC-1701-C

U.S.S. Enterprise NCC-1701-C

Das vierte Föderationsschiff des Namens *Enterprise* gehörte zur *Ambassador*-Klasse und startete 2332 unter dem Befehl Captain Rachel Garretts. Die *U.S.S. Enterprise* NCC-1701-C leistete 12 Jahre lang hervorragende Dienste, bis sie 2344 zerstört wurde, als sie dem von vier romulanischen Warbirds attackierten klingonischen Außenposten auf Narendra III zu Hilfe kam. Das Opfer, das die *Enterprise*-C so erbrachte, hatte entscheidenden Einfluss auf eine Sicherung der diplomatischen Beziehungen zwischen der Föderation und dem Klingonischen Reich. Die Klingonen achten Tapferkeit. Die Bereitschaft der *Enterprise*-Besatzung, sich zur Rettung eines kleinen klingonischen Außenpostens selbst zu opfern, stieß im klingonischen Hohen Rat auf große Bewunderung. Der Rat sah darin den Beweis dafür, der Föderation vertrauen zu können.

Klassifizierung	Ambassador-Klasse
Erbaut	Erdstation McKinley
Stapellauf	2332
Zerstört	2344 (bei Verteidigung des kling. Außenpostens Narendra III)
Länge	526 m
Anzahl der Decks	36
Besatzungsgröße	530
Bewaffnung	Phaser und Photonentorpedos
Kommandeur	Rachel Garrett

AMBASSADOR-KLASSE

LISTE DER SCHIFFE

U.S.S. Ambassador NCC-10521
U.S.S. Adelphi NCC-26849
U.S.S. Enterprise NCC-1701-C
U.S.S. Excalibur NCC-26517
U.S.S. Zhukov NCC-26136

Die *Enterprise* NCC-1701-C war das dritte Schiff in der *Ambassador*-Linie, sie lief 2332 auf der Erdstation McKinley vom Stapel. Das Kommando hatte die 33-jährige Captain Rachel Garrett, die sich als Erste Offizierin der *U.S.S. Hood* durch beeindruckenden Einsatz diese Beförderung verdient hatte.

Die 2330er waren eine Zeit der Anspannung. Obwohl die Föderation bereits seit den 2290ern in Friedensgesprächen mit dem Klingonischen Reich steckte, blieb der Konsens der beiden Mächte doch fragil. Ab 2341 patrouillierte die *Enterprise*-C in einem Raumsektor, der an die Reiche der Klingonen und Romulaner grenzte. Die Föderation hatte, seit dem Tomed-Zwischenfall von 2311, bei dem Tausende umkamen, keinerlei direkten Kontakt mit den Romulanern gehabt. Die Sternenflotte wusste aber, dass sie und die Klingonen einander feindlich gesinnt waren, und tatsächlich unternahmen die Romulaner in den 2340ern mehrere Angriffe auf klingonische Kolonien.

2344 war die *Enterprise*-C unterwegs nach Archer IV, als sie auf den Notruf des klingonischen Außenpostens auf Narendra III reagierte. Bei ihrer Ankunft erkannte Captain Garrett, dass diese kleine Klingonensiedlung von vier romulanischen Warbirds angegriffen wurde und keine Überlebenschance hatte. Obwohl auch ihr eigenes Schiff hoffnungslos unterlegen war, griff Garrett die Romulaner an. Während des Kampfes kamen über 400 Besatzungsmitglieder ums Leben, darunter der komplette Führungsstab mit Ausnahme Garretts. Im entscheidenden Moment der Schlacht entstand durch Photonentorpedofeuer ein Riss in der Raumzeit, der die *Enterprise*-C 22 Jahre in die Zukunft katapultierte.

In dieser befand sich die Föderation im Krieg mit dem Klingonischen Reich, seit die Friedensverhandlungen in den 2350ern gescheitert waren. Garretts *Enterprise* begegnete ihrer direkten Nachfolgerin, der zur *Galaxy*-Klasse gehörenden *U.S.S. Enterprise* NCC-1701-D unter dem Kommando Captain Jean-Luc Picards. Dieser vermutete, dass die Zeitreise der *Enterprise*-C ernste Konsequenzen gehabt haben könnte, und überzeugte Captain Garrett, in ihre eigene Zeit zurückzukehren – wohl wissend, dass dort nur der Tod auf sie und ihre Besatzung wartete.

Die *Enterprise*-C besuchte eine Version des Jahren 2366, in der die Föderation einen Krieg gegen die Klingonen verlor. Alle Sternenflottenschiffe, darunter die *Enterprise*-D, waren Schiffe des Militärs geworden.

Während ihrer Zeit in der Zukunft wurde die *Enterprise*-C repariert und auf die Schlacht vorbereitet. Leider wurde sie zudem von Klingonen angegriffen. Captain Garrett starb, und so musste Lt. Richard Castillo das Kommando übernehmen. Ihm stand Lt. Tasha Yar zur Seite, die sich entschloss, ihm auf die *Enterprise*-C zu folgen.

Als Castillo nach Narendra III zurückkehrte, waren dort nur Sekunden vergangen. Es gelang der *Enterprise*-C, den Romulanern gewaltig zu schaden: So zerstörte sie einen Warbird, bevor auch sie vernichtet wurde. Die 36 überlebenden Besatzungsmitglieder, unter ihnen Tasha Yar, wurden von den Romulanern gefangen genommen und auf die romulanische Heimatwelt gebracht. Die Föderation erfuhr erst 2368 von ihrem Schicksal.

Das Opfer der *Enterprise*-C hingegen blieb nicht unbeachtet. Die Klingonen entdeckten Überreste des zerstörten Warbirds und identifizierten die Waffensignatur als die eines Sternenflottenschiffes. Sie bewunderten die *Enterprise*-Besatzung für ihr großes Opfer und erachteten Captain Garretts Bereitschaft, in einen Kampf zu ziehen, den zu gewinnen sie so gut wie keine Chance haben konnte, als ebenso ehrenvoll wie glorreich. Und sie sahen darin den Beweis, dass die Föderation einen würdigen Verbündeten abgibt. Die heroischen Taten Captain Garretts und ihrer Besatzung garantierten, dass die Zukunft, die die *Enterprise*-C hatte sehen müssen, nie Wirklichkeit wurde. Stattdessen wurden die Föderation und die Klingonen Verbündete und begannen gemeinsam eine friedlichere Ära.

Captain Garrett überlebte die Reise in die Zukunft, musste aber erfahren, dass die Geschichte von ihr und ihrer Mannschaft den Opfertod verlangte.

Beim Kampf der *Enterprise*-C gegen die romulanischen Schiffe entstand eine Störung im Raum-Zeit-Gefüge, die zu einer alternativen Zukunft führte.

BACKBORDANSICHT

Bei ihrem Stapellauf gehörte die *U.S.S. Enterprise* NCC-1701-C zu den größten je von der Sternenflotte erbauten Schiffen. Mit 526 Metern Länge übertraf sie die der *Constitution*-Klasse deutlich. Ihre größere Antriebssektion bot mehr Passagieren Lebensraum als die *Enterprise* NCC-1701-B der *Excelsior*-Klasse, die 36 Decks und eine 530-köpfige Besatzung gehabt hatte.

Die *Enterprise*-C war für die Weltraumforschung gebaut, insbesondere zur Kartografie stellarer Phänomene. Dementsprechend verfügte sie über eine Vielzahl an Shuttles. Schiffe der *Ambassador*-Klasse waren mit zwei Shuttlehangars ausgerüstet. Wie schon Tradition, lag einer davon hinter den Schwingtüren am hinteren Ende der Antriebssektion. Der Schiffstyp verfügte aber über einen zweiten Hangar in der Untertasse. Die Shuttles waren für Missionen gedacht, bei denen Transporter ineffektiv sein würden, etwa für den Flug in gasartige Phänomene und eine Nahstreckenanalyse stellarer Körper.

In den 2330ern hatte sich die Sternenflotte von den bisherigen Phaseremittern abgewandt und Phaserbänke des Typs 7 für sich entdeckt. Diese konnten ihre Zielausrichtung und Schussstärke blitzschnell verändern. Die Untertassensektion der *Enterprise*-C besaß drei untere und fünf obere Phaseremitter. Weitere Bänke fanden sich an den Unterseiten der Gondelträger und am Ende der Antriebssektion, gleich unter dem Hangardeck.

Die *Enterprise*-C verfügte zudem über vordere und hintere Photonentorpedoschächte. Diese fanden sich an ihrem Hals, der Untertasse und Antriebssektion verband.

Die Bauweise der Warptriebwerke und der Feldspulen fußte auf Elementen der gescheiterten Transwarp-Experimente der 2280er. Die Impulstriebwerke waren gegenüber denen der vorigen Schiffsgeneration ebenfalls bedeutend fortschrittlicher. Insgesamt war die *Enterprise*-C eines der wendigsten Schiffe ihrer Ära.

BUGANSICHT

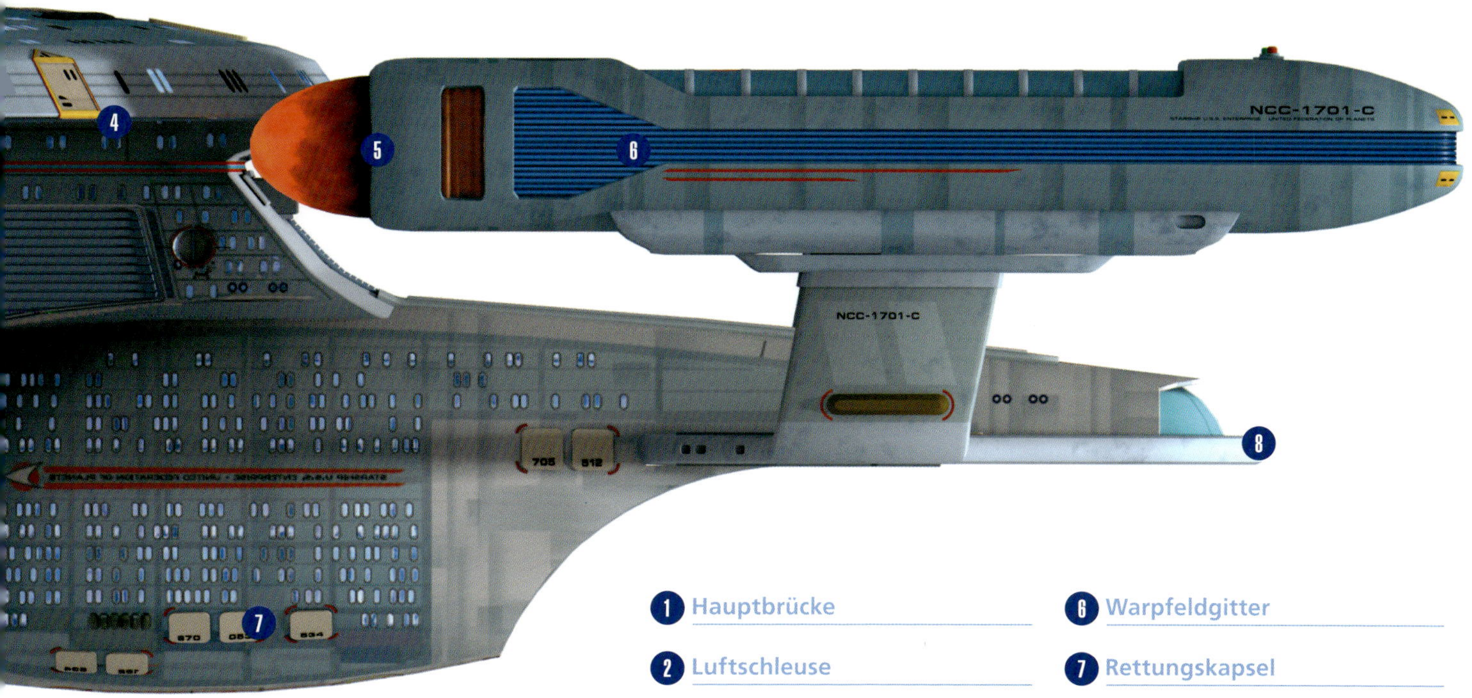

1 Hauptbrücke

2 Luftschleuse

3 Phaserbank

4 Manövrierdüsen

5 Bussardkollektor

6 Warpfeldgitter

7 Rettungskapsel

8 Haupt-Shuttlehangar

9 Navigationsdeflektor

10 Impulstriebwerk

HECKANSICHT

Die *Ambassador*-Klasse zählte zu den ersten der Sternenflotte, die im Falle eines katastrophalen Versagens der Materie-Antimaterie-Eindämmung den Warpkern ausstoßen konnten. Dieser erstreckte sich über die Antriebssektion und war an der Schiffsunterseite durch eine Luke gesichert. Im Notfall konnte der Chefingenieur die Luke sprengen, den Warpkern von den Materie- und Antimaterie-Injektoren abtrennen und ihn ausstoßen.

Die Computersysteme zählten zu den ersten mit isolinearen Verbindungen. Dieses fortschrittliche System ersetzte die duotronischen Leitungen, die seit den 2240ern auf Raumschiffen verwendet worden waren.

Die Konstruktion der Träger spiegelte eine neue Denkweise des Büros für Fortschrittliches Raumschiffdesign hinsichtlich Warpfelderzeugung wider. Wie auf späteren Schiffen, wurden die Warpgondeln in eine Position knapp unterhalb der Untertasse gebracht. Diese Bauweise wurde auch in den Klassen *Galaxy* und *Intrepid* beibehalten. Die Änderungen in der Warpfeldgeometrie erwiesen sich als höchst effektiv und ermöglichten dem Schiff eine Standardgeschwindigkeit von Warp 8,4.

1 Schiffskennung

2 Hauptbrücke

3 Rettungskapsel

4 Manövrierdüsen

5 Shuttlehangar

6 Phaserbank

7 Navigationsdeflektor

8 Luke zum Warpkernausstoß

RÜCKENANSICHT

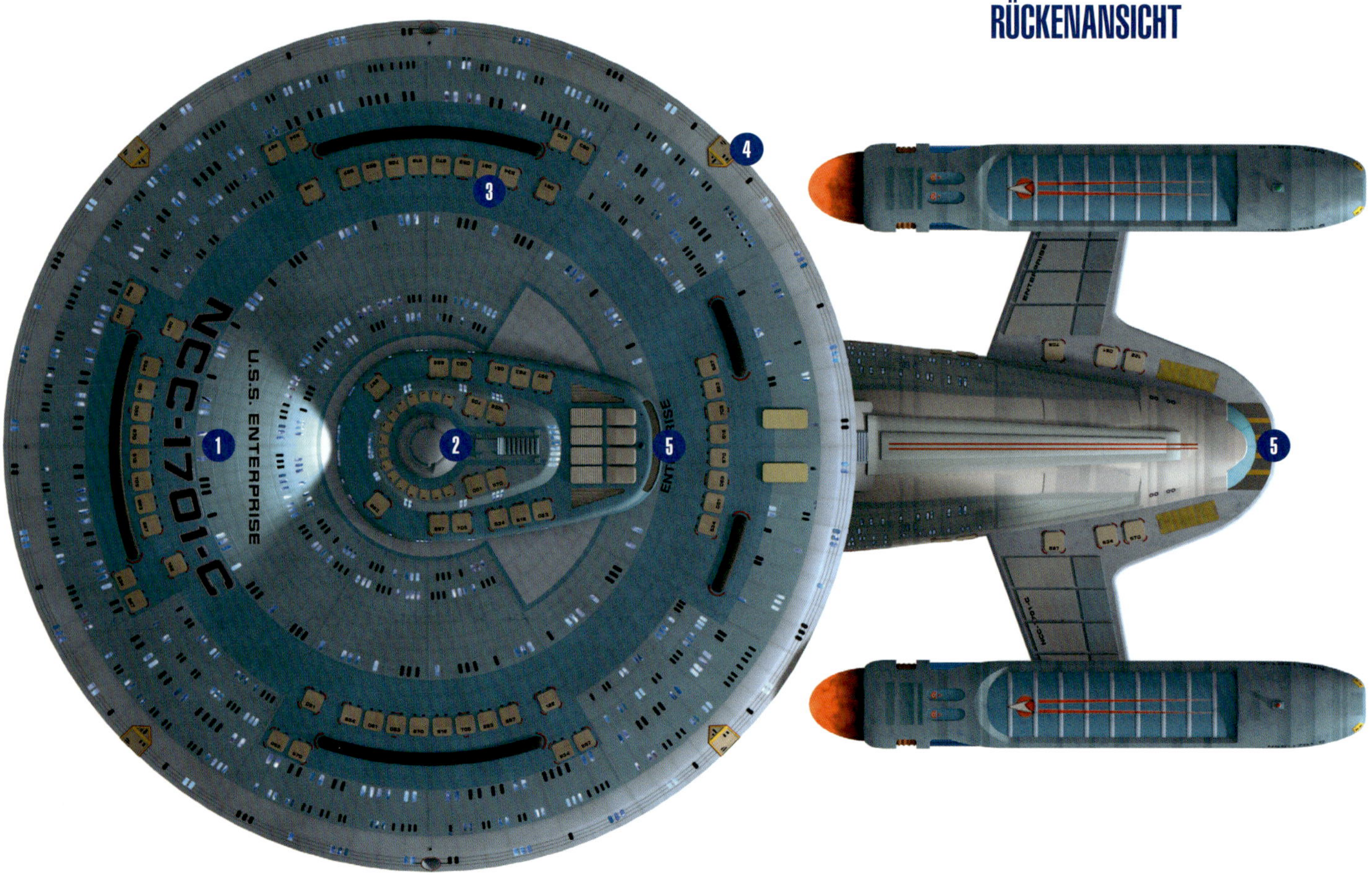

WARPFELD-THEORIE

Die „Warpblase", in der ein Raumschiff bei Überlichtgeschwindigkeit reist, ist kein statisches Gebilde, sondern ein pulsierendes, sich stetig wandelndes Energiefeld, das die Form des Raumschiffs bestimmt. Selbst kleinste Änderungen im Raumschiffdesign müssen ausgiebig getestet und optimiert werden, damit der Antrieb sicher und effizient bleibt.

Insbesondere bei Veränderungen der Warpgondelpositionierung ist peinlich genau auf die Feldgeometrie zu achten. Wo beim konventionellen (Unterlicht-)Schiffsdesign der Antriebsvektor durch das Massezentrum des Schiffes führen muss, sieht dies beim Warpantrieb anders aus. Dieser macht es erforderlich, die Gondeln vom Schiffszentrum abzusetzen. Meist muss auch der vordere Warpfeldlappen (in dessen Bereich sich meist die Untertasse befindet) unterschiedlich zum Gondelvektor sein. In vielen alten Schiffsdesigns befanden sich die Gondeln knapp oberhalb des vorderen Lappens. Schiffe des *NX*- und *Constitution*-Typs bedienten sich dieser Konstruktionsweise, die überlegene Feldstabilität garantierte, aber zu verminderter Antriebseffizienz führte.

Während der 2260er begann das Büro für Fortschrittliches Raumschiffdesign mit Experimenten im Bereich der Feldgeometrie, die den Gondelvektor im Vergleich zum vorderen Feldlappen sinken ließen. Dieser Ansatz verhieß eine bessere Triebwerksleistung, bedurfte aber mehrerer Jahre der Forschung im Bereich der Feldstabilitätssoftware. Zu den ersten Schiffen dieses neuen Ansatzes zählte die experimentelle *Excelsior*. Bei ihr lag die Mittelachse der Gondeln auf Höhe der Untertasse. Diese Bauweise fand sich auch bei der zur *Excelsior*-Klasse zählenden *Enterprise*-B. Weitere Entwicklungen im Sektor der Feldkontrollsoftware erlaubten sogar noch radikalere Designs für die *Enterprise*-C der *Ambassador*- sowie die *Enterprise*-D der *Galaxy*-Klasse. Bei ihnen lagen die Warpgondeln sogar noch niedriger als der vordere Lappen.

Eigenartigerweise führten Entwicklungen in der Deflektorschildtechnologie kürzlich zu einer Umkehrung dieses Trends, wie die Gondelpositionierung bei einigen neueren Schiffen belegt. Neue Ultrahochfrequenz-Schildgeneratoren erlauben der *Enterprise*-E aus der *Sovereign*-Klasse, die Gondeln höher zu positionieren und dennoch drei Prozent zusätzliche Triebwerksleistung herauszuschlagen.

Die Rätsel der Warpfeldgeometrie bleiben Thema intensiver Studien im Sternenflottenbüro. Fraglos sind sie auch in Zukunft ein Bereich stetiger Forschung und Innovation.

BAUCHANSICHT

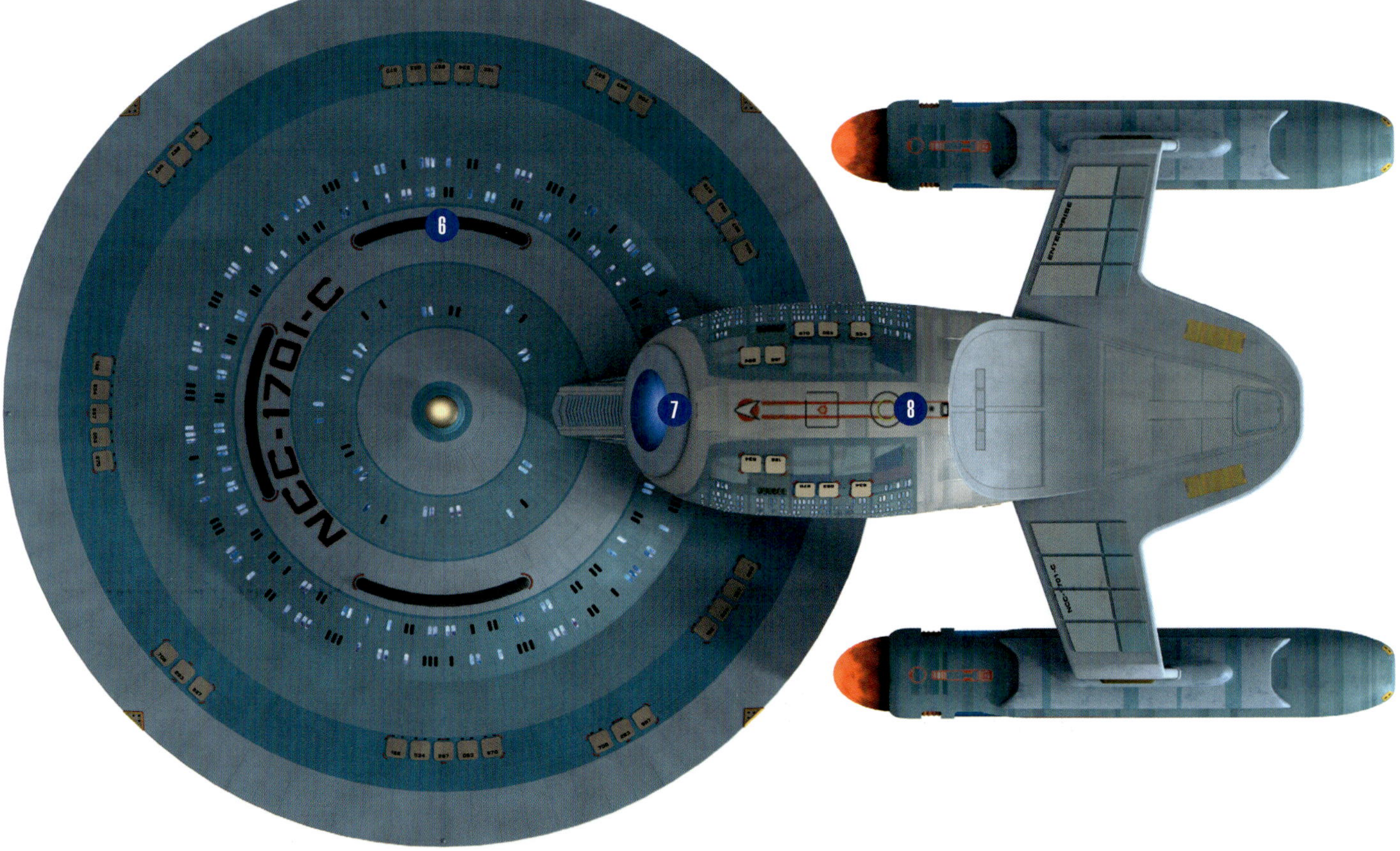

DEFLEKTORSCHILDE

HÜLLENBRUCH-PRÄVENTIONSTHEORIE

Deflektor-Querschnitt: Der Deflektor fegt mittels eines Energiestrahls Materie aus dem Weg des Schiffes.

Es gehört zu den Gefahren des Reisens bei hoher Geschwindigkeit, dass selbst das kleinste im Weg liegende Objekt großen Schaden erzeugen kann. Selbst Hüllendurchbrüche sind bei Raumschiffen möglich. Da Raumschiffe im Vakuum fliegen, ist es unabdingbar, sie luftdicht zu halten. Die Gefahren für ein Raumschiff reichen vom Offensichtlichen – etwa kleinen Asteroiden – bis hin zu Mikrometeoriten, Staubpartikeln und Wasserstoffatomen.

Die Schiffe verfügen natürlich über verstärkte Hüllen, damit sie einen kleineren Einschlag überstehen. Frühe Shuttles bauten diesbezüglich beispielsweise auf eine Polarisierung der Hülle. Doch die einzige echte Sicherheit besteht darin, etwaige Kollisionen von vorneherein zu vermeiden.

Die Navigationssysteme sind darauf ausgerichtet, den Zusammenstoß mit großen Körpern wie Planeten und Asteroiden zu verhindern. Die Bordcomputer be-

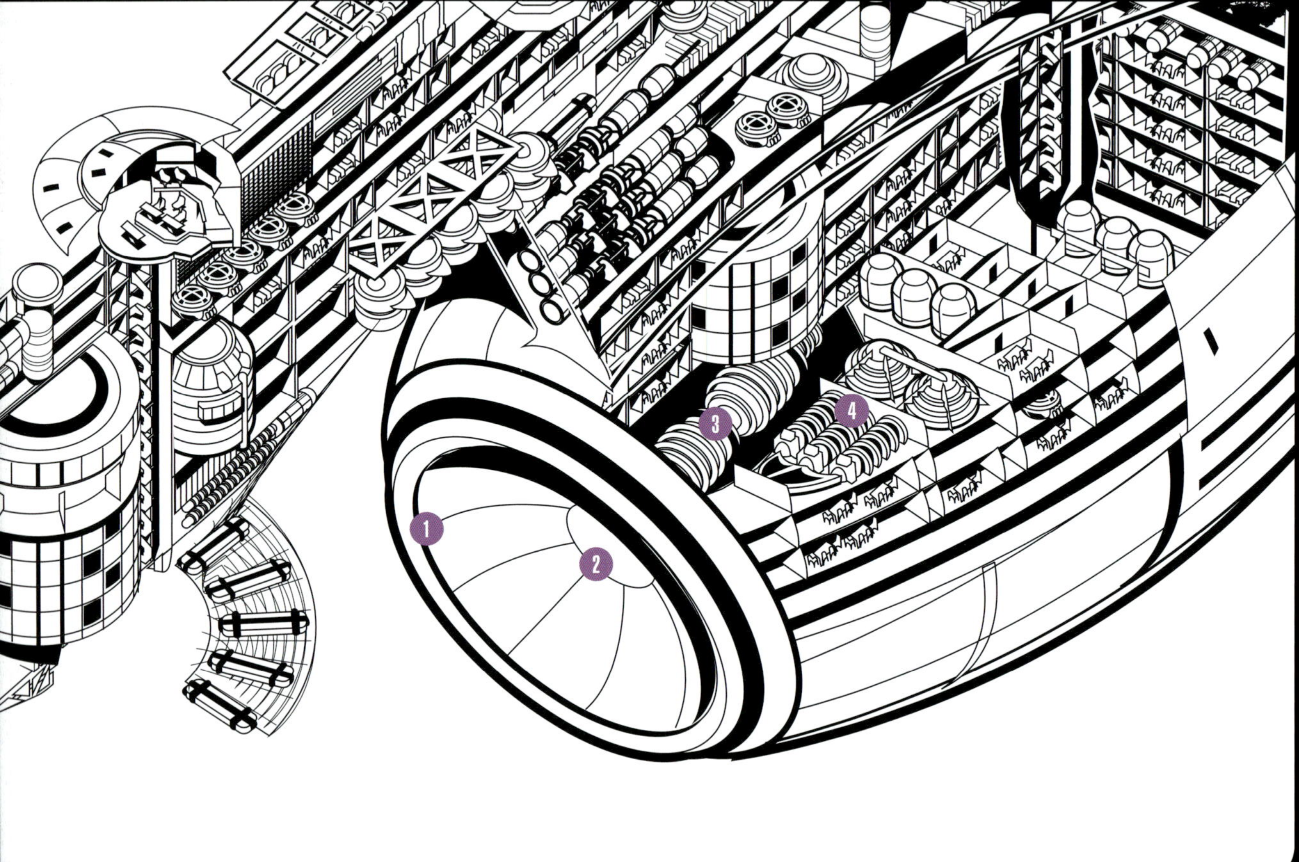

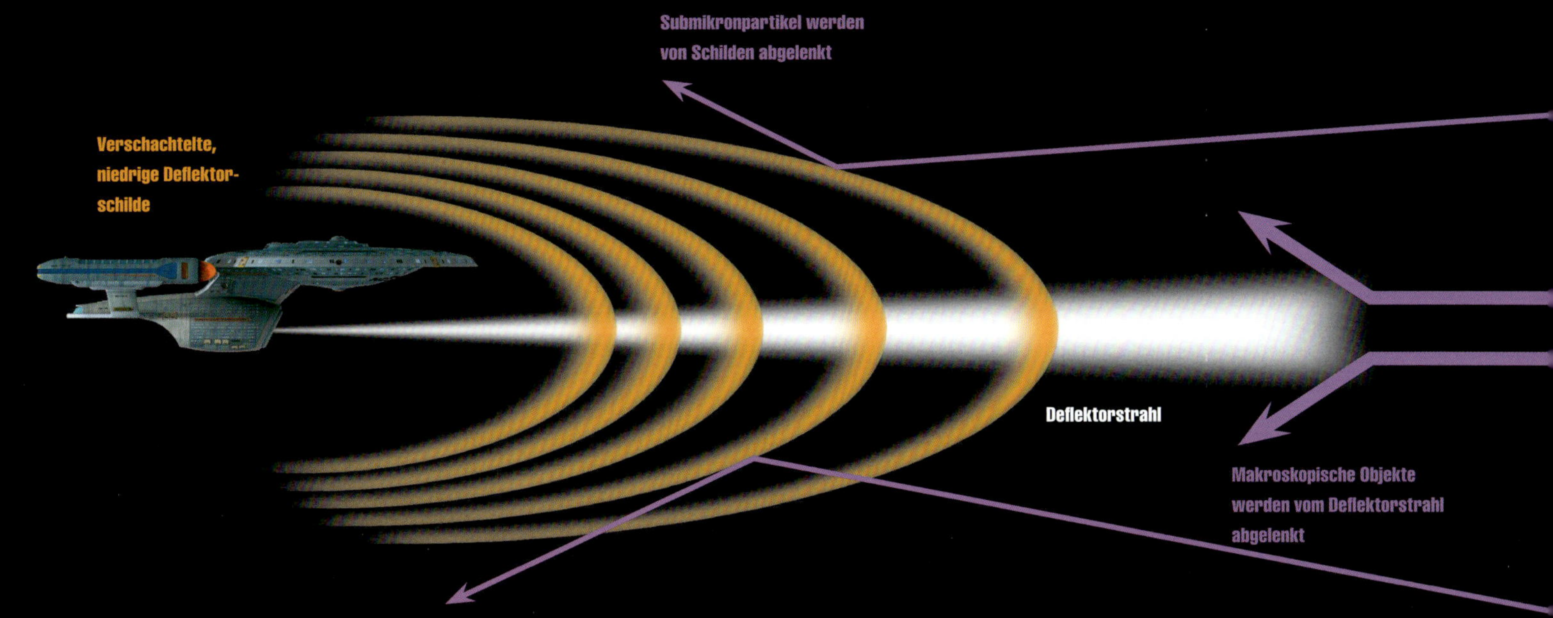

sitzen alle verfügbaren Daten über die Positionen und Bewegungen der Sterne, Planeten und Himmelsphänomene wie etwa Kometen. Man spricht in diesem Zusammenhang von der Zustandsdatenbank der Galaxis. Sie erhält ihr Wissen aus diversen Quellen, etwa von Weltraumteleskopen wie der Argus-Phalanx, und wird regelmäßig mit neuen Informationen der Raumschiffe aktualisiert. Die Bordsensoren ergänzen diese Daten mit ihren jüngsten Erkenntnissen, und die bordinternen Navigationscomputer nehmen eigenständig Kurskorrekturen vor, um Kollisionen zu vermeiden.

Die Gefahren, die kleinere Objekte darstellen, bleiben dabei aber unberücksichtigt – um sie kümmert sich der Navigationsdeflektor. Auf jeder *Enterprise*-Version handelte es sich bei diesem um einen vorne am Schiff positionierten Energieemitter. Abgesehen von der NX-01 – bei der er vorne an der Untertasse lag – befand er sich immer an der Antriebssektion.

Der Navigationsdeflektor entlässt einen Deflektorstrahl, dessen Reichweite Tausende von Kilometern beträgt. Er entfernt alles, was in der Flugbahn des Schiffes liegt. Auf Schiffen späteren Datums, etwa der *Enterprise*-D emittiert der Deflektor zwei unterschiedliche Felder:

Erstens einen aktiven Strahl, der dem Schiff einen mehrere tausend Kilometer langen Pfad freiräumt. Dieser Strahl, im Grunde ein modifizierter Traktorstrahl, bedient sich der Daten der Langstreckensensoren, um relativ kleine Objekte wie Asteroiden aufzuspüren und schiebt sie aus der Flugbahn. Justierungen am Deflektor können die Ausrichtung des Strahls verändern.

Zweitens erzeugt der Deflektor unmittelbar vor dem Schiff eine Reihe von ineinander verschachtelten Energiefeldern. Diese relativ niedrigenergetischen Felder erstrecken sich über eine Strecke von etwa 2 km und lenken mikroskopisch kleine Partikel ab, bevor sie das Schiff berühren können.

Die *Enterprise*s, die zur Trennung von Untertassen- und Antriebssektion fähig sind und dennoch mit hohen Geschwindigkeiten arbeiten, verfügen über einen sekundären Deflektor, der sich vorne an der Untertasse befindet. Er dient auch als Reserve für den Fall eines Hauptdeflektorversagens.

Im Notfall kann der Deflektorstrahl auch als Waffe dienen. Er wurde entworfen, um eine enorme Menge an Energie abzustrahlen – weit mehr als die Phaserbänke. Wird genügend Energie durch ihn geleitet, kann er einen zerstörerischen Energiestrahl bilden, der aber, da dies nicht seinem eigentlichen Zweck entspricht, schnell vergeht. Praktisch gesehen, kann ein Deflektor nur einmal so eingesetzt werden. Danach muss er erneuert werden.

1 Parabolischer Deflektor

2 Multiphasen-Emittermatrix

3 Hauptstrahl-Fokussierspulen

4 Sekundäre Energiespulen

U.S.S. Enterprise

NCC-1701-D

Die *U.S.S. Enterprise* NCC-1701-D war das sechste Sternenflottenschiff dieses illustren Namens und setzte die stolze Tradition fort, kühn dorthin vorzudringen, wo noch kein Mensch zuvor gewesen war. Unter dem Kommando Captain Jean-Luc Picards begann sie ihre Reise im Jahr 2363 und war acht Jahre lang Flaggschiff der Flotte. Sie wurde vernichtet, als sie 2371 versuchte, die Zerstörung des Veridian-Systems zu verhindern.

Trotz ihrer kurzen Einsatzzeit hatte die *Enterprise*-D ein ereignisreiches Dasein und hinterließ mehr Spuren in den Geschichtsbüchern als jedes andere Flottenschiff seit Captain Kirks *Enterprise* NCC-1701 über ein Jahrhundert zuvor.

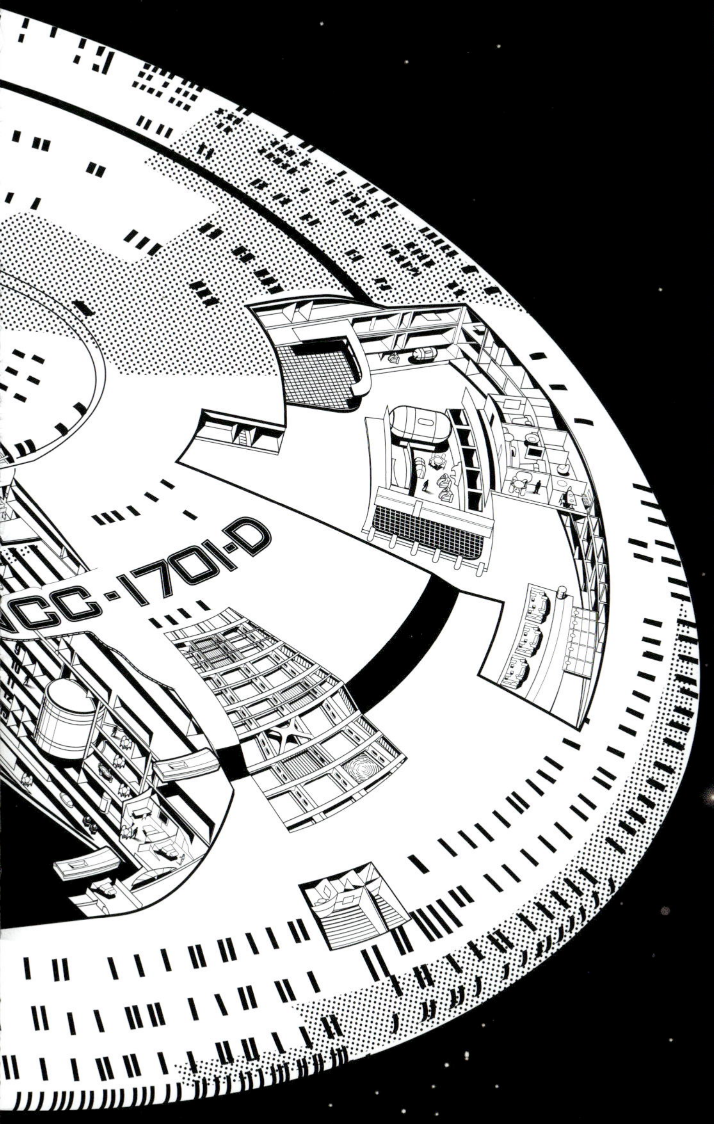

Klassifizierung	Galaxy-Klasse
Erbaut	Utopia-Planitia-Flottenwerft
Stapellauf	2363
Zerstört	2371 (Warpkernbruch nach klingonischem Beschuss)
Länge	641 m
Anzahl der Decks	42
Besatzungsgröße	1014 (üblicherweise)
Bewaffnung	Phaser und Photonentorpedos
Kommandeure	Jean-Luc Picard, Edward Jellico

GALAXY-KLASSE

LISTE DER SCHIFFE

- U.S.S. Challenger NCC-71099
- U.S.S. Enterprise NCC-1701-D
- U.S.S. Galaxy NCC-70637
- U.S.S. Magellan
- U.S.S. Odyssey NCC-71832
- U.S.S. Venture NCC-71854
- U.S.S. Trinculo NCC-71867
- U.S.S. Yamato NCC-71807

Die *U.S.S. Enterprise* NCC-1701-D war Flaggschiff der Sternenflotte und acht Jahre lang im Dienst. Sie wurde 2371 zerstört. Bis dahin schuf ihre Besatzung Erstkontakt mit 27 Völkern, machte unzählige wissenschaftliche sowie kulturelle Entdeckungen, war in wichtige diplomatische Missionen verwickelt, die Kriege verhinderten, rettete die Erde und den Großteil der Föderation vor einer Assimilierung durch die Borg und entging mehrfach knapp der Vernichtung.

Die *Enterprise*-D war „Heimat" von mehr als 1000 Besatzungsmitgliedern. Bei ihrem Start im Jahr 2364 umfasste ihr Führungsstab Captain Jean-Luc Picard, Commander William T. Riker als Erster Offizier, Commander Beverly Crusher als leitende Medizinerin, Lt. Commander Data als Ops-Offizier, Lt. Commander Sarah MacDougal als Chefingenieurin, Lt. Commander Deanna Troi als Schiffscounselor, Lt. Natasha Yar als Taktische Offizierin und Sicherheitschief sowie Lt. Junior Grade Geordi La Forge als Conn-Offizier. Zu den weiteren Mitgliedern der Besatzung zählten Lt. Junior Grade Worf, anfangs ebenfalls Conn-Offizier, Fähnrich Wesley Crusher und Chief Miles O'Brien als Transporterchief. Worfs Besatzungszugehörigkeit war besonders, galt er doch als erster Klingone in der Sternenflotte. Nach dem Tod Tasha Yars Ende 2364 wurde er zum Lieutenant befördert und Taktischer Offizier.

In ihrem ersten Dienstjahr hatte die *Enterprise*-D verschiedene Chefingenieure. Die erste war Lt. Commander Sarah MacDougal. Ihr folgten Lt. Commander Argyle, Lt. Logan und Lt. Commander Leland T. Lynch, bevor Geordi La Forge zum vollwertigen Lieutenant befördert wurde und den Posten 2365 übernahm. Er behielt ihn für die restliche Dienstzeit des Schiffes bei.

Zu den weiteren erwähnenswerten Crewfluktuationen zählt 2365 Commander Katherine Pulaskis Übernahme des Postens der Chefärztin. Sie hatte ihn etwa ein Jahr lang inne. Von 2368 bis 2370 zählte auch Fähnrich Ro Laren als Conn-Offizierin zur Besatzung.

Schon während ihrer ersten Mission stieß die *Enterprise*-D auf Q, ein allwissendes, allmächtiges und unerträgliches Wesen, dem sie noch öfters begegnen sollte. Q stellte die Menschheit vor Gericht und beschuldigte sie, eine „gefährliche, wilde Kinderrasse" zu sein. Er drohte, sie zu vernichten, sofern sie ihm nicht das Gegenteil bewiese. Nachdem die Mannschaft ein versklavtes, sterbendes Weltraumwesen rettete, das von den Bandi gezwungen worden war, die Form der Station Farpoint anzunehmen, erkannte Q glücklicherweise, dass die Menschheit über lobenswerte Eigenschaften verfügte und Entwicklungspotenzial besaß. Während dieser Mission unternahm die *Enterprise*-D auch die erste, je im schnellen Warpflug versuchte Abtrennung der Untertassensektion.

Die *Enterprise*-D hatte Erstkontakt mit diversen weiteren Weltraumlebensformen, darunter Nagilum (ein extrem mächtiges, außerdimensionales Wesen, das in einem Loch des Alls lebte), Gomtuu (ein lebendiges Raumschiff), das Kristallwesen (eine gewaltige Kreatur, die einer Schneeflocke ähnelte und Planeten um jegliches organisches Leben brachte, um sich zu ernähren) und „Junior" (ein Wesen, das sich bei der Energie der *Enterprise* bediente, nachdem seine Mutter ums Leben gekommen war).

Zu den weiteren, von ihr entdeckten, ungewöhnlichen Lebensformen zählen die Mikrogehirne (silikonbasierte Wesen, die kleinen Kristallen ähneln und die Menschen als „hässliche Wasserbeutel" bezeichneten), Wesen von Marijne VII (Subraumlebewesen, die wie kleine chemische Flammen aussahen) und solanagenbasierte Wesen (die im tiefen Subraum existierten und schlafende *Enterprise*-Mitglieder entführten, um an diesen medizinische Experimente durchzuführen).

Die *Enterprise*-D half sogar bei der Erschaffung neuen Lebens: der Naniten. Dies sind submikroskopisch kleine Roboter, die als Teil eines Experiments Wesley Crushers begannen, dann aber eigenständig denken lernten. Exocomps (Ingenieurwerkzeug mit Künstlicher Intelligenz) wurden ebenfalls als eigenständig denkende Wesen definiert, als sie auf der *Enterprise*-D Selbstschutztendenzen bewiesen. Ein Holodeckprogramm, das die fiktive Figur Moriaty darstellte, war derart weit entwickelt, dass es ebenfalls als eigenständiges Leben betrachtet wurde. Und schließlich wurde auch die *Enterprise*-D selbst eine eigene Lebensform, als sich ihre Computersysteme verbanden und ein an ein Gehirn erinnerndes neurales Netzwerk bildete. Diese knospende Lebensform manifestierte sich in mehreren Holodeckfiguren. Als sie komplexer wurde, erschuf sie halborganische Wesenheiten, die dann das Schiff verließen, um im All zu leben.

Neben der Erforschung neuen Lebens erkundete die *Enterprise*-D auch unbekannte Gebiete des Weltraums. Dank eines rätselhaften Wesens namens der Reisende, der mittels Gedankenkraft Raum und Zeit verändern konnte, wurde sie einst in die 2.700.000 Lichtjahre entfernte M-33-Galaxie befördert. Beim Versuch, dies rückgängig zu machen, schickte der Reisende das Schiff eine Milliarde Lichtjahre in die entgegengesetzte Richtung, bevor er erschöpft zusammenbrach. Erst nachdem er sich erholen konnte, brachte er die *Enterprise* in ihre Heimatgalaxis zurück.

2367 schickte Q die *Enterprise*-D in ein Raumgebiet, das kein Sternenflottenschiff zuvor erreicht hatte: den Delta-Quadranten. Hier traf sie erstmals auf die Borg, eine immens mächtige Kultur kybernetischer Humanoider mit Kollektivverstand, die durch die stetige Eroberung von Welten und die Assimilierung deren Technologien Perfektion zu erlangen strebte. Während ihrer Begegnung mit den Borg lernte die Besatzung, dass diese nicht verhandelten. Zum ersten Mal hörten sie das schreckliche Borg-Mantra „Widerstand ist zwecklos." Wie sich bald zeigte, war die *Enterprise*-D mit ihren taktischen Fähigkeiten den würfelförmigen Borgschiffen unterlegen. Die Borg erfassten sie mit einem Traktorstrahl, während gleichzeitig ein Energiestrahl durch die Sektionen 27, 28 und 29 der Decks 4, 5 und 6 schnitt und dabei 18 Besatzungsmitglieder tötete. Nur durch den Eingriff Qs, der die *Enterprise* in den Föderationsraum zurückbeförderte, entgingen Schiff und Mannschaft der sicheren Zerstörung durch die Borg. Doch Captain Picard ahnte zu Recht, dass sie diese nicht zum letzten Mal gesehen hatten.

Ein Jahr später drang ein Borgkubus in Föderationsgebiet ein. Er hielt direkt auf die Erde zu und zerstörte alles, was in seinem Weg lag. Picard wurde gefangen und assimiliert. Sein gesamtes Wissen über die Verteidigungssysteme der Sternenflotte gehörte somit den Borg. Commander Riker übernahm das Kommando über die *Enterprise*-D, die Teil einer 40 Schiffe starken

Gegenüber: Während Picards erster Mission stieß die *Enterprise*-D auf Q, ein anscheinend allmächtiges Wesen, dass Gericht über die Menschheit hielt.

Oben: Die *Enterprise*-D wurde unter das Kommando Captain Jean-Luc Picards gestellt, eines erfahrenen Offiziers, der sich als Captain der *U.S.S. Stargazer* verdient gemacht hatte.

Unten: Der Reisende nutzte seine Fähigkeiten, die *Enterprise*-D zu ungeahnten Geschwindigkeiten zu bringen. Außerdem enthüllte er, dass Wesley Crusher das Potenzial habe, ebenfalls dieses Talent zu entwickeln.

Armada wurde, welche die Sternenflotte bei Wolf 359 aufstellte, um die Borg aufzuhalten. Bei der darauffolgenden Konfrontation wurde jedes Schiff außer ihr zerstört. 11.000 Leben endeten. Die *Enterprise* wurde schwer beschädigt. Die Decks 23, 24, 25 und 26 wurden aufgeschnitten, mindestens 11 Personen starben. Deflektor und Warpkern waren überlastet, mehrere Decks verstrahlt worden. Doch dank eines Computerbefehls, der erfolgreich ins Borgkollektiv eingespeist werden konnte, wurden die Borg endlich besiegt und vernichtet.

Nach der Schlacht gegen die Borg benötigte die *Enterprise*-D umfangreiche Reparaturen. Sechs Wochen lang lag sie in der Erdstation McKinley. Während dieser Zeit nutzte man die Gelegenheit, ihre Phaser aufzuwerten und ihrer Dilithiumkammer eine neue und, wie sich später herausstellte, fehlerhafte Luke zu verpassen. Sie verursachte eine Explosion im Warpantriebssystem, die das Schiff zwei Wochen kostete.

Für ein Schiff, dessen Mission die friedliche Erforschung der Galaxis war, kam die *Enterprise*-D überraschend oft in Situationen, in denen ihr die Zerstörung drohte. 2368 stieß sie auf einen Quantenfaden, eine Art Raumanomalie, der ihren Systemen stark schadete.

Die *Enterprise*-D spielte eine entscheidende Rolle bei der Rettung der Föderation vor den Borg. Sie war das erste Schiff, das eine Begegnung mit dem kybernetischen Volk überlebte, und sie wehrte dessen erste Invasion ab, indem sie die Dronen an Bord des Borgkubus einschlafen ließ.

Mehrere Besatzungsmitglieder starben, weil sich die Notluken schlossen und ihnen die Fluchtmöglichkeit nahmen. Außerdem verlor das Schiff beinahe seine Antimaterieeindämmung, was zur völligen Vernichtung geführt hätte. Es gelang der Mannschaft aber rechtzeitig, das Schlimmste zu verhindern.

Später im gleichen Jahr kollidierte die *Enterprise*-D mit der *U.S.S. Bozeman* – und zwar wieder und wieder, war sie doch in einer temporalen Kausalitätsschleife gefangen. Glücklicherweise erinnerte sich die Besatzung ein wenig an das Geschehen und erkannte schließlich, dass sie immer wieder dasselbe erlebte. Es gelang ihr, eine Botschaft in die nächste Runde zu schicken und so die Kollision zu verhindern.

2369 fiel die *Enterprise*-D beinahe einer Explosion zum Opfer, die eine während eines Energietransfers entstandene Feedback-Schleife erzeugte. Die Energie war für einen romulanischen Warbird bestimmt, dessen künstlicher Quantensingularitätswarpkern versagt hatte. Die drohende Zerstörung beider Schiffe wurde verhindert, weil man erkannte, dass Lebewesen eines anderen Raum-Zeit-Kontinuums die künstliche Quantensingularität bewohnten und in Selbstverteidigung auf die *Enterprise* schossen.

Wurde das Schiff mal nicht beinahe zerstört und suchte auch mal kein neues Leben, befand es sich im Herzen der politischen Machtkämpfe des Alpha-Quadranten. 2368 spielte die *Enterprise*-D eine zentrale Rolle in der Errichtung eines Tachyonengitters, das getarnte romulanische Schiffe daran hinderte, während des klingonischen Bürgerkriegs die klingonische Grenze zu überqueren und dem Haus Duras Vorräte zukommen zu lassen. Wären die Romulaner erfolgreich gewesen, wäre Duras der Anführer des Klingonischen Reiches geworden – wodurch sich die Machtverhältnisse innerhalb des Quadranten nachhaltig verschoben hätten und ein Krieg mit der Föderation sicher gewesen wäre.

Im Jahr 2369 wurde Captain Picard auf eine geheime Mission geschickt. Er sollte auf Celtris III nach einer cardassianischen Waffenfabrik suchen. Während seiner Abwesenheit übernahm Captain Edward Jellico das Kommando über die *Enterprise*-D und verhinderte am McAllister-C5-Nebel einen Angriff der Cardassianer. Außerdem sorgte er für die Freilassung des von den Cardassianern aufgegriffenen Picards.

Die *Enterprise*-D wirkte an vielen wissenschaftlichen und kulturellen Entdeckungen mit. Die wichtigste geschah 2369, als Beweise aufkamen, nach denen die Milchstraße von einer uralten, humanoiden Spezies bevölkert worden war. Demnach hatten viele Völker, darunter Menschen, Klingonen, Romulaner und Cardassianer, einen gemeinsamen Vorfahren.

2370 wurde die *Enterprise*-D eines der ersten Föderationsschiffe, an denen erfolgreich eine Tarnvorrichtung angewandt wurde. Die Technologie war 12 Jahre zuvor

trotz Verletzung des Vertrags von Algeron entwickelt und an Bord der *U.S.S. Pegasus* NCC-53847 angewandt worden. Doch das Schiff ging in einem Asteroidenfeld verloren. Die *Enterprise*-D war in einem großen Asteroiden gefangen und somit gezwungen, die interphasische Tarnvorrichtung zu verwenden. Diese machte das Schiff nicht nur unsichtbar, sie erlaubte es ihm auch, sich durch feste Materie zu bewegen. Der molekulare Phasenumkehrer brachte es aus dem phasischen Gleichgewicht mit dem Raum-Zeit-Kontinuum.

Trotz all der Aufregung und Gefahren, die die *Enterprise*-D durchlebte, war der Alltag an Bord dieses Schiffes von Routine geprägt. Laut Lt. Commander Data war Sternzeit 44390 ein ganz normaler Tag. Er enthielt „vier Geburtstage, zwei Versetzungen, zwei Schachturniere, die Theateraufführung einer weiterführenden Schule, vier Beförderungen, Festlichkeiten anlässlich des hinduistischen Lichterfestes – sowie eine Geburt und eine Hochzeit."

Ein anderer Tag, diesmal im Jahr 2371 gelegen, erwies sich zum Nachteil der *Enterprise*-D als alles andere als routinemäßig. Beim Versuch, das Veridian-System zu retten, wurde die *Enterprise* von den Duras-Schwestern attackiert, die ihre Waffen auf die Frequenz der *Enterprise*-Schilde eingestellt und letztere somit wirkungslos gemacht hatten. Obwohl die *Enterprise*-D das klingonische Schiff im darauf folgenden Kampf zerstörte, zog sie sich schwere Schäden an der Antriebssektion zu, die eine Abtrennung der Untertasse unvermeidbar machten.

Momente später explodierte der Warpkern. Er riss die Antriebssektion mit sich. Die Druckwelle traf auf die Untertasse und brachte deren Hauptsysteme zum Erliegen – auch den Antrieb. Gefangen in der Anziehung Veridian IIIs, stürzte die Untertasse auf die Planetenoberfläche, und wenngleich es keine Toten zu betrauern gab, war die Sektion doch irreparabel beschädigt.

Als er später das Wrack in Augenschein nahm, machte Riker seinem Bedauern über das Schicksal des einstigen Stolzes der gesamten Flotte Luft. Picard sagte allerdings, er bezweifle, dass dies das letzte Schiff mit Namen *Enterprise* sein würde. Und er sollte Recht behalten …

Die Besatzung der *Enterprise*-D wurde oft in klingonische Politik verwickelt und vereitelte die Pläne der Duras-Familie, die Macht an sich zu reißen.

BACKBORDANSICHT

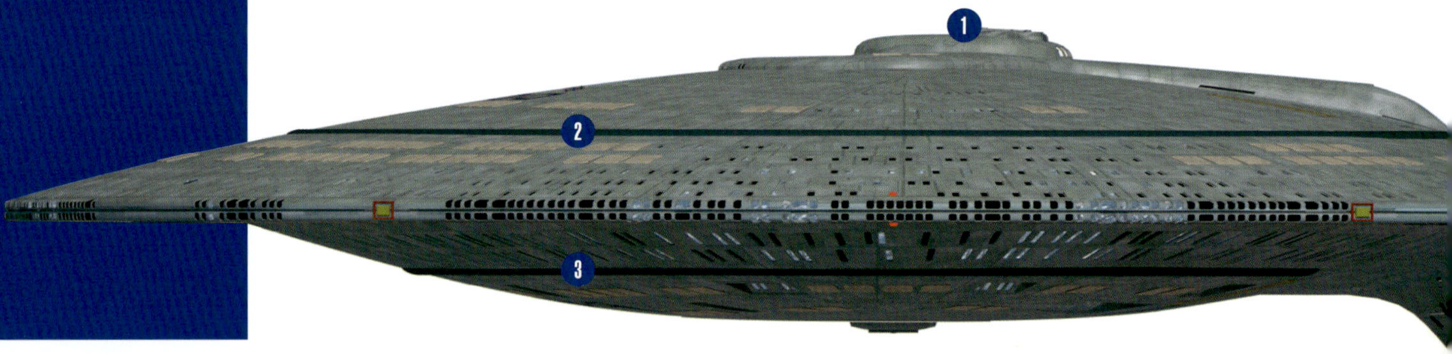

Die *Enterprise* NCC-1701-D entstand unter der Aufsicht Commander Orfil Quinteros in der Utopia-Planitia-Flottenwerft im Marsorbit und lief 2363 vom Stapel. Sie gehörte zur *Galaxy*-Klasse und war das damals größte und fortschrittlichste Schiff der Sternenflotte. Ihr Aussehen glich dem der vorherigen *Enterprises*: eine Untertassensektion und eine Antriebssektion mit zwei auf Trägern befindlichen Warpgondeln. Sie hatte 42 Decks und war mit 641 m Länge doppelt so lang wie das *Constitution*-Schiff, das Captain Kirk befehligt hatte. Ihr Wohnvolumen war zehn Mal so groß wie das dieses Vorgängers. Anders ausgedrückt: Sie war riesig. Ihre Masse betrug vier Millionen metrische Tonnen und ihre Deckfläche betrug insgesamt etwa 3,5 Millionen Quadratmeter.

Die *Enterprise*-D war gebaut, einer Reihe von Kriterien zu entsprechen, die im Entwicklungspro-

BUGANSICHT

HECKANSICHT

SYSTEMÜBERSICHT

1 Hauptbrücke
2 Obere Phaserreihe
3 Untere Phaserreihe
4 Impulstriebwerk Untertassensektion
5 Bussardkollektor
6 Warptriebwerksfeldgitter
7 Photonentorpedoschacht
8 Hauptdeflektor
9 Hauptshuttlehangar
10 Hauptimpulstriebwerk

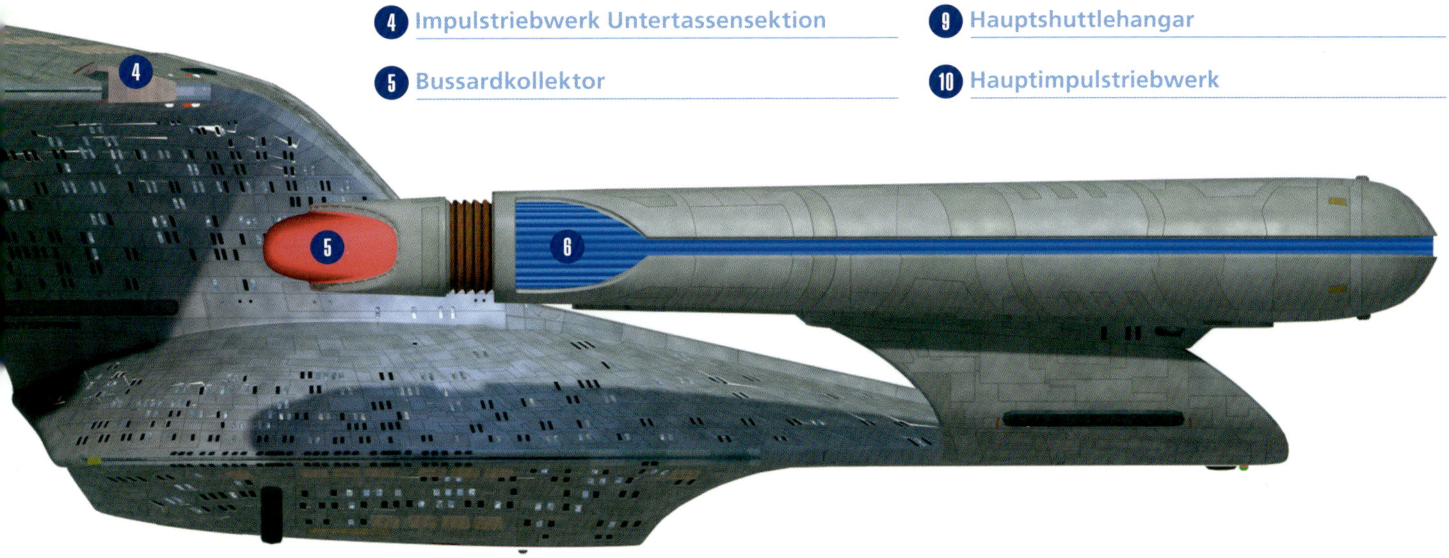

jekt der Sternenflotte – *Galaxy*-Klasse, Sternenflotten-Forschungsdirektive 903,2 – festgelegt wurden. Laut den Hauptpunkten dieser Vorgabe sollte ein Schiff dieses Typs:

- die veralteten *Ambassador*- und *Oberth*-Schiffe ersetzen und die Forschungsmissionen der Flotte fortführen,
- Basis eines weiten Spektrums langfristiger wissenschaftlicher und kultureller Forschungsprojekte sein,
- eigenständig die Direktiven der Föderation in entlegenen Gegenden des Alls vertreten,
- eine Besatzung von über 1000 Personen bis zu 7 Jahre lang beherbergen können, ohne aufgrund von Vorratsengpässen eine Raumstation aufsuchen zu müssen.

Der letzte Punkt war besonders bedeutsam, war die NCC-1701-D doch die erste *Enterprise* mit zivilen Passagieren, darunter den Familien der Flottenangehörigen. Sie gehörte einer Periode nie zuvor gekannten Friedens innerhalb der Föderation an – das Khitomer-Abkommen (2293) und der Vertrag von Algeron (2311) hatten die Zwistigkeiten mit den Klingonen und Romulanern beigelegt. Neue Bedrohungen wie die Borg und das Dominion lagen noch in der Zukunft. Daher hielt man es für vertretbar, Familien an Bord zu nehmen, insbesondere da die *Enterprise*-D im Notfall noch einen feinen Trick parat hatte, konnte sie sich doch in zwei unabhängige Schiffe „verwandeln". Alle verzichtbaren Passagiere und Stabsangehörige konnten in die Untertasse evakuiert werden, die dann von der Antriebssektion getrennt werden und mit ihrem eigenen Impulsantrieb in Sicherheit fliegen konnte, während die verbliebene Antriebssektion, warpfähig und zum Kampf gerüstet, sich der Bedrohung stellte. Normalerweise bestand die Besatzung aus 1014 Personen, in Notfällen konnte das Schiff aber bis zu 15.000 aufnehmen.

Die *Enterprise*-D sollte ihrer großen Crew auf langen Weltraummissionen einen angenehmen Lebensraum bieten. Daher achtete man sorgfältig nicht nur auf die verschiedenen Einrichtungen, sondern auch auf die allgemeine Atmosphäre und das Aussehen des Schiffsinneren. Im Gegensatz zu früheren Sternenflottenschiffen, die wenig komfortabel und meist in funktionalem Grau gehalten gewesen waren, präsentierte sich die *Enterprise*-D in gedämpften Pastelltönen, die sie eher wie einen Appartementkomplex oder ein Hotel wirken ließen. Zu ihren Annehmlichkeiten zählten individuelle Räume für das Personal, ein Restaurant namens „Zehn Vorne", ein Theater, ein Salon, ein Replimat, ein Arboretum, eine Turnhalle und sogar Klassenzimmer für die Kinder. Dazu kamen 16 Holodecks, die komplette, computergenerierte Welten erlebbar machten und bedeutend buntere, abwechslungsreichere Unterhaltung boten als eine Runde 3-D-Schach.

Trotz der Bemühungen, die *Enterprise*-D zu einem möglichst angenehmen Wohn- und Arbeitsraum zu machen, war sie kein Vergnügungsdampfer, der zur Unterhaltung seiner Passagiere durch die Galaxis schipperte. Sie war ein Raumschiff mit vielen Missionen, und ihr Hauptzweck war die Erforschung unbekannter Regionen der Galaxis und die Suche nach neuem Leben.

Das Kommandozentrum der *Enterprise*-D war die Hauptbrücke auf Deck 1, an der Spitze der Untertassensektion. Von dort aus ließen sich sämtliche

Hauptfunktionen kontrollieren und koordinieren. Im Zentrum der Brücke befand sich der Sessel des Captains, rechts flankiert von dem des Ersten Offiziers. Links des Captains war ein weiterer Sessel, in dem meist der Schiffscounselor saß. Vor diesen Sitzmöbeln standen die Ops-Konsole (Operations) und die Conn (Steuer), hinter ihnen lag die Taktikkonsole in dem die Kommandosessel umrahmenden Holzbogen. Im hinteren Brückenbereich fanden sich weitere Konsolen, die je nach aktuellem Bedarf umfunktioniert werden konnten. Meist dienten sie jedoch als Wissenschaft I, Wissenschaft II, Missionskontrolle, Umwelt, Technik und Antriebssysteme.

Direkt hinter der Hauptbrücke befand sich die Beobachtungslounge, der Konferenzraum. Hier besprach man die Missionen. Backbord der Brücke befand sich das Büro des Captains, der sogenannte Bereitschaftsraum. Nicht minder wichtig: Hinten auf Steuerbordseite war eine Toilette.

Aufgrund ihrer großen Bedeutung insbesondere in taktischen Situationen verfügte die Hauptbrücke für den Fall eines Versagens der Lebenserhaltung über mehrere Umwelt- und Energie-Backupsysteme. Sollte sie zu stark beschädigt werden, um weiter als Kommandozentrum zu dienen, führte ein Notfallturbolift steuerbords der Conn direkt auf die Kampfbrücke. Diese befand sich auf Deck 8 und galt als Ausweichmöglichkeit für Notfälle. Außerdem ließ sich von ihr aus die Antriebssektion manövrieren, sollte die Untertasse einmal abgetrennt sein. Im Gegensatz zur Hauptbrücke verfügte sie über keinerlei Wissenschaftssysteme und war stärker auf Kampf und Taktik ausgerichtet.

Der wichtigste Teil der *Enterprise*-D war ihr Antriebssystem, insbesondere ihre zwei Warptriebwerke. Ohne diese wäre das Schiff nicht zur Überlichtgeschwindigkeit fähig und hätte nicht allzu viel erforschen können. Einige der brillantesten Ingenieure der Föderation, darunter Dr. Leah Brahms, arbeiteten an der Entwicklung des Antriebs, der später die *Galaxy*-Klasse zierte.

Die Maschinen waren auf eine Geschwindigkeit von Warp 9,2 ausgerichtet, konnten aber auch bis zu 12 Stunden lang Warp 9,6 bieten. Ihre Hauptenergiequelle war ein dilithium-kontrollierter Materie-Antimaterie-Reaktor der fünften Phase. Der Warpkern erstreckte

RÜCKENANSICHT

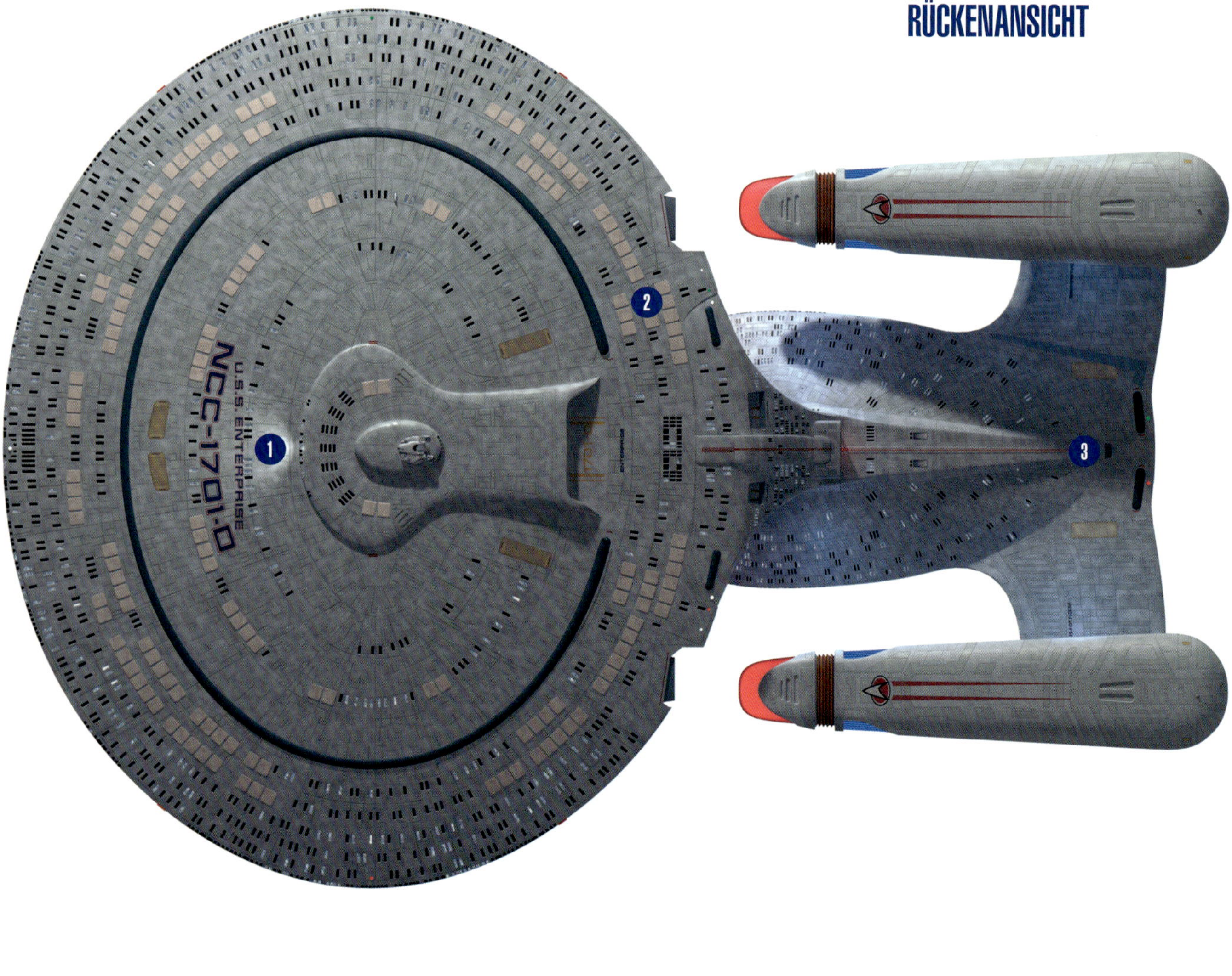

sich über 12 Decks der Antriebssektion und erzeugte etwa 12,75 Milliarden GW an Energie.

Zusätzlich zum Warpsystem verfügten Schiffe der *Galaxy*-Klasse über drei Impulstriebwerke. Diese wurden normalerweise eingesetzt, um das Schiff auf bis zu 0,25 c zu beschleunigen (c bezeichnet die Lichtgeschwindigkeit), konnten aber bis zu 0,92 c erreichen. Zwei von ihnen befanden sich in der Untertassen-, eines in der Antriebssektion. Dazu kamen Manövrierdüsen, die normalerweise nur zum Manövrieren innerhalb eines Raumdocks oder beim Andocken Verwendung fanden.

Damit die *Enterprise*-D den Belastungen dieser gigantischen Geschwindigkeiten standhalten konnte, war sie aus besonderen Materialien gebaut und mit speziellen Systemen und Gerätschaften ausgestattet. Ihr strukturelles Gestell bestand aus einer ineinander greifenden Reihe von aus Tritanium, Duranium und ähnlichen Materialien geschaffenen Rahmen. Die Oberflächenplatten des Schiffes waren mit gammageschweißten, elektronengebundenen Duraniumbolzen mit den Hauptstreben verbunden, die den inneren Rahmen bildeten. Die

1 Schiffskennung
2 Rettungskapselluken
3 Hinterer Photonentorpedoschacht
4 Yacht des Captains
5 Transporteremitter
6 Traktorstrahlemitter

BAUCHANSICHT

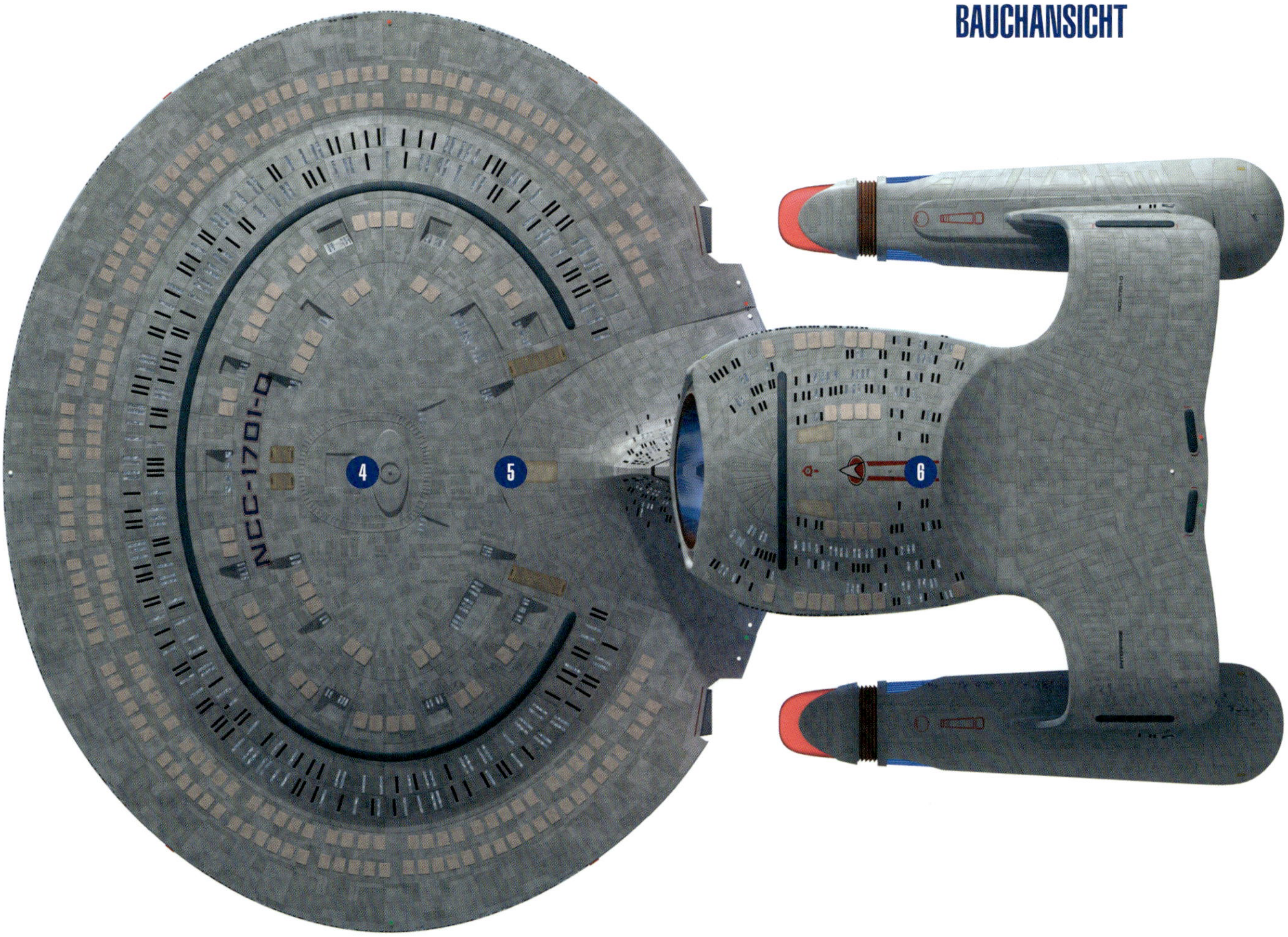

Enterprise-D bestand, kurz gesagt, also aus extrem stabilen, robusten und hitzebeständigen Materialien. Doch selbst sie konnte die Widrigkeiten der Weltraumreisen nur dank einiger zusätzlicher Systeme überstehen.

Ein strukturelles Integritätsfeld – ein geformtes Kraftfeld – unterstrich die Stärke der beim Bau verwendeten Materialien. Dieses Kraftfeld unterstützte vor allem die Schottwände und Streben des Schiffes. Ohne es wäre die *Enterprise*-D auf ihren Reisen von den auf sie einwirkenden Kräften zerquetscht worden wie eine Blechbüchse, selbst bei Impulsgeschwindigkeit.

Ein wichtiges Stück Hardware, das das Fliegen bei Warpgeschwindigkeit erst ermöglichte, war der Deflektorschild. Dieses ovale Objekt vorne an der Antriebssektion projizierte einen Energiestrahl vor das Schiff, der Meteoriten und andere Gegenstände aus seinem Weg schob. Dies war wichtig, weil selbst mikroskopisch kleine Staubpartikel bei Warpgeschwindigkeit großen Schaden verursachen, wenn sie mit der Schiffshülle kollidieren.

Auch die Trägheitsdämpfer zählen zu den essentiellen Systemen an Bord der *Enterprise*-D. Sie gleichen die Beschleunigungs- und Verzögerungskräfte aus, die bei Hochgeschwindigkeitsreisen auftreten. Ohne sie würden die Besatzung und alles andere an Bord jedes Mal, wenn das Schiff bedeutend beschleunigt, an die

UNTERTASSENABTRENNUNGSSEQUENZ

UNTERTASSE VERBUNDEN

HALTERUNGEN AUSGEFAHREN

Wände gepresst und zerquetscht werden. Ohne die Trägheitsdämpfer würde sogar das Schiff selbst kaputt gehen.

Der Warpantrieb und die dazugehörigen Systeme ermöglichten der *Enterprise*-D die Erforschung der Galaxis, und die Bordsensoren sammelten die wissenschaftlichen Daten über deren Wesen. Die *Enterprise*-D besaß eine große Menge an Sonden und Sensoren. Letztere waren über die gesamte Außenhülle verteilt und lieferten Umgebungs- und Navigationsinformationen des Weltraumes und planetarer Körper. Die meisten Sensoren befanden sich in der Hauptsensorreihe, die Teil des vorderen Deflektors war.

Zu den Sensoren zählten EM-Scanner, Gravitonscanner, Scanner zur Lebensformanalyse, Subraumscanner, optische Scanner, Thermalscanner und Langstreckenscanner. Hatten sie Daten gesammelt, wurden diese in mehreren an Bord befindlichen Laboren und Abteilungen analysiert. Die *Enterprise*-D hatte über 100 Forschungslaboratorien an Bord, die ein weites Themenspektrum abdeckten, darunter Stellarkartografie, Exobiologie, Astrophysik, Kybernetik, Archäologie, Hydroponik und Geowissenschaft.

Erforderte ein Planet eine genauere Betrachtung, konnten die Besatzungsmitglieder die sechs Transporterräume, acht Notfalltransporter und acht

Die *Enterprise*-D hatte eine große Zivilbevölkerung an Bord. Wenn nötig, konnte der Captain die Untertasse abtrennen. Diese brachte sich dann in Sicherheit, während die Antriebssektion in den Kampf zog.

HALTERUNGEN ZIEHEN SICH ZURÜCK

UNTERTASSE ABGEKOPPELT

Die Enterprise-D war entworfen, lange Phasen im All zu verbringen. Daher waren die Mannschaftsquartiere sehr komfortabel. Die Wohnungen der Führungsoffiziere konnten mit kleinen Appartements auf einer Planetenoberfläche konkurrieren.

Frachttransporter des Schiffes nutzen. Außerdem standen ihnen 37 Shuttles zur Verfügung, die im Hauptshuttlehangar in der Untertasse bzw. in zwei kleineren Hangars in der Antriebssektion standen. Das Schiff hatte 10 Personen- und 10 Frachtshuttles, dazu kamen 12 kleinere Shuttlekapseln und fünf „Spezialgefährte". Dieser Standardbestand ließ sich nach Bedarf weiter aufstocken.

Die Shuttlehangars waren mit kleinen Traktorstrahl-Emittern ausgestattet, die den Shuttles bei der Landung halfen. Des Weiteren besaß die *Enterprise*-D einen großen Traktorstrahl-Emitter, der sich an der hinteren Unterseite der Antriebssektion befand. Dieser projizierte einen mächtigen Gravitonstrahl, der Objekte fixieren und ein Schiff in Schlepptau nehmen konnte.

Alle diese Abteilungen, Einrichtungen und Systeme erforderten eine große Menge an Rechenkraft, um ihre Arbeit zu leisten. Das Computersystem der *Enterprise*-D war isolinear-basiert und von Bynaren, einem Volk aus Computerspezialisten, optimiert worden. Es gab drei unabhängige Computerkerne, zwei in der Untertasse und einen in der Antriebssektion. Die Datenspeicherkapazität eines jeden von ihnen betrug 1,29024 x 10^{10} Kiloquads. Sie liefen mit der Systemsoftware LCARS (library computer access and retrieval system), Version 40274.

Die Erforschung der Galaxis kann natürlich gefährlich werden. Es wäre leichtsinnig, der *Enterprise*-D nur die Diplomatie als Waffe mitzugeben. Daher besaß sie eine beeindruckende Anzahl taktischer Systeme. Sie hatte hochwertige Deflektorschilde, die sie vor Raumtrümmern und feindlichem Beschuss schützten und von zehn, über das Schiff verteilten Generatoren mit Energie versorgt wurden. Die Deflektoren konnten sie auch vor schädlicher Strahlung und anderen natürlichen Gefahren schützen. Sie hatte weiterhin 12 Phaserbänke des Typs X, die jeweils bis zu 5,1 MW Leistung brachten. Und ihre vorderen und hinteren Torpedoschächte konnten bis zu zehn Torpedos gleichzeitig abfeuern, von denen jeder eine 18,5 Isotonnen starke Explosion erzeugte.

Wurde ein Besatzungsmitglied verletzt, sei es bei einem Kampf im All oder während der Ausübung normaler Pflichten, konnte es in den beeindruckenden medizinischen Abteilungen des Schiffes behandelt

werden. Zu diesen zählte auch die Haupt-Krankenstation auf Deck 12. Abgesehen von ihr gab es zwei weitere Abteilungen, 19 angeschlossene Labore und fünf OPs. Handelte es sich um eine außergewöhnlich große Menge an Patienten, konnten die Shuttlehangars und die großen Frachträume auf den Decks 4, 5, 33 und 39 zusätzlich als Behandlungsräume genutzt werden.

Die restlichen Hauptbereiche der *Enterprise*-D galten den Mannschaftsquartieren. Die meisten davon lagen in der Untertassensektion, wenngleich sich vereinzelt welche in der Antriebssektion fanden. In letzteren lebte aber meist nur der technische Stab. Besatzungsmitglieder, die Lieutenants Junior Grade oder höher waren, hatten eigene Quartiere, während sich rangniedrigere Kollegen ihre Unterkunft meist teilen mussten. Die Führungsoffiziere hatten große Wohnungen, zu denen ein Wohn-Arbeitsbereich, ein Schlaf- und ein Badezimmer gehörten. Das größte Quartier gehörte dem Captain. Es lag auf Deck 8 und entsprach in der Größe den für besondere Gäste reservierten Luxuskabinen.

Selbstverständlich waren nicht alle Besatzungsangehörige Menschen oder humanoid. Deshalb waren die Decks 13 und 14 beispielsweise zum Großteil für delphinische Wesen ausgerichtet. Zwei Jahre nach ihrer ersten Mission bestand die Mannschaft der *Enterprise*-D aus Vertretern 13 verschiedener Völker, darunter Bajoraner, Benziten, Betazoiden, Bolianer, El-Aurianer, Klingonen, Napeaner und Vulkanier.

In den meisten Bereichen der *Enterprise*-D waren die Umweltbedingungen auf Klasse-M-kompatible, Sauerstoff atmende Personen ausgerichtet. Die Besatzung konnte aber 10 % der Quartiere auf Klasse H, K oder L umrüsten. Weitere 2 Prozent ließen sich auf die Klassen N und N(2) einstellen. Der Rest des Schiffes blieb dabei stets bei Klasse-M.

Die *Enterprise*-D war wahrlich ein enormes Schiff. Man konnte sieben Jahre auf ihm verbringen, ohne sämtliche Ecken und Systeme auswendig zu kennen. Als Chefingenieur Scott von der *U.S.S. Enterprise* NCC-1701 im Jahr 2369 kurz an Bord der *Enterprise*-D war, verblüffte ihn, welche Fortschritte und welcher Luxus seit seinen aktiven Tagen möglich geworden waren. Selbst Captain Picard bewunderte die Größe und Komplexität der *Enterprise*-D, stand dieses Schiff doch für das Beste, was die klugen Köpfe der Föderation Ende des 24. Jahrhunderts zu produzieren fähig waren.

Traktorstrahl-Emitter befanden sich am hinteren Schiffsende. Sie waren stark genug, ein Schiff in Schlepptau zu nehmen.

Die *Enterprise*-D stand anderen Schiffen oder gar Planeten oft mit medizinischer Hilfe zur Seite. Große Personenmengen konnten direkt in die Frachträume gebeamt werden.

AUFBAU DER HAUPTBRÜCKE

Wie bei den meisten Sternenflottenschiffen befand sich auch bei der *U.S.S. Enterprise* NCC-1701-D die Brücke auf Deck 1, ganz oben in der Untertassensektion. Dieser ovale Raum war das Nervenzentrum des Schiffes. Von hier aus leiteten die Kommandanten ihre Missionen und überwachten den Schiffsbetrieb.

Auch wenn das Kommandieren eines Flottenflaggschiffs eine bedeutende und ernste Aufgabe war, hatte man die Brücke, wie den Rest des Schiffes, in beruhigenden, weichen Farben angelegt. Auch die Möblierung wirkte so einladend wie irgend möglich. Die Brücke war viel heller und geräumiger als die karg-funktionaleren Versionen früherer *Enterprise*s. Auch das konstante „Ping" und „Piep", charakteristischer Hintergrundlärm früherer Brücken, fehlte, was die Atmosphäre deutlich entspannter werden ließ. Die Sternenflotte wusste, dass dieses „beruhigende" Design die Besatzung zu mehr Effizienz und Produktivität verleitete.

Die *Enterprise*-D hatte eine *Galaxy*-Standardbrücke. Durch ihren modulartigen Aufbau konnte sie im Falle irreparabler Beschädigung oder eines systemweiten Upgrades leicht ausgewechselt werden. Das Grundlayout der *Enterprise*-D-Hauptbrücke basierte auf den klassischen Designelementen ihrer Vorgänger. So befand sich der Sitz des Captains abermals in der Mitte, die anderen Stationen umgaben ihn. So war es leichter für den Captain, alle wichtigen Brückenoffiziere im Blick zu haben und ihnen Befehle zu geben.

Im Gegensatz zur früheren Raumgestaltung stand der Sessel des Captains nicht länger isoliert. Zwei weitere flankierten ihn, wobei meist der Erste Offizier im rechten und der Counselor im linken Sessel Platz nahmen. Dies vereinfachte den Entscheidungsprozess, der im 24. Jahrhundert gemeinschaftlicher war als früher, wenngleich die finale Entscheidung nach wie vor dem Captain oblag. Sein Sessel war mit Mini-Displays und berührungsempfindlichen Kontrollen in den Armlehnen ausgestattet, über die er Zugriff auf die wichtigsten Schiffssysteme hatte. Dank der Konsole in der rechten Lehne konnte er Logbucheinträge vornehmen, auf das Interkom und den Bibliothekscomputer zugreifen sowie den Hauptmonitor bedienen. Die Konsole in der linken Lehne beinhaltete Kontrollen zur Schiffssteuerung, für die Schilde und Waffen. Seitlich der Kommandosessel befanden sich kleinere, lehnenlose Sitzgelegenheiten, die für Missionsspezialisten oder wichtige Besucher gedacht waren.

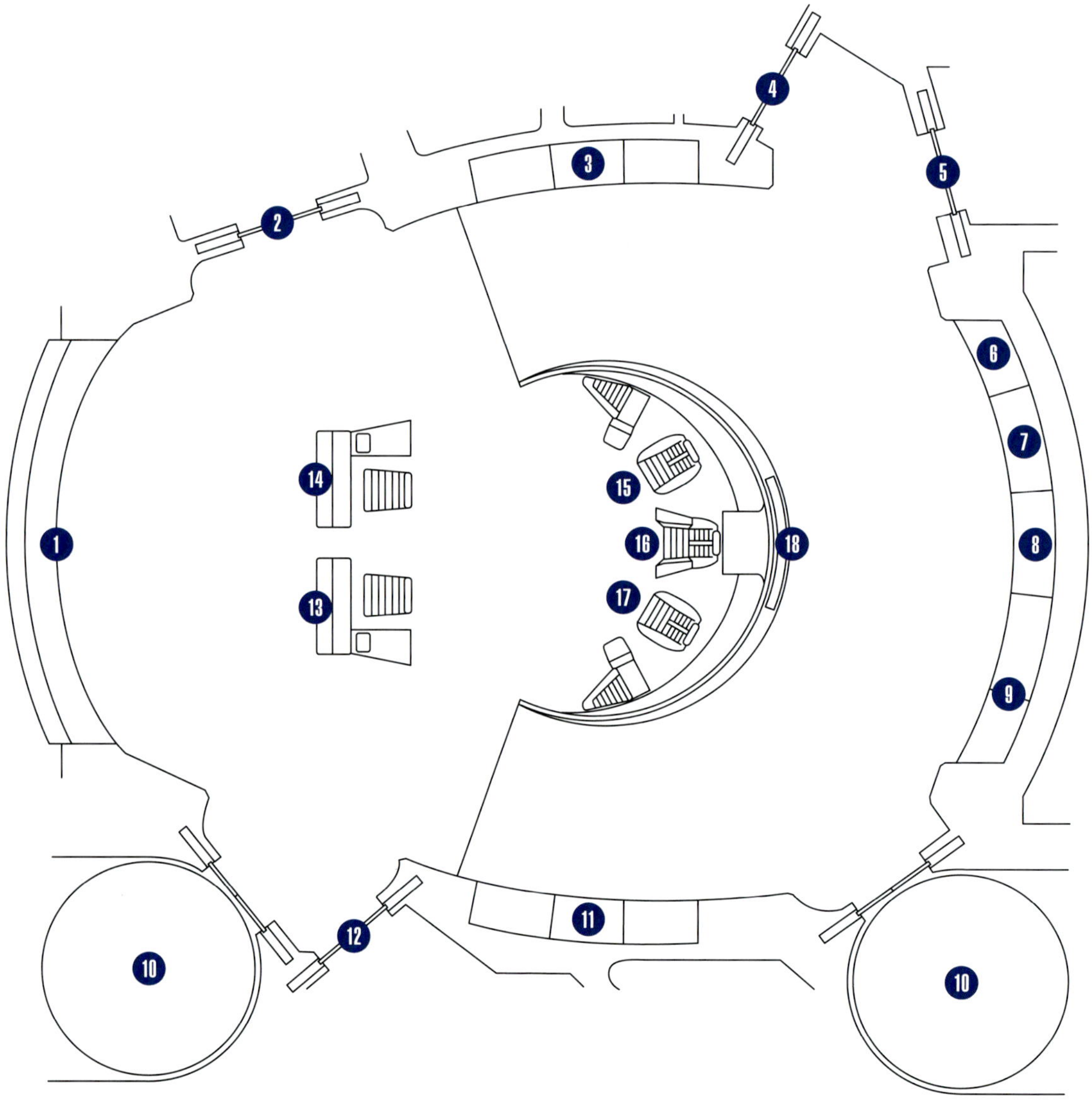

Die Hauptbrücke war das Nervenzentrum des Schiffes. Die gleiche Funktion hatte auch die Kampfbrücke in der Antriebssektion.

1 Hauptmonitor
2 Turbolift zur Kampfbrücke
3 Isolineare Subprozessoren
4 Toilette
5 Durchgang zur Beobachtungslounge
6 Wissenschaft I
7 Wissenschaft II
8 Missionsleitung
9 Umwelt und Technik
10 Turbolift
11 Isolineare Subprozessoren
12 Bereitschaftsraum des Captains
13 Operationsleitung
14 Conn
15 Sitz des Ersten Offiziers
16 Sitz des Captains
17 Sitz des Counselors
18 Taktische Station

Vorne an der Brücke befand sich ein großer Monitor, der den Großteil der Wand einnahm und von allen Brückenoffizieren gesehen werden konnte. Normalerweise zeigte er an, was die Sensoren als vor dem Schiff befindlich erkannten. Er konnte aber auch Blicke in jede andere Richtung ermöglichen, auch nach oben und unten. Diese Bilder ließen sich bis zu 10^6-fach vergrößern. Von einzelnen Stationen umgeleitete Grafiken und Computerdaten waren ebenfalls darstellbar und konnten sogar über ein Bild gelegt werden, um der Brückenbesatzung Zusammenhänge zu verdeutlichen. Außerdem diente der Monitor oft der Kommunikation und zeigte ein Echtzeitbild der Person oder Lebensform, mit der der Captain gerade sprach. Schließlich konnte er auch einen „Roten Alarm" signalisieren.

Direkt vor dem Monitor befanden sich die Konsolen der Einsatzleitung (Ops) und Flugkontrolle (Conn). Zu beiden Arbeitsstationen gehörte je ein Sessel, dessen Rückenlehne anfangs nach hinten gekippt war, bald aber in eine gerade Position gebracht wurde. Um zu ihren Plätzen zu gelangen, konnten die Besatzungsmitglieder die beiden Konsolen zur Seite schieben. Die Ops-Konsole befand sich auf Backbord und war oft von Lt. Commander Data besetzt. Zu ihren Hauptfunktionen zählte der Schiffsbetrieb in Hinblick auf Ressourcenverteilung und die Überwachung der Kommunikation und Sensorik. Die Ops vergab und distribuierte die Schiffsressourcen nach strenger Prioritätenliste. Dies war besonders bei den Missionen wichtig, die schwerere bzw. mehrere Anforderungen stellten. Es oblag auch dem Ops-Offizier, Aufgaben des Wissenschaftsoffiziers zu übernehmen, also die Sensordaten zu analysieren und, sollten die Ergebnisse den Schiffsbetrieb betreffen, entsprechend zu reagieren. Aufgrund seiner vielen Pflichten musste der Ops-Offizier versiert in Wissenschaft, Technik und Ingenieurwesen sein, sowie in Schiffsführung und den Missionsprioritäten.

Rechts von der Ops befand sich die Conn-Konsole, die die Rolle des Navigators mit der des Steuermannes kombinierte. Von hier aus wurde die *Enterprise*-D gesteuert. Der Conn-Offizier setzte den Kurs, sorgte für ein angemessenes Reisetempo und behielt stets Kurs und Richtung des Schiffes im Auge. Bei hoher Warpgeschwindigkeit oblag es unweigerlich den Navigationscomputern, Kursempfehlungen zu machen. Der Conn-Offizier beobachtete die Langstreckensenso-

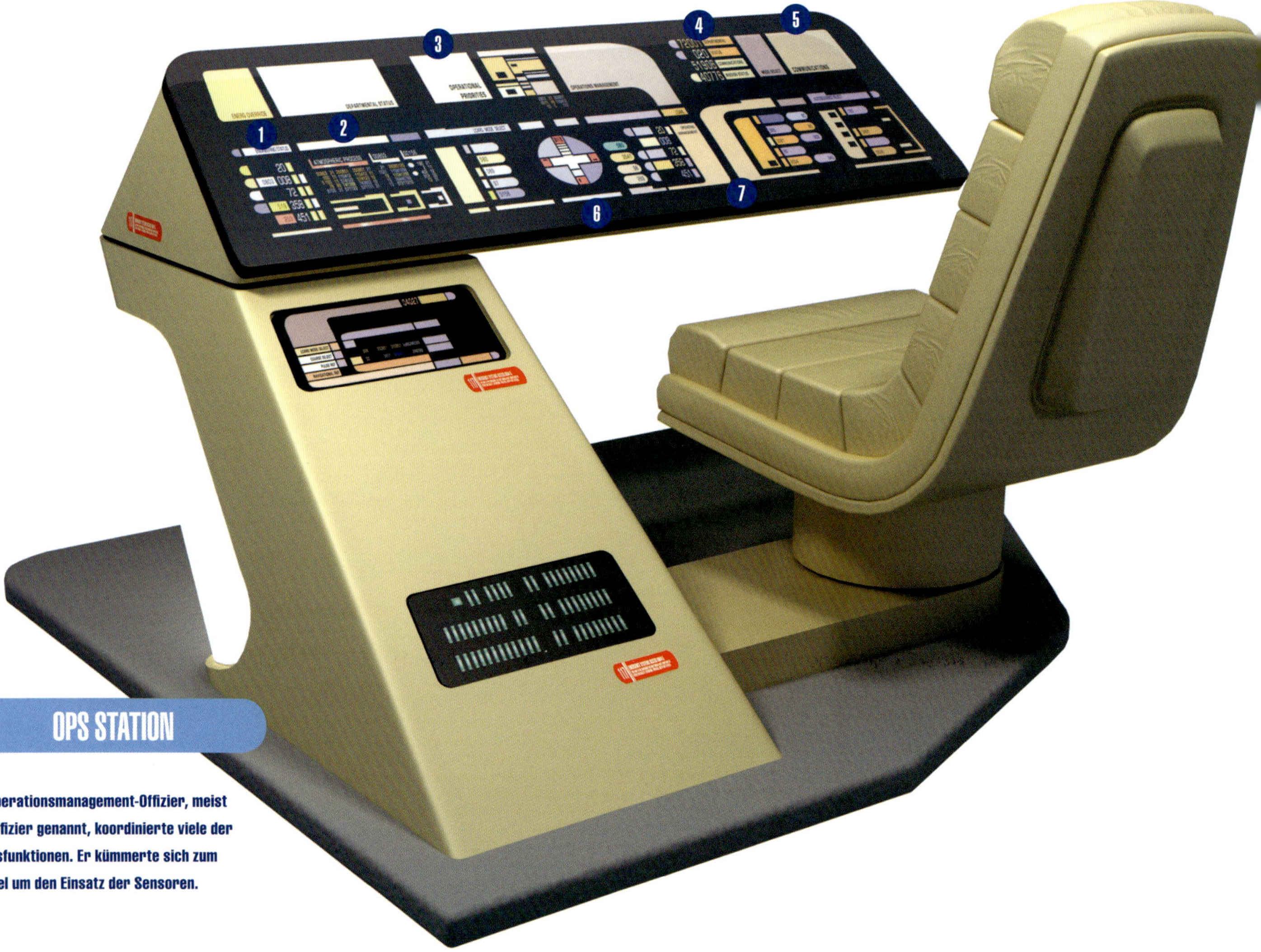

OPS STATION

Der Operationsmanagement-Offizier, meist Ops-Offizier genannt, koordinierte viele der Schiffsfunktionen. Er kümmerte sich zum Beispiel um den Einsatz der Sensoren.

HAUPTBRÜCKE

1. Notfalltaste
2. Statusanzeige der Abteilungen
3. Aktive Prioritätenauswahl
4. Aktives Einsatzmenü
5. Kommunikationsauswahl
6. X-Y-Übergangspadkontrolle
7. Manuelle Sequenzkontrollen
8. Conn-Kontrollpanel
9. Navigationsreferenzanzeige
10. Manuelle Sequenzkontrollen
11. X-Y-Übergangspadkontrolle
12. Kontrollen für Warpantriebssysteme
13. Kontrollen für Impulsantriebssysteme
14. Notfalltaste

FLUGKONTROLLSTATION

Der Flugkontrolloffizier, meist Conn genannt, war dafür verantwortlich, das Schiff zu fliegen und einen Kurs zu setzen. Er oder sie stand in stetigem Kontakt mit dem Maschinenraum.

ren und korrigierte den Kurs, falls Hindernisse im Weg lagen. Zumeist übernahm nur er in Kampfsituationen die tatsächliche Steuerung der Schiffes, und selbst dann hatte er stets die Möglichkeit, ein vorher programmiertes Angriffsmuster zu fliegen.

Die taktische Konsole befand sich gleich hinter dem Sessel des Captains, eingelassen in ein hölzernes Geländer, und war meist mit Lt. Worf besetzt. Sie war die wichtigste Konsole für die Verteidigungs- und Angriffssysteme des Schiffes. Abgesehen von Informationen über die schiffsinterne Sicherheit und Warnungen vor Eindringlingen, bot sie die Möglichkeit, die Schutzschilde, Phaser und Photonentorpedos des Schiffes zu bedienen. Zu den anderen routinemäßig von hier kontrollierten Systemen zählten die Kommunikation, die Sensorausrüstung und der Traktorstrahl.

Auf der Brücke gab es noch weitere Arbeitsstationen, doch waren diese nur besetzt, wenn das Arbeitspensum weitere Helfer erforderlich machte, etwa in Alarmsituationen. Als die *Enterprise*-D 2364 in Dienst gestellt wurde, liefen diese zusätzlichen Konsolen über die gesamte hintere Seite der Brücke. Sie waren von links nach rechts: Wissenschaft I, Wissenschaft II, Umwelt, manuelle Kontrolle für Notfälle sowie Antriebssysteme. 2365 waren sie verändert worden. Fortan nahm die Missionsleitung den Platz der manuellen Notfallkontrolle ein, und statt der Antriebssysteme widmete sich diese Konsole nun der Technik im Allgemeinen. Jede dieser Arbeitsstationen wurde in der Regel stehend bedient, es gab aber unter ihnen ausziehbare Sitzmöbel. Klugerweise befanden sich hier auch zwei Nahrungsmittelreplikatoren, was es der Besatzung ermöglichte, ohne Umstände und ohne ein Verlassen der Brücke an Essen zu gelangen.

Bei einem Umbau 2371 wurden die hinteren Arbeitsstationen abermals umgestaltet, nun zu Wissenschaft IV, Missionsleitung, Umwelt und Technik I/II. Außerdem entfernte man den Stauraum für Ausrüstungsgegenstände an den Seiten der Brücke und füllte den freigewordenen Platz mit weiteren Konsolen. Rechts waren dies Wissenschaft I, II und III, während sich links drei Kommunikationsstationen befanden. Außerdem wurde der Kommandobereich – also die Sitze des Captains, des Ersten Offiziers und des Counselors – erhöht, um diesen Offizieren bessere Sicht auf den Monitor, die Ops- und die Conn-Konsole zu ermöglichen. Auch neue Teppiche und Geländer brachte der Umbau.

Die Konsolen im hinteren Brückenbereich konnten für verschiedene Funktionen programmiert werden. In typischer Konfiguration dienten sie als zwei Wissenschaftsstationen, Missionsleitung, Umwelt- und Technikstation.

Es gab mehrere Zugänge zur Brücke. Der Haupteingang war hinten rechts, in dessen unmittelbarer Nähe befanden sich zwei Türen. Die erste führte zur Toilette, die zweite in die Beobachtungslounge, wo sich der Seniorstab oft traf, um die nächsten Schritte zu besprechen. Hinten links befand sich ein weiterer Turbolift, links weiter vorn der Durchgang zum Büro oder „Bereitschaftsraum" des Captains. Dort konnte dieser arbeiten, wenn er nicht im Dienst war und für Notfälle trotzdem brückennah sein wollte. Links des Hauptmonitors befand sich die Tür eines Standard-Turbolifts, wohingegen der Lift rechts von ihm direkt zur Kampfbrücke führte. Dank ihm kostete es die Führungsoffiziere nur Sekunden, die Hauptbrücke zu verlassen und die Kampfbrücke, das zweite Kommandozentrum des Schiffes, zu besetzen.

Ihrem Status als dem vielleicht wichtigsten Bereichs des Schiffes angemessen, besaß die Hauptbrücke zahlreiche Reserven für Umweltkontrolle und Energie. Selbst bei einem schiffsweiten Energieausfall konnte sie noch 72 Stunden lang betrieben werden. Obwohl sie also an einem der verwundbarsten Orte des Schiffes platziert war – an der Oberseite der Untertasse –, war die Brücke tatsächlich einer der sichersten Orte überhaupt.

Die taktische Station war in einem hufeisenförmigen Geländer hinter dem Captain angebracht. Sie erlaubte den Zugriff auf die Schiffsphaser, -photonentorpedos und -schilde. Außerdem wurde von ihr aus die interne Sicherheit geleitet.

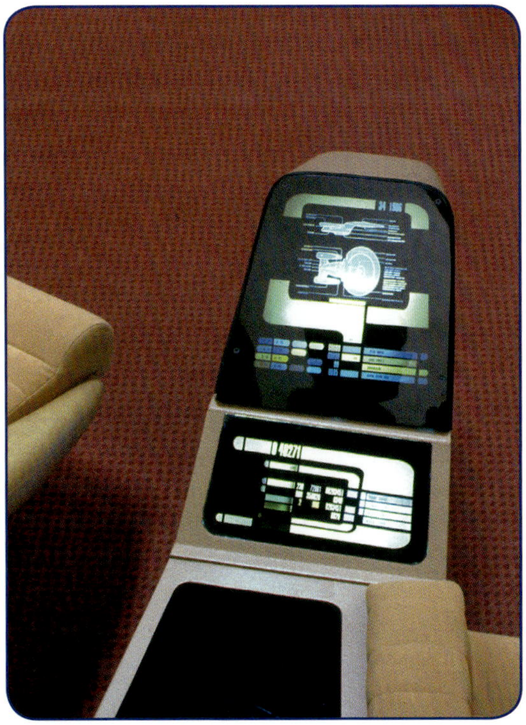

Die Konsole neben dem Sitz des Ersten Offiziers bestand aus programmierbaren Kontrollen, gab Auskunft über den Status des Schiffes und war Zugang zum Bibliothekscomputer.

Die technischen Systeme der *U.S.S. Enterprise* NCC-1701-D dienten der Erschaffung und Kontrolle unglaublicher Mengen an Energie. Allein die von den Impulstriebwerken produzierte Energiemenge kam der im Kern einer Sonne nahe, und die für die Warptriebwerke verwendete Materie-Antimaterie-Reaktion erzeugte sogar noch größere Mengen. Diese Energie kam überwiegend den Antriebssystemen des Schiffes zugute – den Impulstriebwerken für Reisen bei Unterlicht-, und den Warptriebwerken bei Reisen mit Überlichtgeschwindigkeit.

Die Impulsenergie war das sekundäre Energiesystem der *Enterprise*-D und ließ das Schiff ein Tempo von 0,25 c (ein Viertel Lichtgeschwindigkeit) erreichen – konnte, sofern nötig, aber auch bis zu 0,92 c ermöglichen. Aus ihr speisten sich die internen Schiffssysteme, darunter die Computer und Umweltsysteme. Die *Enterprise*-D hatte drei Impulstriebwerke: zwei in der Untertasse (Deck 9 und 10), eine in der Antriebssektion (Deck 22 und 23).

Impulstriebwerke arbeiten nach dem gleichen Grundprinzip wie alte Weltraumraketen: Masse wird aus dem Schiff ausgestoßen und schiebt dieses in Übereinstimmung mit Newtons drittem Gesetz der Bewegung in die entgegengesetzte Richtung. Doch statt auf chemische Treibstoffe bauten die Impulstriebwerke der *Enterprise*-D auf Kernfusion als Energielieferanten. Ihre Hauptkomponenten waren Fusionsreaktoren, die hochenergetisches Plasma erzeugten, das durch Antriebsspulen geleitet wurde und ein Subraumfeld erzeugte. Das Feld reduzierte die Masse des Schiffes und machte es den durch den „Auspuff" des Schiffes geleiteten Nebenprodukten leichter, das Schiff vorwärts zu treiben.

Brauchten die internen Systeme die aus den Impulsmaschinen gewonnene Energie nötiger als der Antrieb, wurde das hochenergetische Plasma von den Antriebsspulen in ein Elektroplasma-System (EPS) geleitet. Dieses Netzwerk verteilte die Energie, wie sie gerade benötigt wurde. Natürlich war es möglich, die Impulsmaschinen gleichzeitig zum Antrieb und zur Energieversorgung der bordinternen Systeme zu nutzen.

Eher die Impuls- als die Warptriebwerke wurden verwendet, um die *Enterprise*-D in relativ engen Bereichen – etwa beim Andocken an Raumstationen oder andere Schiffe – zu manövrieren. Dies gelang dank der Manövrierdüsen und Ankerstrahlen.

1 Hauptsystemanzeige
2 Büro des Chefingenieurs
3 Station des diensthabenden Offiziers
4 Dilithiumgehäuse
5 Materie-Antimaterie-Reaktionsanordnung

Der Hauptmaschinenraum befand sich auf Deck 36 in der Antriebssektion. Hier kontrollierte man die Warptriebwerke. Außerdem konnte man auf alle Schiffssysteme zugreifen, sodass der Maschinenraum auch eine Art Behelfsbrücke darstellte.

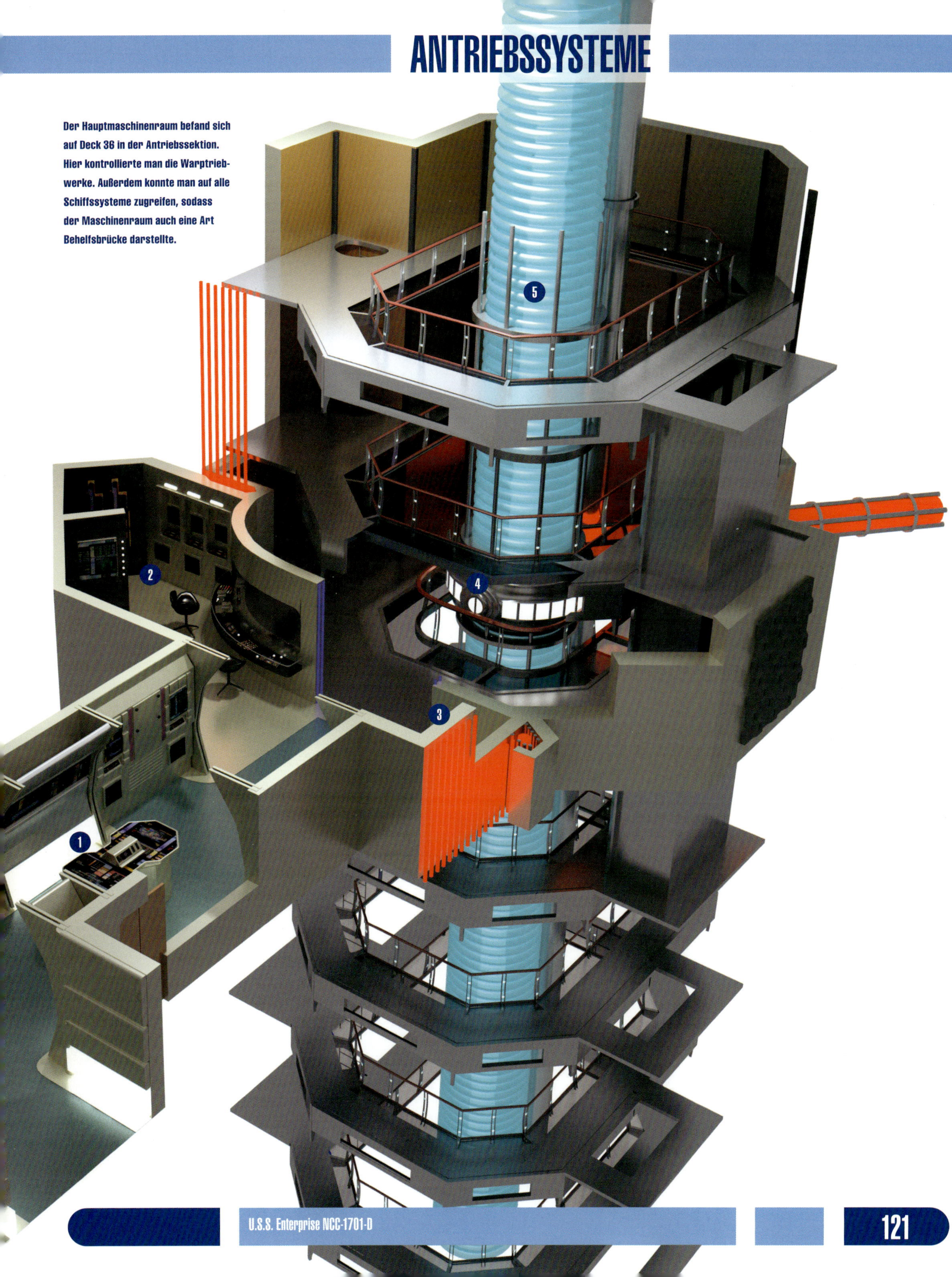

Die Hauptsystemanzeige bot laufend Informationen über die Schiffssysteme. Sie war mit vielen internen Sensoren verbunden und erhielt Daten von unabhängigen, über das gesamte Schiff verteilten Selbstdiagnosesystemen.

Innerhalb von Sonnensystemen reiste man fast immer mit Impulsgeschwindigkeit. Dies war der Sicherheit geschuldet, die von den Anziehungsfeldern der Planeten und Monde gefährdet wäre. Auch bei einer Abtrennung der Untertasse flog diese, da nicht mit Warptriebwerken ausgestattet, mit Impuls weiter. Subraumspulen an den Impulstriebwerken der Untertasse konnten jedoch für eine kurze Zeit nach Abtrennung von der Antriebssektion ein Warpfeld aufrecht erhalten.

Die Warptriebwerke waren die Hauptenergiequelle der *Enterprise*-D. Der Großteil ihrer technischen Systeme widmete sich der Erzeugung und Kontrolle dieser Energie. Die Systeme erstreckten sich über 12 Decks der Antriebssektion. Wichtigster Ort war der Hauptmaschinenraum, eine mehrstöckige Anlage auf Deck 36. Sie wurde vom Warpkern dominiert – der Materie-Antimaterie-Reaktionskammer –, einer pulsierenden Säule, die 36 m hoch und 2,5 m breit war und blau leuchtete. Der Warpkern war das Herz der enormen Schiffsenergie. Materie (Deuterium) und Antimaterie (Antideuterium) wurden in diesen eingespeist. Dort reagierten sie miteinander und erschufen enorme Mengen reiner Energie.

Die Reaktion der Materie und Antimaterie wurde von den sehr wichtigen Dilithiumkristallen aufgefangen – der einzigen bekannten Substanz, die nicht mit Antimaterie reagiert. Die erzeugte Plasmaenergie wurde durch eine Reihe von Warpspulen aus Verterium-Cortenid geleitet, die sich in den Warpgondeln befanden. Elektromagnetische Beziehungen zwischen dem Plasma und den Verterium-Cortenid-Spulen sorgten daraufhin für eine Veränderung in der Beschaffenheit des die Gondeln umgebenden Raumes. Kurz gesagt, „krümmten" sie den Raum um die *Enterprise*, wodurch diese mit mehrfacher Lichtgeschwindigkeit reisen konnte. Das Schiff blieb dabei aber in einer Subraumblase und war der eigentlichen Geschwindigkeit nie ausgesetzt. Jeder Bestandteil des Warpantriebs war bedeutsam, die vielleicht wichtigsten waren aber die Warpspulen. Commander Riker sagte einmal, sie seien die wichtigste Erfindung der vergangenen zweihundert Jahre. Ohne sie seien „die Menschen auf einen einzigen Sektor der Galaxis beschränkt" gewesen.

Die Maximalgeschwindigkeit der *Enterprise*-D betrug Warp 9,6 – 1909-mal schneller als das Licht. Bei diesem Tempo dauerte es nur zwanzig Sekunden, unser Son-

nensystem zu durchqueren. Die *Enterprise*-D konnte diese Geschwindigkeit etwa 12 Stunden aufrecht erhalten, danach bekamen die Systeme Probleme. Man nutzte sie nur in Notfällen. Warp 9,2 war die normale Spitzengeschwindigkeit, da sie die Maschinen nicht so schwächte. Warp 6 galt als normale Fluggeschwindigkeit.

Im Hauptmaschinenraum überwachten mehrere Arbeitsstationen die Warptriebwerke und die an sie angeschlossenen Systeme. Die wichtigsten von ihnen waren der Hauptsystemmonitor und die Hauptsystemanzeige. Der Hauptsystemmonitor war ein großes Computerdisplay, das in die vordere Wand des Maschinenraums eingelassen war. Es zeigte einen großen Querschnitt des Schiffs und informierte über den Zustand der einzelnen Bordabteilungen. Gab es irgendwo in den Antriebssystemen ein Problem, wurde es hier angezeigt. Die Hauptsystemanzeige war teils eine tischförmige Anzeige, teils Konsole. Oft wurden an ihr Änderungen und Rekalibrierungen der Antriebssysteme durchgeführt.

An der Wand neben dem Hauptsystemtisch fanden sich Displays, die die Leistung der Impulstriebwerke anzeigten. An der Wand gegenüber gaben weitere Displays Auskunft über den Warpantrieb.

Die Arbeitsstation des Chefingenieurs, auf beiden Seiten von weiteren Konsolen umgeben, befand sich an der Seite des Warpkerns, hinter einem Schutzfenster. Von dort aus konnte er den Kern mittels seiner Systeme im Auge behalten und musste nicht darauf vertrauen, dass ihn die automatischen Systeme bei etwaigen Schwierigkeiten sofort warnen würden.

Die von den Warptriebwerken erzeugte Energie trieb auch die 4000 internen Systeme der *Enterprise*-D an, darunter die Waffen, Schilde, Computer, Holodecks sowie die Umweltsysteme wie Licht, Temperatur und Schwerkraft. Die Energie wurde mittels eines Systems aus Elektroplasmaleitungen (EPS) durchs Schiff geleitet. Diese mussten regelmäßig gereinigt werden, um einen optimalen Betrieb zu gewährleisten.

Im Falle einer ernsten Fehlfunktion ließ sich der Hauptmaschinenraum vom Warpkern abschotten. Dies geschah mittels Isolationstüren und Eindämmungsfeldern. Bei einem Kernbruch hätten beide aber nicht viel geholfen. Eine solche Explosion konnte ein Schiff in Stücke reißen und alles in seiner Umgebung zerstören. Ließ sich eine Explosion des Kerns nicht verhindern, konnte dieser ins All ausgestoßen werden – hoffentlich noch rechtzeitig, damit das Schiff der Katastrophe entging. Danach blieb nur die Hoffnung auf die Hilfe eines nahen Raumschiffs. Mit nichts als dem Impulsantrieb wurde so ein Flug zur nächsten Raumstation nämlich mitunter ganz schön lang.

Die *Enterprise*-D besaß eine große Menge an Rettungskapseln, die im Katastrophenfall zum Einsatz kamen.

Geordi La Forge war ab 2365 Chefingenieur der *Enterprise*-D, der er zuvor als Steuermann diente. Er blieb an Bord bis das Schiff bei einem Warpkernbruch zerstört wurde.

Die Konsole am Warpkern selbst bot Zugriff auf alle technischen Systeme des Schiffes.

Die Personentransporter reichten bequem für sechs oder mehr Leute pro Beamvorgang. Sie konnten diese während des Beamens sogar entwaffnen.

Die *U.S.S. Enterprise* NCC-1701-D hatte 20 Transporterräume (Standardkonfiguration): sechs große Personaltransporter, acht Frachttransporter und sechs Notfalltransporter.

Vier Personaltransporter befanden sich auf Deck 6 in der Untertasse – zwei an jedem Ende des Schiffskerns. Zwei weitere Personentransporterräume lagen in der Antriebssektion auf Deck 14, abermals zentral. Sie alle waren identisch angelegt und umfassten eine Transporterkonsole, Staufächer an der Wand und sechs Transporterplätze, die kreisförmig angeordnet waren und einen übergroßen siebten umschlossen, der für kleineres Frachtgut gedacht war. Über den Plätzen befanden sich Molekularbildscanner, die die zu beamende Person auf Quantenebene scannten. Heisenbergkompensatoren konzentrierten sich auf all die sich in der Person bewegenden subatomaren Partikel. Milliarden Kiloquads Daten entstanden. Phasenübergangsspulen transformierten die Person dann in einen Strahl aus subatomaren Partikeln, Materiestrahl genannt, und speicherten ihn in einem unter der Transporterplattform angebrachten Musterpuffer. Dort filterte ein Biofilter etwaige gefährliche Substanzen und Infektionen heraus. Der Materiestrom wurde danach über einen der 17 außerhalb des Schiffes angebrachten Subraumemitter an seinen Zielort geschickt, wo die Person wieder zusammengesetzt wurde. Ein Eindämmungsstrahl – quasi ein zylindrisches Kraftfeld – hielt dabei alle Bestandteile der Person im Transporterstrahl und stellte beispielsweise sicher, dass keine Gliedmaßen verloren gingen.

Der Beamvorgang dauerte nur wenige Sekunden. Eine Person konnte auch nicht länger als 90 Sekunden im Materiestrom verweilen, ohne dass ihr Molekularmuster Schaden nahm und das Signal verloren ging. Es gab allerdings einen erstaunlichen Vorfall, bei dem Captain Montgomery Scott – seinem unvergleichlichen Wissen über Transporter sei Dank – noch nach 75 Jahren im Musterpuffer wieder rematerialisiert werden konnte.

Die Transporter der *Enterprise*-D waren auch zum Ort-zu-Ort-Transfer fähig. Sie konnten also eine Person von jedem Ort des Schiffes an einen anderen Ort beamen, ohne sie zwischendurch im Transporterraum materialisieren zu müssen. Der Strahl selbst wurde aber natürlich zu den Schiffstransportern geleitet, bevor er auf die Reise zu seinem Ziel ging.

Auch den Transportern der *Enterprise*-D waren Grenzen gesetzt: So waren sie nutzlos, wenn die Schilde des Schiffes oben waren oder ein Schild den Zielort schützte. Kannte der Transporterchief aber die Frequenz und Modulation dieser Schilde, konnte er durch sie hindurch beamen. Außerdem wurde empfohlen, die Transporter nicht während eines Warpflugs zu verwenden, weil das

Warpfeld für schwere Raumverzerrungen sorgte. Dennoch gelang der *Enterprise*-D einmal ein erfolgreicher Transport während eines Warpflugs – dies geschah aber in einer absoluten Notlage, der Invasion des Föderationsraums durch die Borg, und beide Schiffe mussten dasselbe Tempo haben.

Frachttransporter waren größere Versionen der Personaltransporter und bestanden meist aus einem großen, runden oder rechteckigen Transporterpad. Es gab vier von ihnen auf Deck 4 der Untertasse, vier weitere im Frachtkomplex auf den Decks 38 und 39 der Antriebssektion. Alle Frachttransporter waren auf niedrigauflösende Scans eingestellt, also nur für den Transport unbelebter Gegenstände geeignet. Dafür konnten sie aber mehr Material pro Durchgang erfassen, sind Gegenstände doch weniger komplex als Lebewesen und benötigen beim Transport entsprechend weniger Speicherplatz und Energie.

Im Notfall ließen sich die Frachttransporter auch für den Gebrauch an Lebewesen einstellen und unterstützten die für Evakuierungen vorgesehenen sechs bordinternen Notfalltransporter. Vier dieser sechs befanden sich in der Untertassen-, zwei in der Antriebssektion. Jeder einzelne schaffte bis zu 22 Personen pro Beamvorgang. Sie konnten Personen von Bord schaffen, aber nicht an Bord holen, da ihre Phasenübertragungsspulen nur scannten. Ihre Reichweite betrug nur 15.000 km, wohingegen normale Fracht- und Personentransporter bis zu 40.000 km bewältigten.

Alle Transporter mussten nach einem Durchgang 87 Sekunden lang abkühlen, bevor sie wieder verwendet werden konnten. Nutzte man alle 20 gemeinsam, ließen sich in einer Stunde etwa 1850 Personen von Bord befördern. Die Standardbesatzung (1014 Personen) konnte also in weniger als 45 Minuten evakuiert werden.

Die Bedienung der Transporter war recht selbsterklärend und beanspruchte nur Sekunden. Doch die Hard- und Software war äußerst komplex. Schon der kleinste Fehler konnte zum Tod des Transportierten führen. Um die Sicherheit sorgte sich der Transporterchief der *Enterprise*-D. Er war für die Wartung und Reparatur der Transporter verantwortlich. Den Großteil ihrer Dienstzeit hatte die *Enterprise*-D dafür Chief Miles O'Brien an Bord, der meist in Transporterraum 3 arbeitete und dort persönlich die Konsole bediente.

Als Resultat strenger Sicherheitsbestimmungen und der Fortschritte in der Transportertechnologie waren Unfälle in diesem Bereich seit den Anfangstagen dieser Technik stetig seltener geworden. Dennoch kam es bei der *Enterprise*-D gelegentlich zu ungewöhlichen Vorkommnissen. 2368 wurden Captain Picard, Ensign Ro Laren, Guinan und Keiko O'Brien Sekunden vor der Zerstörung ihres Shuttles durch eine Raumanomalie zurück aufs Schiff gebeamt. Dabei wurden Teile ihres Musterstrahls gestört und die riboviroxischen Strukturen aus ihrer DNS entfernt. Als die Personen rematerialisierten, waren sie körperlich 12 Jahre alt, verfügten aber über ihr Erwachsenenwissen.

2368 kam es zu einem weiteren Zwischenfall. Alle glaubten, Geordi La Forge und Ro seien bei der Rückkehr von einem romulanischen Schiff einer Transporterfehlfunktion zum Opfer gefallen und umgekommen. Stattdessen waren ihre Transportermuster durch die romulanische Tarnvorrichtung verwirrt worden, wodurch die beiden phasenverschoben wurden. Sie waren im Grunde unsichtbar und konnten durch feste Objekte dringen. Geordi La Forge gelang es, das Geschehene nachzuvollziehen und sich und Ro einem Anionenstrahl auszusetzen, der das um sie existierende Chronitonfeld vernichtete und sie der normalen Raumzeit wiedergab. Lt. Reginald Barclay stieß sogar auf quasienergetische Mikroben, die im Innern eines Transporterstrahls leben konnten.

Transporter waren die Standardmethode des Reisens zu und von einem Schiff. Üblicherweise brachte man mit ihnen diplomatische Gäste an Bord. Das Beamen wurde dem Andocken an andere Schiffe vorgezogen.

Die Holodecks der *Enterprise*-D konnten so überzeugende Simulationen nahezu aller Umgebungen erzeugen, dass kaum jemand einen Unterschied zur Realität erkannte. Dies gelang den Decks dank verschiedener Technologien: Holografische Projektionen erzeugten glaubhafte 3D-Bilder, Kraftfelder verliehen Objekten Substanz und Materieumwandlungssysteme, bzw. Replikatoren, erschufen physische Gegenstände buchstäblich aus dem Nichts.

Die Holodecks wurden zu verschiedensten Zwecken verwendet – für wissenschaftliche Experimente, Sport, Bildung und Freizeit. Viele Besatzungsmitglieder erschufen sich in ihnen Holoromane – interaktive, fiktive Umgebungen, in denen sie jede erdenkliche Rolle spielen und mit erfundenen Personen interagieren konnten.

Die Wände der Holodecks waren mit omnidirektionalen Holodioden (OHDs) bedeckt, die vollkommen überzeugende Bilder projizieren und, wenn nötig, mit Kraftfeldern umgeben konnten, um ihnen das Gefühl

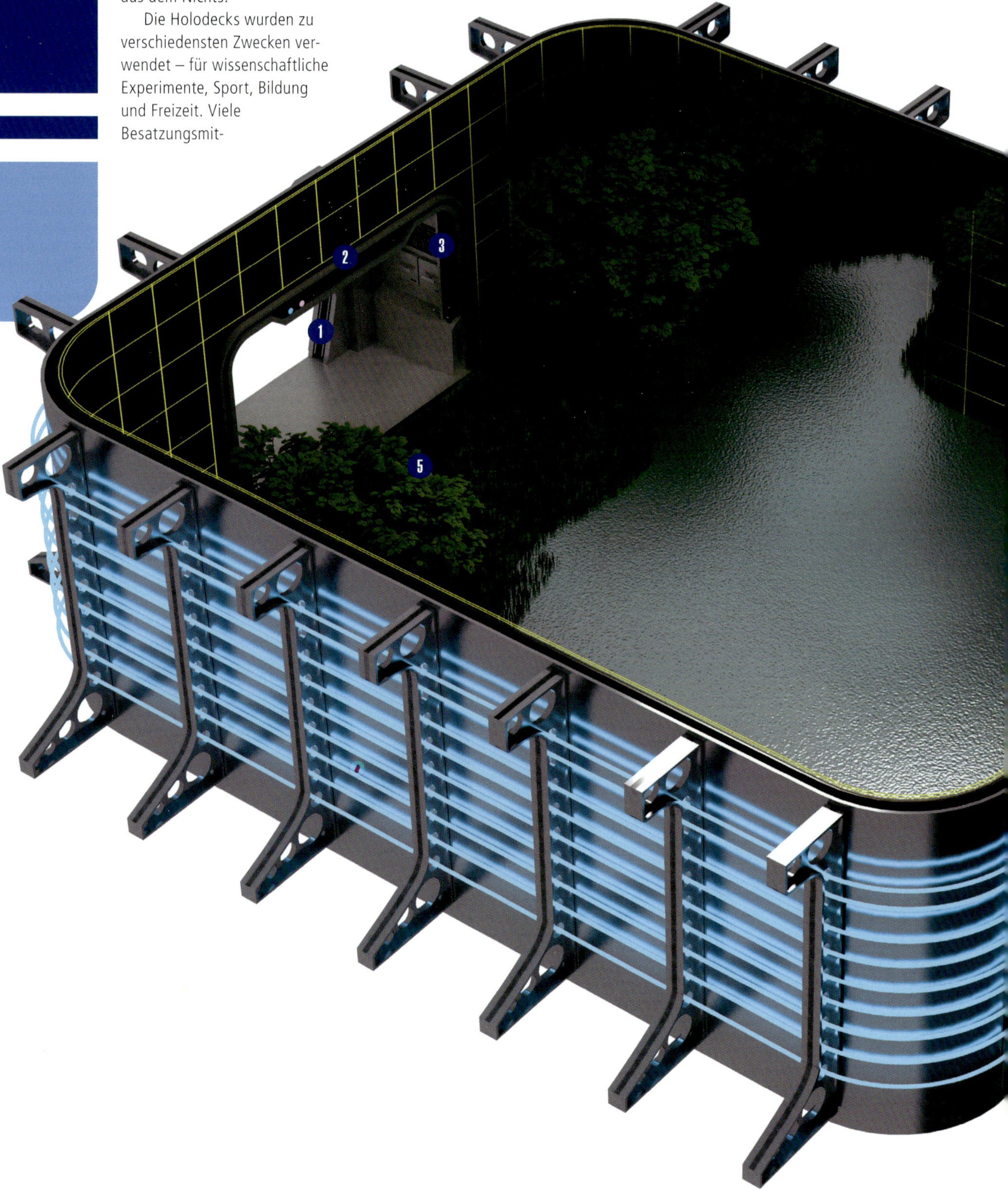

von Festigkeit zu geben. Die Oberflächentextur der Kraftfelder war veränderbar, sodass sich beispielsweise die Oberfläche eines holografischen Baumes tatsächlich wie Rinde anfühlte.

Normalerweise gaben Kraftfelder nur Objekten im Bildvordergrund Substanz. Hintergrunddetails waren meist holografische Projektionen im zweidimensionalen Raum.

Objekte, die der Holodeckbenutzer anfasste, waren meist „real", also mittels Replikatortechnik erzeugt. Aß man beispielsweise auf dem Holodeck, war die Speise echt und stillte tatsächlich den Hunger. Unter normalen Umständen verhinderte der Computer, dass gefährliche physische Objekte wie Patronenkugeln erschaffen wurden. Zwar konnten replizierte Objekte theoretisch vom Holodeck entfernt werden, doch die Praxis des Systems vermied auch das. Klänge entstammten verborgenen Lautsprechern. Manche Düfte entstammten Zerstäubern, andere Replikatoren.

Holodeckprogrammen waren nur durch Speicherplatz und Rechnerkraft Grenzen gesetzt. Als die *Enterprise*-D in Dienst gestellt wurde, hatte sie mehr als genug von beidem, um überzeugend „reale" Holo-Figuren zu erschaffen. Manche von diesen waren so überzeugend, dass sie eigenständig zu denken schienen. Tatsächlich glaubte man mehrfach, die Holodecksysteme der *Enterprise* hätten Leben erschaffen, insbesondere bei Professor Moriaty, einer Figur aus Conan Doyles Sherlock-Holmes-Romanen. Der Holo-Moriaty war sich nicht nur seiner selbst bewusst, sondern hatte auch einen freien Willen.

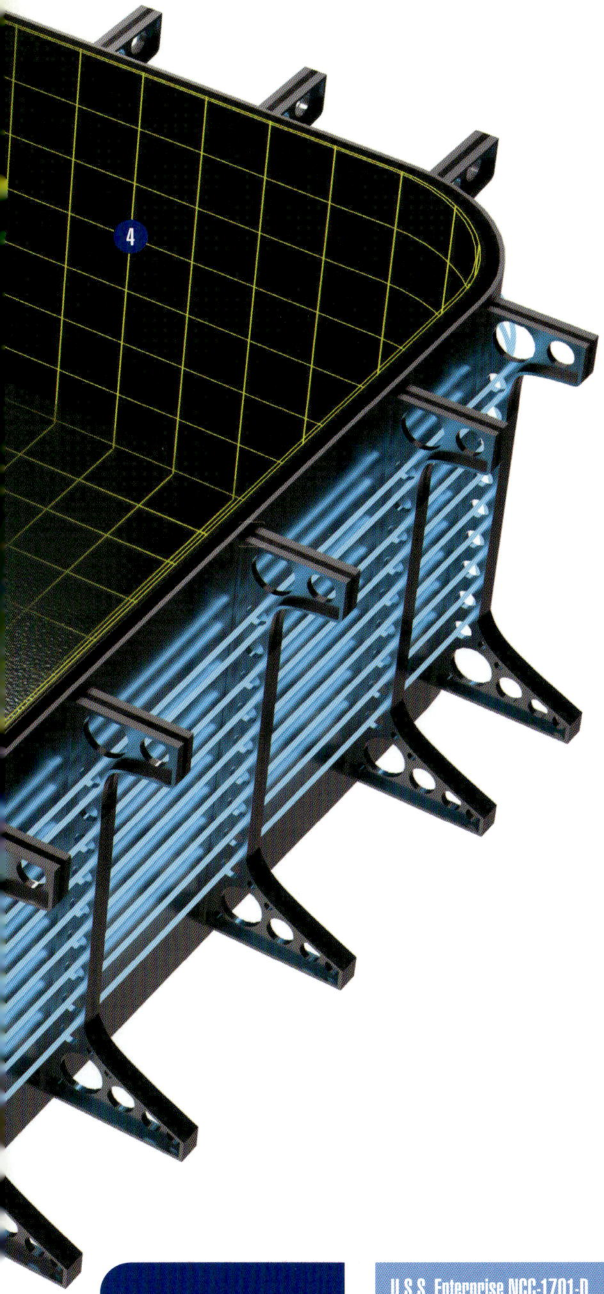

1 Ausgang zum Korridor

2 Holografischer Bogen

3 Virtuelle Computerkontrollkonsole

4 Omnidirektionale Holodioden

5 Holografische Projektion

Die Holodecks der *Enterprise*-D boten virtuelle Umgebungen, die sich von der Wirklichkeit nicht unterscheiden ließen.

Die Computersysteme an Bord der *Enterprise* NCC-1701-D waren unglaublich mächtig und zu weit mehr als der Speicherung von großen Wissensmengen in der Bordbibliothek fähig. So kontrollierten sie nahezu jedes Schiffssystem, von den Nahrungsreplikatoren bis hin zu den Warptriebwerken. Computerkontrollkonsolen fanden sich überall: Besatzungsmitglieder mussten selten mehr als ein paar Schritte machen, bis sie die nächstgelegenen erreichten – und selbst wenn doch, konnten sie den Computer auch durch Verbalkommandos nutzen.

Die Leistung der Rechnersysteme an Bord der *Enterprise*-D war verblüffend. Die Speicherfähigkeit der Computer betrug 129.024 Gigaquads, wohingegen die Zugriffsgeschwindigkeit 4600 Kiloquads pro Sekunde maß. Die *Enterprise*-D war sogar so beeindruckend, dass die Bynaren – ein Volk von Computerspezialisten – das Schiff zu stehlen und ihren gesamten Heimatweltrechner in seinen Computer hochzuladen versuchten. Dadurch wollten sie verhindern, dass die Daten verloren gingen, da eine Katastrophe ihre Welt zu zerstören drohte.

Die Computersysteme auf der *Enterprise*-D basierten auf isolinearen Verbindungen und isolinearen Chips. Beides hatte um 2329 die duotronische Computertechnologie abgelöst. Isolineare Chips bestanden aus linearem Speicherkristallmaterial und bedienten sich zur Datenspeicherung und -verarbeitung der Holo-Technologie. Die Chips waren die Grundbausteine des Computerspeichers und enthielten sowohl Software als auch Datenroutinen. Jeder Chip hatte ein Fassungsvermögen von 2,15 Kiloquads.

Das schiffsweite Computersystem fußte auf den drei voneinander unabhängigen Computerkernen: zwei in der Untertasse, einer in der Antriebssektion. Alle essentiellen Rechnerfunktionen des Schiffes konnten von einem einzigen Kern geleistet werden.

Die beiden Kerne in der Untertasse waren große, zylindrische Kammern, die von Deck 5 bis 14 reichten und die Haupt-Computerhardware und Rechnerausrüstung des Schiffes beinhalteten. Der Computerkern der Antriebssektion befand sich zwischen Deck 30 und 37. Die beiden in der Untertasse arbeiteten normalerweise zusammen. Fiel einer aus, übernahm der zweite dessen Aufgaben nahtlos und ohne, dass der Schiffsbetrieb davon beeinträchtigt worden wäre. Der Kern in der Antriebssektion bildete die Reserve und kam zum Tragen, falls beide Untertassenkerne versagten oder die Antriebssektion von der Untertasse getrennt war.

ISOLINEARE CHIPS

In den 2360ern waren isolineare Chips die übliche Methode, Daten zu speichern. Auf der *Enterprise*-D gab es Tausende von ihnen. Die Schiffe verwendeten Nanoprozessoren und hatten ein Speichervermögen von 2,15 Kiloquads an Daten.

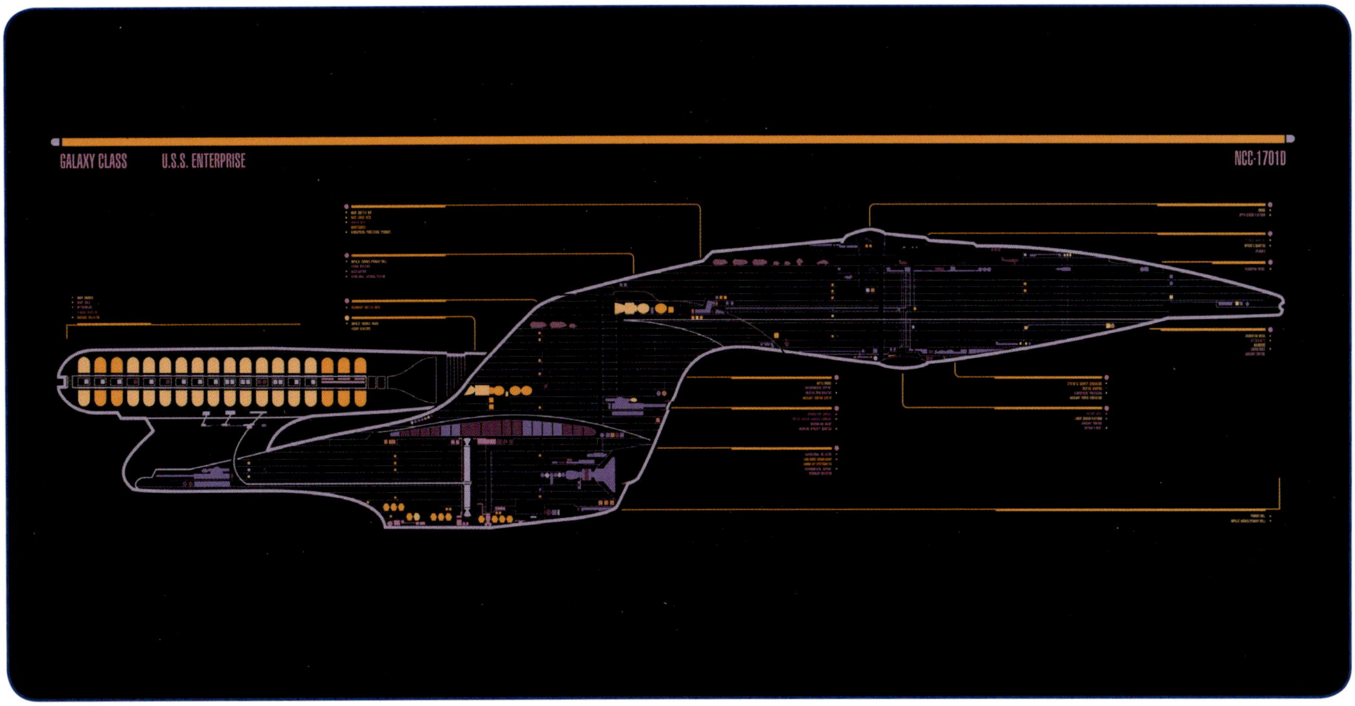

Zu jedem Kern gehörten mehrere winzige Subraumfeldgeneratoren, die der Datenverarbeitung dienten und Daten mit Überlichtgeschwindigkeit weiterleiteten. Jeder Kern hatte auch einen Kontrollraum auf dem obersten Level, wo diagnostische und Wartungsarbeiten vollzogen wurden.

Die Computerkerne waren über ein optisches Datennetzwerk (ODN) mit den Schiffssystemen verbunden. Das ODN war im Grunde ein großes Bündel optischer Faserkabel, die Daten zu allen Konsolendisplays des Schiffes beförderten. Alle Konsolenanzeigen hatten Zugang zum Bibliothekscomputer und liefen mit LCARS-Software. Das hieß, jede Konsole konnte so eingerichtet werden, dass von ihr jedes System bedient werden konnte. Die Ops-Konsole der Brücke erlaubte beispielsweise Zugriff auf die Betriebsroutinen des Maschinenraums. Einzig die Sicherheitsfreigabe eines Mannschaftsmitglieds begrenzte, was dieses von seiner Konsole aus beeinflussen konnte.

Alle Computerinterfaces der *Enterprise*-D verfügten über Touchscreens. In ihnen befand sich eine Sensormatrix, die auf Druck reagierte und stimmliche wie haptische Anweisungen als Aktivierung bestimmter Routinen verstand.

Die *Enterprise*-D konnte mithilfe ihrer Subraum-Sendeempfänger Daten von anderen Schiffen, Raumstationen und planetaren Computernetzwerken erhalten und mit diesen austauschen, ohne körperlich in Kontakt mit ihnen zu geraten.

Die Computersysteme waren für den reibungslosen Betrieb der *Enterprise*-D unerlässlich. Sie ersetzten zwar nicht die Besatzung, stemmten aber die meisten Schlüsselsysteme selbst – von der Kontrolle der Umweltbedingungen bis hin zu den für den Warpflug nötigen Berechnungen. Ohne sie wäre das Schiff weit weniger effizient und sogar unsicherer gewesen, wie sich 2366 zeigte, als Naniten – denkende mikroskopisch kleine Roboter – einen der Computerkerne befielen und ihn in Gefahr brachten. Zum Glück gab es Notfallroutinen in den Computersystemen. Tatsächlich ist für nach 2287 kein Fall eines kompletten Systemausfalls bekannt.

Die Computerkerne der *Enterprise*-D waren extrem wichtig. Sie regelten nicht nur die Warp- und Impulstriebwerke, sondern auch die Umwelt- und Atmosphärenbedingungen an Bord. Ohne sie war das Schiff hilflos.

Über jedem Computerkern gab es eine Überwachungskammer, in der Besatzungsmitglieder, direkten Zugriff auf die Datenprozessoren hatten.

Die *Enterprise*-D verfügte über beeindruckende medizinische Einrichtungen. Ihr medizinisches Zentrum, eines der größten der Flotte, nahm den Großteil eines ganzen Decks ein. Es gab drei Krankenstationen und vier medizinische Labore, doch die Hauptkrankenstation befand sich auf der Steuerbordseite von Deck 12 in der Untertassensektion.

Dieses Gesundheitszentrum bestand aus einem Biobett in der Raummitte sowie vier weiteren Biobetten an einer Raumseite, die für genesende oder besonderer Pflege bedürftige Patienten bestimmt waren. Langzeitbehandlungen wurden in eigenen Räumen durchgeführt.

Das zentrale Biobett diente Routineuntersuchungen und komplizierten Operationen, etwa der Implantation eines künstlichen Herzens. Zu ihm gehörte eine an der Decke angebrachte Sensorengruppe, die ein Kraftfeld um das Bett erzeugen und so für eine semi-sterile Umgebung sorgen konnte. Ergebnisse eines Bioscans wurden an dem in die Wand neben dem Bett eingelassenen Monitor gezeigt. Dieses Biobett ließ sich auch mit einem chirurgischen Unterstützungsrahmen (auch „Muschelschale" genannt) verbinden. Er umschloss den Patienten und verfügte über Bioscanner, Diagnosegeräte, einen Kardiostimulator und andere, die chirurgische Arbeit unterstützende Funktionen. Außerdem erzeugte er ein steriles Feld, in dem der Patient nicht einmal mehr seine Kleidung ablegen musste.

Die sekundären, der Genesung dienenden Biobetten waren mit unauffälligen Bio-Sensoren ausgerüstet, die den Patienten stetig beobachteten und seine Vitalwerte auf dem über dem Kopfende des Bettes befindlichen Biofunktionsmonitor anzeigten.

Zu den anderen Bereichen der Hauptkrankenstation zählten das Büro des Doktors und das Wartezimmer (es scheint, als hielten sich selbst die Ärzte des 24. Jahrhunderts nicht an ihre Termine). Das Büro diente dem leitenden Mediziner als Ort, an dem er ungestört arbeiten und Patientengespräche führen konnte. Beide spiegelten den Charakter seines Bewohners: Auf der *Enterprise*-D zierte eine abstrakte Zeichnung menschlicher Organe vor dem Hintergrund des Alls und mehrerer *Enterprises* die Wand des Wartezimmers.

1. Büro des leitenden Mediziners
2. Durchgang zu Korridor Deck 12
3. Generelle Statusanzeige
4. Chirurgischer Unterstützungsrahmen
5. Zentrales Biobett
6. Intensivstation
7. Biofunktionsmonitor
8. Genesungsbiobett

Die Krankenstationen der *Enterprise*-D boten alles, was die über tausendköpfige Besatzung brauchte, auch die Dienste eines Haus- oder Zahnarztes. Außerdem waren sie fortschrittliche OP-Einrichtungen, die es mit jedem planetaren Krankenhaus aufnehmen konnten.

Zu den weiteren, die Krankenstation umgebenden Einrichtungen zählte eine Intensivstation für biologisch kontaminierte Patienten, Quarantänezimmer für ansteckende Patienten, ein Leichenschauhaus und ein Raum für Physiotherapien. Zudem gab es eine Stasiseinheit, in der kritisch verwundete Patienten in künstliches Koma versetzt wurden, bis das Schiff einen Ort erreichte, an dem ihre Leiden besser behandelt werden konnten.

Normalerweise war die Hauptkrankenstation mit vier Ärzten, drei medizinischen Assistenten und 12 Pflegekräften besetzt, wenngleich sich dies natürlich je nach Patientenaufkommen änderte.

Eine kleinere, sekundäre Krankenstation befand sich backbord auf Deck 12, eine dritte in der Antriebssektion. Beide verfügten über die gleiche Ausrüstung wie die Hauptstation, wenn auch in unterschiedlichen Ausführungen.

Das medizinische Labor neben der Hauptkrankenstation beinhaltete Gerätschaften für Biotests und Lebensformanalysen sowie Gensequenz-, Nanotherapie- und Virotherapietechnik. Diese Einrichtungen wurden zumeist genutzt, wenn es neue Lebensformen zu untersuchen, ein Heilmittel für ein neues Virus oder eine unbekannte Krankheit zu entwickeln galt. In ihnen ließen sich auch Tests durchführen und Experimente auswerten.

Im Falle einer medizinischen Krise mit mehreren Opfern konnten medizinische Notstationen in den Shuttlehangars, den Frachträumen, in „Zehn Vorne" und den Gästequartieren auf den Decks 5 und 6 eingerichtet werden.

Die *Enterprise*-D war schwer bewaffnet und gut geschützt. Unter normalen Umständen bewahrten sie ihre Schutzschilde vor Angriffen. Doch sie wurde zerstört, nachdem die Duras-Schwestern die Schildfrequenz erfuhren und ihre Waffen darauf einstellen konnten.

Die *U.S.S. Enterprise* NCC-1701-D war primär als Schiff friedlicher Forschungsmissionen konzipiert, doch sie verfügte auch über umfangreiche Waffen- und Verteidigungssysteme. So hatte sie 12 Phaserbänke des Typs X, drei Torpedorohre und einen Vorrat von mindestens 250 Photonentorpedos, im Notfall umgaben sie Hochleistungsschutzschilde.

Die Primärwaffen der *Enterprise*-D, also die mit der höchsten Verwendung, waren die Phaser. Diese befanden sich an diversen strategischen Orten der Außenhülle und erzielten zusammen einen Schussradius von 360 Grad. Die beiden Hauptbänke führten je einmal um die Ober- und Unterseite der Untertasse. Alle anderen befanden sich an der Antriebssektion: zwei im hinteren oberen Bereich des Halses, gleich mehrere über die Warpgondeln verteilt und eine auf der Unterseite der Antriebssektion. Die letzte war nur zu sehen, wenn sich das Schiff zweiteilte – sie befand sich an der Spitze des die Sektionen verbindenden Halses.

Jede Phaserbank umfasste eine große Menge Phaseremitter, die linear angeordnet waren. Von hier gingen die zielgerichteten Energiestrahlen aus. Die rückseitige Phaserbank der Untertasse bestand aus 200 Emittern, von denen jeder 5,1 MW Leistung aufbrachte – eine immens starke Waffe. Die taktische Reichweite einer Phaserbank betrug etwa 300.000 km, alle 12 konnten gleichzeitig und auch in verschiedene Richtungen feuern. Falls nötig, ließen sich die Schiffsphaser so einstellen, dass sie in eine Planetenoberfläche bohrten. Dies geschah 2370, als sie bis in den Kern Atrea IVs vordrangen, um diesen aufzuheizen.

Die Phaserbänke hatten aber einen Nachteil: Ihre volle Effizienz erreichten sie nur bei Unterlichtgeschwindigkeit. Musste die *Enterprise*-D während des Warpflugs schießen, waren Photonentorpedos empfehlenswerter. Das Schiff verfügte über drei Torpedorohre: zwei in der Antriebssektion – eins vorwärts, eins rückwärts gerichtet – und eines in der Untertasse. Im vorderen Haupttorpedoraum auf Deck 25 wurden die Torpedos schussbereit gemacht. Jedes Rohr konnte zehn Torpedos gleichzeitig abfeuern, jeder Torpedo konnte auf ein eigenes Ziel programmiert werden.

Die Torpedorohre der *Enterprise*-D kombinierten abwurfunterstützende Gasgeneratoren mit elektromagnetischen Beschleunigern und einer Reihe Induktionsspulen, um den Torpedo in einem Warpfeld aus dem Schiff zu

befördern. Der Eigenantrieb des Torpedos ermöglichte Überlichtgeschwindigkeit, sowie es im Freien war.

Photonentorpedos waren schwarze, längliche Objekte, in deren Köpfen Kammern mit Materie und Antimaterie lagerten. Nach dem Start wurden beide in eine einzige Kammer gelassen, aber noch auseinander gehalten. Erst beim Zielaufprall vermischten sich die zwei Elemente und erzeugten eine gewaltige Explosion. Die Photonentorpedos hatten eine Reichweite von etwa 3.500.000 km. Ihre Maximalkraft lag bei 18,5 Isotonnen – eine Explosionskraft von 25 Isotonnen genügte, um eine ganze Großstadt zu vernichten. Jeder Torpedo hatte einen Subraumdetonierer, der ihn zerstören konnte, falls der Angriff nach dem Start abgebrochen werden musste.

Das Hauptverteidigungssystem der *Enterprise*-D waren die Schilde, die sie mittels einer Art Kraftfeld vor natürlichen Gefahren und feindlichem Beschuss beschützten. Ohne sie war das Schiff höchst verletzbar. Schon ein einzelner Photonentorpedo reichte dann, es zu zerstören.

Der Deflektorschild wurde von zehn Generatoren erzeugt, die quer über die Außenhülle verteilt saßen. Jeder von ihnen erzeugte 4,73 GW, was eine lokale Raumverzerrung produzierte, die das Schiff umgab. Waren die Schilde oben, nutzten sie Frequenzmodulationen, um die meisten Arten von Materie und Energie schadfrei abzuwehren. Die Frequenz der Schilde war ein sorgfältig gehütetes Geheimnis. Erhielt ein Feind die Frequenzdetails, konnte er seine Waffen so modifizieren, dass sie die Schilde mühelos durchdrangen.

Waren die Schilde der *Enterprise*-D oben, waren sie stark genug, das Schiff vor dem Beschuss der meisten Raumschiffe des Alpha-Quadranten zu beschützen. Dauerfeuer konnte sie aber nach und nach schwächen. Jede Kampfsituation war anders, daher wusste man nie genau, wie viele Treffer die Schilde überstanden. Taktische Offiziere meldeten dann stets die verbliebene Schildstärke in Prozent. Oft nahmen bestimmte Schildbereiche mehr Schaden als andere. Dann konnte die Energie umgeleitet werden, um die betroffenen Bereiche zu stärken.

Zu den anderen Hauptsystemen der Waffen und Verteidigung der *Enterprise*-D gehörten die Sensoren und Computer. Die Sensoren erfassten und verfolgten, wo und wie weit entfernt die Gefahrenherde waren, und der Schiffscomputer berechnete nahezu augenblicklich den je nach Situation effektivsten Angriffsplan oder das beste Ausweichmanöver.

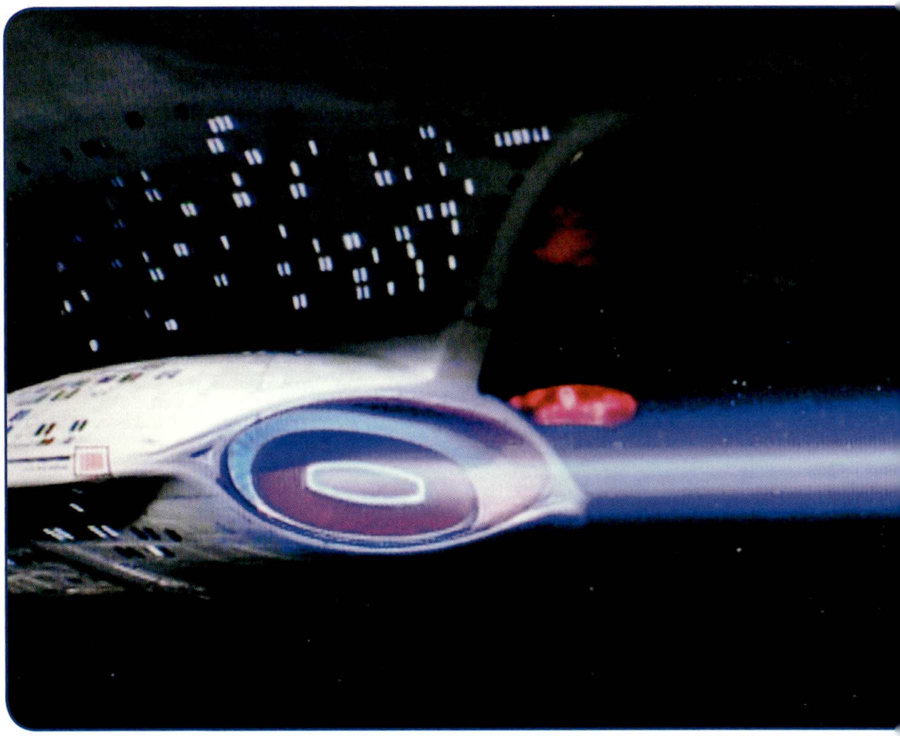

Als die Besatzung 2366 gegen die Borg kämpfte, nutzte sie den Deflektor als großen Phaseremitter.

Konventionelles Phaserfeuer war im Kampf gegen die Borg kaum hilfreich. Die Borg konnten ihre Schäden enorm schnell reparieren und sich dem Beschuss anpassen.

Die *Enterprise*-D verfügte über drei Shuttlerampen und nutzte während ihrer Dienstjahre 72 Beiboote. Zu diesen zählten 12 Shuttlekapseln des Typs 15, vier Reisekapseln, 15 Shuttles vom Typ 6, 10 vom Typ 7, 9 Frachtshuttles des Typs 9A, fünf Sondershuttles, 10 Arbeitsbienen, fünf Sphinx-Arbeitskapseln und die Yacht des Captains.

Die Hauptshuttlerampe war riesig und befand sich am Ende der Untertasse auf den Decks 3 und 4. Die zwei anderen saßen im Hals der Antriebssektion. So verfügte jede Sektion im Trennungsfall über Shuttles. Die Hauptrampe war beträchtlich größer als die anderen. Sie war sogar so groß, dass der Schub, der bei einem plötzlichen Druckabfall in ihr entstanden wäre, ausgereicht hätte, dass gesamte Schiff zu bewegen. Normalerweise umgab aber ein Eindämmungsfeld die Hangartüren, das die Shuttles hinein oder hinaus durchflogen, ohne dass die Klasse-M-Atmosphäre innerhalb der Rampen hätte aufgegeben werden müssen. Anders gesagt musste innerhalb der Rampen kein Vakuum herrschen, wann immer ein Shuttle aufbrach oder ankam.

Ein Rampenoffizier und ein Flugdeckoffizier regelten den Betrieb der Rampen. Sie arbeiteten in einer Kontrollkammer oberhalb der Hauptrampe. Sie mussten sich jeden Start und jede Landung vorher vom Ops-Offizier genehmigen lassen.

Obwohl Shuttles manuell gestartet und gelandet werden konnten, verlief diese Prozedur meist automatisiert. Dafür sorgten die Kurzstrecken-Präzisionstraktorstrahlen an den Türen der Rampen. Sie leiteten das Shuttle genauer durch die Tür, als es jeder Pilot gekonnt hätte. Die Traktorstrahlen kümmerten sich auch um Shuttlelandungen. Dafür erfassten sie das Shuttle ab einer Entfernung von 350 m und leiteten es sanft in den Hangar. Sie garantierten, dass es nicht zu Zusammenstößen kam.

2368 befahl Dr. Crusher, alle drei Shuttlehangars der *Enterprise*-D in behelfsmäßige Krankenlager umzuwandeln, um die erwarteten Mengen an Verletzten von der abgestürzten *U.S.S. Denver* aufzunehmen.

Shuttles wurden für Schiff-zu-Schiff-Reisen und für Flüge auf planetare Oberflächen genutzt, wann immer die Umstände ein sicheres Beamen verhinderten.

TYP-15-SHUTTLEKAPSELN

Die Typ-15-Shuttlekapseln waren die kleinsten auf der *Enterprise*-D vorliegenden Shuttles. Sie waren 3,6 m lang und hatten eine Masse von 0,86 Tonnen. Im Standardbetrieb hatten sie vorne zwei Sitze und dahinter Raum für Fracht, ließen sich aber umbauen, sodass nur ein Pilotensitz übrig blieb und der restliche Raum mit Bänken für Passagiere ausgestattet war. Es gab drei Eingänge: zwei Flügeltüren an den Seiten und eine Luke im Heck.

Die Typ-15-Shuttlekapsel hatte zwei 500-Millicochrane-Impulstriebwerke, auch als Impulsgondeln bekannt, die sich seitlich befanden. Zum Warpflug war es nicht fähig. Seine Triebwerke beschleunigten es auf bis zu 12.800 Meter pro Sekunde, weshalb es nur bedingt für interplanetare Reisen geeignet war. Es hatte acht DeFl-657-Heißgas-Manövrierdüsen – auch Mikrofusionsdüsen genannt –, die für besondere Manöver wie Starts und Landungen auf Planeten vorgesehen waren. Deuterium war die Hauptenergiequelle, doch lieferten drei Sarium-Krellid-Speicherzellen im Notfall mehr Energie. Seine Bewaffnung erstreckte sich auf Phaser des Typs 4 und einen Schutzschild. Zudem hatte es Sensorenbänke und konnte eigenständig navigieren.

Diesen Typ Shuttlekapsel gab es noch in zwei Variationen: Typ 15A war ein wenig schneller. Typ 16 hatte stärkere Impulsmaschinen (750 Millicochrane). Zu den Typ-15-Shuttles der *Enterprise*-D gehörten *El-Baz* (05), *Ley*, *Onizuka* (07), *Pike* (12) und *Voltaire* (03).

Data stahl die *El-Baz*, als er unter Lores Einfluss stand, flog mit ihr durch einen Transwarpkanal und landete auf einem Planeten. Er flog auch die *Onizuka* zum Planeten Tau Cygna V, wo eine Kolonie evakuiert werden musste. Nachdem er auf Risa ein Seminar über Künstliche Intelligenz besucht hatte, flog Geordi La Forge die *Onizuka* zurück zur *Enterprise*-D, als er von Romulanern entführt und unter ihrem Einfluss stehend zur *Enterprise* zurückgebracht wurde. Die *Pike* wurde zerstört, während sie Hytritium zur *Enterprise*-D transportierte. Anfangs schrieb man die Explosion einem Fehler des Piloten zu, erkannte aber später, dass Kivas Fajo der Verantwortliche war. Captain Picard flog mit der *Voltaire* vor der *Enterprise*-D her, um sie sicher aus dem Mar-Obscura-Nebel zu leiten, der voller Risse im Raumgefüge steckte. Die *Enterprise* schaffte es, doch die *Voltaire* wurde beim Kontakt mit einem dieser Risse zerstört. Picard konnte sich gerade noch rechtzeitig von Bord beamen.

Die *Enterprise*-D verfügte über unterschiedliche Shuttles, die von jeder der drei Shuttlerampen starten konnten.

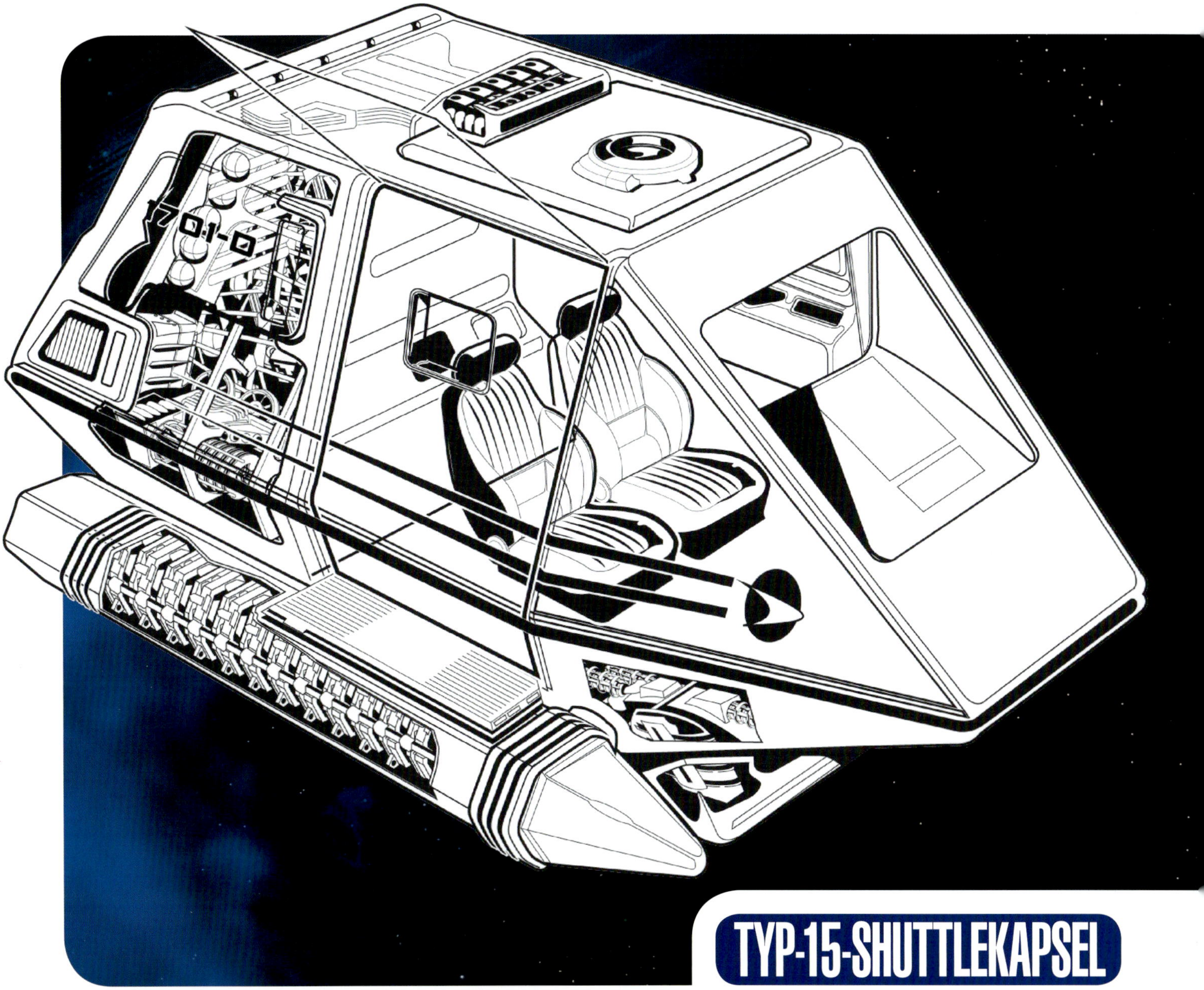

TYP-15-SHUTTLEKAPSEL

Klassifizierung	Typ 15
Aktiver Dienst	2363–2371
Länge	3,6 m
Besatzungsgröße	2
Antrieb	Impulskraft
Bewaffnung	Typ-4-Phaser
Verteidigung	Schutzschild

TYP-6-SHUTTLE

Shuttles des Typs 6 waren 6 m lang und fassten zwei Personen im Bug und bis zu 6 Passagiere auf den hinteren Sitzen. Anders als die Kapseln waren die Typ-6-Shuttles warpfähig. Sie verfügten über einen Deflektorschild und zwei 1250-Millicochrane-Gondeln, die es erlaubten, bis zu 48 Stunden mit Warp 1,2 zu reisen. Dadurch waren sie für längere Missionen weit besser geeignet als Shuttlekapseln. Shuttles des Typs 6 hatten 12 Mikrofusionsdüsen, Manövrierdüsen, Atmosphären-Lufthutzen und Hoverfield-Antigravs. Dadurch waren sie für den Einsatz im All und innerhalb planetarer Atmosphären gleichermaßen geeignet.

Man betrat die Shuttles des Typs 6 an der Rückseite über eine Frachtrampe. Während ihrer Dienstzeit auf der *Enterprise*-D, waren die Typ-6-Shuttles meist nicht bewaffnet, konnten aber mit zwei Phaseremittern des Typs 4 ausgestattet werden. Außerdem ließ sich ein portables Transportersystem einbauen.

Typ-6-Shuttles an Bord der *Enterprise*-D (Auswahl): *Berman*, *Curie* (03), *Fermi* (09/16), *Galileo* (07), *Goddard* (15), *Justman* (03), *Magellan* (15) und *Piller*.

TYP-7-SHUTTLE

Shuttles vom Typ 7 ähnelten denen des Typs 6, hatten aber rundere Hüllen und waren mit 8,5 m etwas länger. Wie der Typ 6 waren auch sie mit zwei 1250-Millicochrane-Gondeln ausgestattet, doch konnten die 7er bis zu 48 Stunden lang ein Tempo von Warp 1,75 aufrechterhalten. Ihr Inneres ähnelte dem Typ 6, abgesehen von einem Displaypanel auf Augenhöhe zwischen den zwei Cockpitsitzen, das als Monitor diente und Navigationsdaten zeigte. Auch der Typ 7 war eigentlich unbewaffnet, konnte aber mit Phasern des Typs V aufgerüstet werden.

Der Typ 7 hatte eine Rampe in der Nase. Pilot und Copilot hatten jeweils eine eigene Konsole, die beiseite geschoben werden konnte, um die Rampe zu nutzen.

Typ-7-Shuttles der *Enterprise*-D (Auswahl): *Copernicus* (03), *Feynman* (05), *Hawking* und *Sakharov* (01).

TYP-9A-FRACHTSHUTTLE

Mit seinen 10,5 m Länge war das Typ-9A-Frachtshuttle das Größte an Bord der *Enterprise*-D. Wie sein Name nahe legt, wurde es meist zum Transport von Fracht- und Vorratsgut genutzt, diese Shuttles fand man meist auf

TYP-6-SHUTTLE

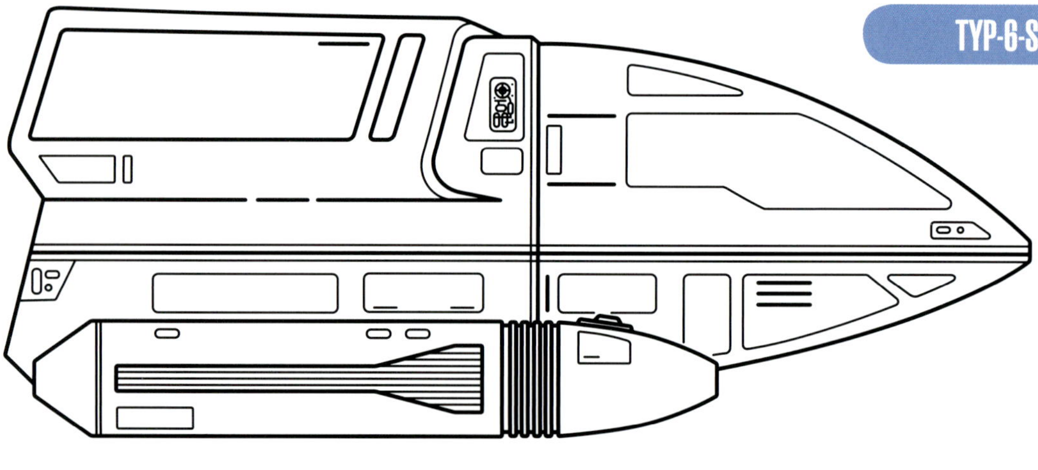

TYP-7-SHUTTLE

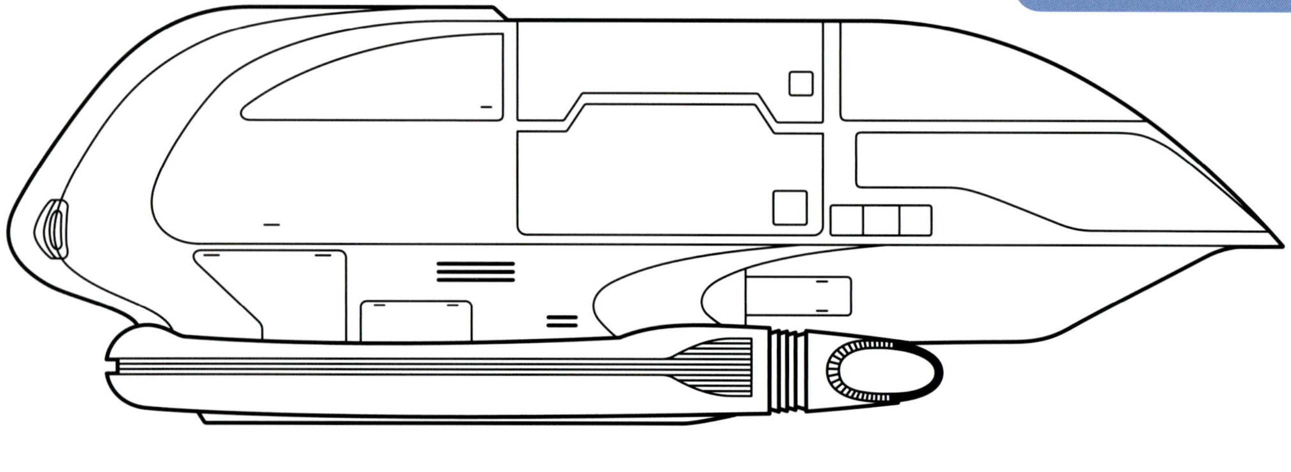

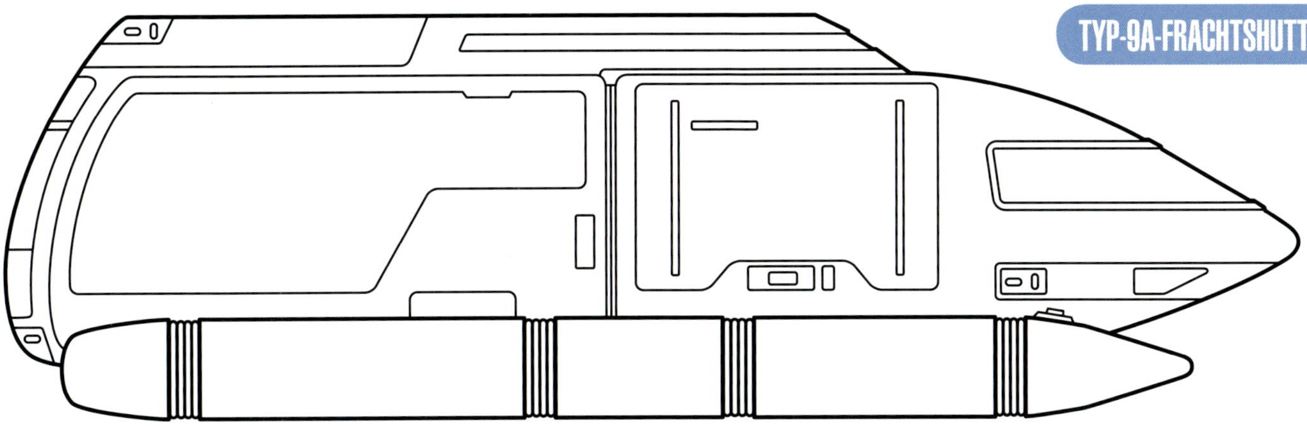

TYP-9A-FRACHTSHUTTLE

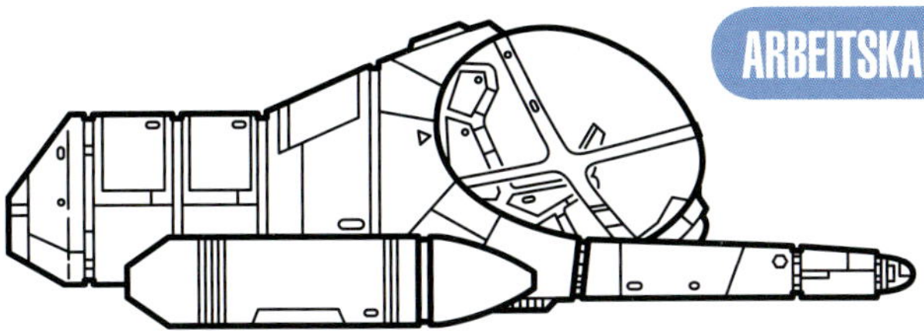

ARBEITSKAPSELTYP SPHINX-M1

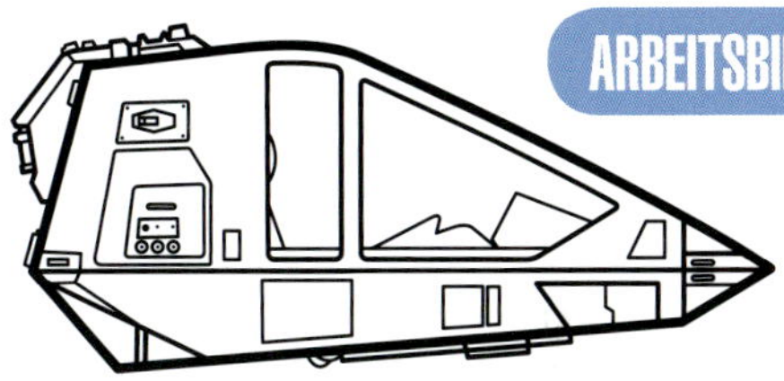

ARBEITSBIENE

den Schiffswerften der Sternenflotte, wo sie Bauteile von der Planetenoberfläche zu den orbitalen Arbeitsbereichen beförderten. Da warpfähig und mit zwei 1500-Millicochrane-Gondeln ausgestattet, kamen sie oft bei interplanetaren Frachtfahrten zum Einsatz. Auf der *Enterprise*-D waren sie besonders nützlich, wenn es medizinische Güter oder andere wichtige Fracht auf Planeten zu transportieren galt und die *Enterprise* zeitgleich andere Aufgaben erfüllen musste.

Der vordere Bereich des Typs 9A, wo die zweiköpfige Besatzung saß, wurde durch eine Wand vom hinteren abgetrennt. Dadurch konnte der hintere Bereich, falls nötig, ungeschützt dem All ausgesetzt werden. Dieses Shuttle ließ sich für den Personentransport umbauen und war besonders gefragt, große Außenteams und ihre Ausrüstung zu Planeten zu befördern, deren starke Sicherheitsvorkehrungen eine Nutzung der Transporter unmöglich machten.

ARBEITSKAPSEL SPHINX TYP M1

Die Sphinx-Arbeitskapsel ähnelte der Arbeitsbiene insofern, als sie bei Reparaturen an der Außenhülle der *Enterprise*-D zum Einsatz kam. Mit 6,2 m war die Sphinx aber länger als die Arbeitsbiene. Ihr Cockpit war von einer durchsichtigen Abdeckhaube umgeben, was dem Piloten ein größeres Sichtfeld gab.

ARBEITSBIENEN

Arbeitsbienen waren kleine, gelbe Wartungsschiffe, die bei Reparaturen an der Außenhülle der *Enterprise*-D eingesetzt wurden. Sie waren nicht warpfähig und wurden von einem Mikrofusionsreaktor angetrieben, was ihnen ein Maximaltempo von 2000 Metern pro Sekunde verlieh. In ihnen saß eine einzige Person, die meist einen Raumanzug griffbereit hatte, um das Gefährt verlassen und manuell Reparaturen vornehmen zu können.

Dank großer Fenster und einem starken Licht an der Frontseite sah der Insasse besser, welche Schäden zu reparieren waren. Die Arbeitsbienen konnten mit diversen Werkzeugen versehen werden, je nach Art der anstehenden Arbeiten. Es gab Greifarme, Greifschlitten genannt, die unter dem Schiffskörper zusammengefaltet wurden, wenn man sie nicht brauchte. Die Bienen konnten auch so modifiziert werden, dass sie in der Lage waren, mehrere Frachtcontainer zu ziehen.

Paralleluniversen

MULTIVERSUMSTHEORIE

Ein Argument wurde oft bemüht, die Unmöglichkeit von Zeitreisen zu belegen: Wir seien nie jemandem aus der Zukunft begegnet. Dies führte zur Theorie der Paralleluniversen. In unserem normalen Verständnis des Universums folgt auf jede Aktion eine bestimmte Reaktion. Wirft man beispielsweise eine Münze, hat man danach entweder Kopf oder Zahl. Und diese beiden Möglichkeiten sind sogar gleich wahrscheinlich.

Laut der Multiversumstheorie ist dies eine sehr vereinfachte Sicht auf die Dinge. Sie besagt, alles, was passieren könne, passiere auch. Wann immer es mehr als ein mögliches Ergebnis gebe, entstehe ein neues Universum. Wirft man etwa eine Münze, entsteht ein Universum, in dem Kopf und eines, in dem Zahl oben landet.

Theoretisch bedeutet das, dass wann immer ein Zeitreisender irgendwo ankommt, ein neues Parallel-

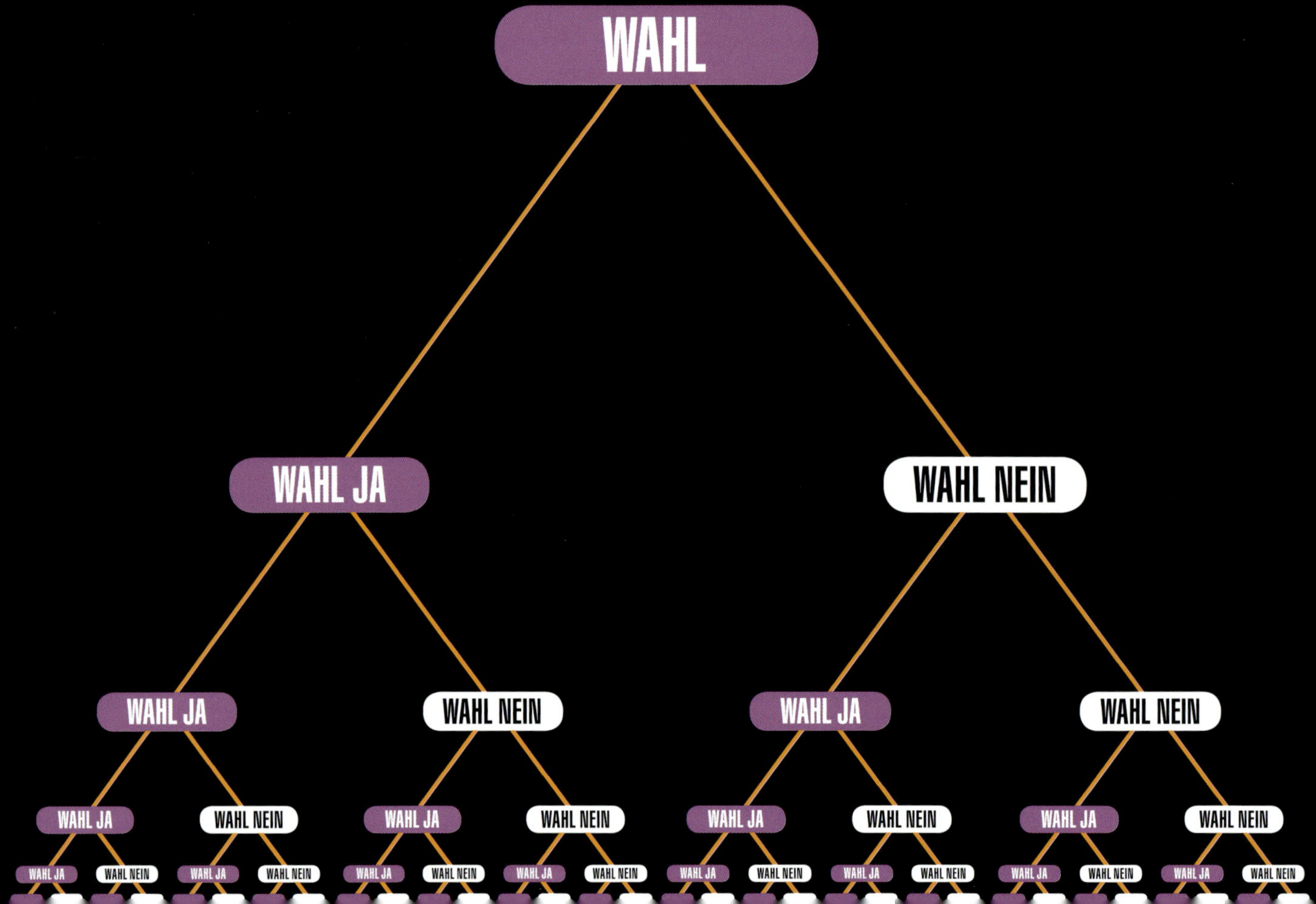

universum entsteht. Dies muss nicht notwendigerweise dem entsprechen, in dem er gestartet ist. Bislang kennt die Sternenflotte nur Reisen, die die Vergangenheit des Reisenden beeinflussen, und doch wurde die Multiversumstheorie belegt: 2268 schickte ein Transporterunfall ein Außenteam der *U.S.S. Enterprise* NCC-1701 in ein Paralleluniversum, das unserem ähnelte, aber entscheidende Unterschiede aufwies. In ihm gab es keine Föderation. Stattdessen gehörte die Sternenflotte zum Terranischen Imperium, das Vulkan erobert hatte und nun den Rest der Galaxis wollte. Raumschiffe trugen die Kennung *I.S.S.* statt *U.S.S.*, waren ansonsten aber im Grunde identisch mit unseren und hatten sogar ähnliches Personal. Die „Spiegel"-*Enterprise*s waren nahezu deckungsgleich, wenngleich die „Spiegeluniversum"-Version stärker bewaffnet war und Folterkammern, Agoniekammern genannt, besaß, in denen die Besatzung Disziplin lernte.

An jenem Original-Transporterunfall war ein Ionensturm beteiligt. Ein Jahrhundert später gelang der Wechsel in dasselbe Paralleluniversum, als ein Schiff von *Deep Space Nine* mit einem Plasmaleck

2268 landeten Captain Kirk und mehrere Mitglieder seines Führungsstabes aufgrund eines Transporterunfalls in einem Paralleluniversum, in dem anstelle der Föderation ein brutales Imperium den Ton angab. Dies war eher an Eroberung als an Forschung interessiert.

Im „Spiegeluniversum" war die *Enterprise* nahezu identisch mit unserer. Doch war sie in dieser Wirklichkeit ein Kriegsschiff. Die Besatzung trug sogar an Bord Waffen, da Offiziere ihre Vorgesetzten ermordeten, um befördert zu werden.

Oben: 2370 wechselte Lt. Commander Worf zwischen Quantenrealitäten hin und her, die sich teilweise kaum unterschieden.

ins bajoranische Wurmloch flog. Irgendwie machte dies das Wurmloch zur Brücke zwischen den Universen.

Die Entdeckung dieses „Spiegeluniversums" bewies die Existenz mindestens einer Parallelwirklichkeit. Laut Multiversumstheorie gibt es aber unendlich viele Universen oder Quantenwirklichkeiten. Tatsächlich liegt die Vermutung nahe, jede erdenkliche Realität müsse irgendwo existieren. Es gibt welche, in denen Sie tot sind, während Sie anderswo König und wieder anderswo Bettler sind.

Obwohl die Existenz jeder einzelnen möglichen Wirklichkeit unmöglich zu beweisen ist, wurde auch dieser Aspekt der Theorie untermauert: Bei Sternzeit 47391,2 – also im Jahr 2370 – kehrte Lt. Commander Worf von der *U.S.S. Enterprise* NCC-1701-D nach einem *bat'leth*-Turnier auf Forcas III zurück, steuerte sein Shuttle aber durch einen Quantenriss im Raum-Zeit-Kontinuum. Dieser Riss war ein Fixpunkt, der in jeder Quantenwirklichkeit existierte. Als Folge diente er als Tor zwischen den Wirklichkeiten. Worfs Warptriebwerke schwächten die Grenzen zwischen den verschiedenen Universen, und schon wechselte er von einer parallelen Realität in die nächste. Anfangs merkte er dies gar nicht, da er stets die jeweilige Version seiner selbst ersetzte, doch schon bald fielen ihm die Unterschiede auf. In einem Universum hatte er das *bat'leth*-Turnier gewonnen, in einem anderen war er neunter geworden, in einem weiteren gar nicht dabei gewesen. In vielen der von ihm besuchten Wirklichkeiten war er mit Counselor Troi verheiratet, wenngleich sie in der seinen nur gute Freunde waren.

Mit Commander Datas Hilfe erkannte Worf, was genau geschehen war. Was immer existiert, hat eine Quantensignatur, die eindeutig mit der Realität verbunden ist, in die es gehört. Data fand heraus, dass sich Worfs Quantensignatur von der aller anderen unterschied, demnach musste er aus einem anderen Universum stammen. In Datas Wirklichkeit war Captain Picard dem Kampf gegen die Borg zum Opfer gefallen, weshalb Riker die *Enterprise*-D kommandierte und Worf zu seinem Ersten Offizier befördert worden war.

Die Besatzung ersann einen Plan, Worf in sein eigenes Universum zurückzubringen. Dazu musste er in den Quantenriss reisen und ein umgekehrtes Warpfeld erzeugen, das die Grenzen zwischen den Wirklichkeiten wieder schließen sollte. Doch während des Scans des Quantenrisses geriet die *Enterprise*-D

In einer Wirklichkeit wurde die *Enterprise* von Captain Riker befehligt, seit Picard bei der Schlacht von Wolf 359 ums Leben kam.

unter Beschuss, was diese Grenzen noch mehr schwächte. *Enterprise*s aus unterschiedlichsten Wirklichkeiten erschienen plötzlich in dem, in dem auch Worf gestrandet war. Nach wenigen Minuten waren es schon 285.000 Schiffe, und ihre Anzahl wuchs unglaublich schnell. Die verschiedenen Mannschaften konnten miteinander kommunizieren, begegneten also im Grunde sich selbst.

Es wurde immer wichtiger, die Grenzen zwischen den Universen zu schließen. Worf gelang dies, indem er den ursprünglichen Plan umsetzte. Doch eine der *Enterprise*s versuchte, ihn aufzuhalten. In ihrer Wirklichkeit hatten die Borg die Föderation überrannt. Um diese *Enterprise* zu stoppen, musste ein Captain Riker auf sie schießen und dadurch den Tod seines eigenen Quantendoubles in Kauf nehmen. Zum Glück konnte Worf die Grenzen zwischen den Universen danach schließen, wodurch er in seine eigene Wirklichkeit zurückkehrte.

Theoretische Studien der Föderationsbehörde für temporale Ermittlungen haben Beweise erbracht, dass um 2233 herum ein weiteres Paralleluniversum erschaffen worden sein muss. Allem Anschein nach entstand es in Folge der romulanischen Supernova von 2387. In dieser alternativen Wirklichkeit verursachte ein romulanischer Abtrünniger aus jener Zukunft die Zerstörung eines Sternenflottenschiffes, was einen komplett neuen Geschichtsverlauf ergab.

So wurde der spätere *Enterprise*-Captain James T. Kirk in dem erwähnten romulanischen Angriff zur Halbwaise. Dieser Kirk entwickelte sich dennoch zum Sternenflottenoffizier und wurde sogar noch früher Captain als sein Gegenstück aus der Hauptzeitlinie.

Der Angriff war das Werk Neros, der die Föderation anklagte, den Tod seiner Frau und Familie bei der Explosion der romulanischen Heimatwelt nicht verhindert zu haben.

Als im späten 24. Jahrhundert Romulus zerstört wurde, reiste der Romulaner Nero in der Zeit zurück und veränderte die Vergangenheit. In der neuen Zeitlinie war die *U.S.S. Enterprise* NCC-1701 bedeutend größer als das von Kirk befehligte Schiff.

NCC-1701-E

Klassifizierung	Sovereign-Klasse
Erbaut	San-Francisco-Werft, Erde
Stapellauf	2372
Dienstende	noch im Dienst
Länge	685 m
Anzahl der Decks	24
Besatzungsgröße	700
Bewaffnung	Phaser und Quantentorpedos
Kommandeur	Jean-Luc Picard

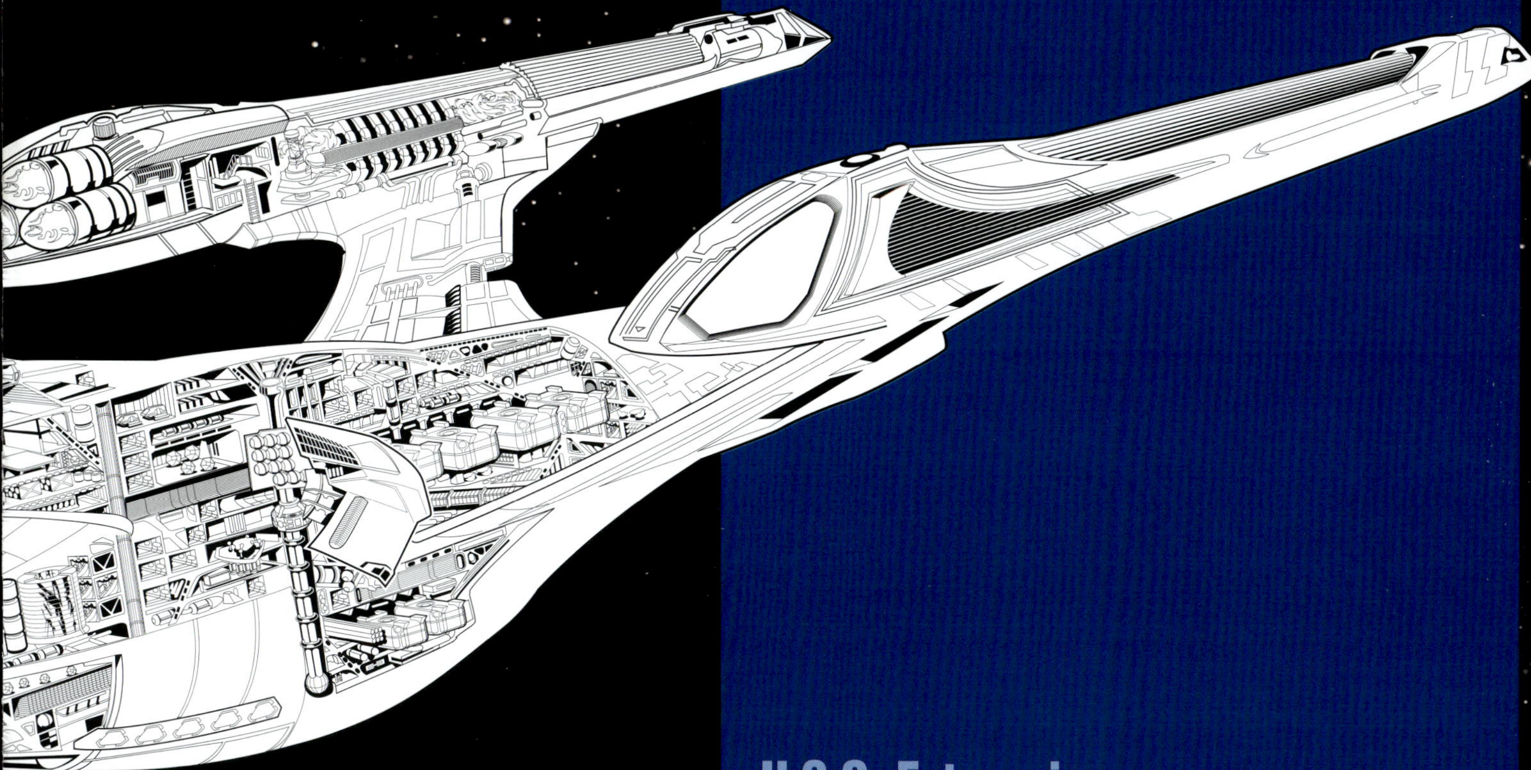

U.S.S. Enterprise NCC-1701-E

Das siebte Raumschiff *Enterprise* zählte zur *Sovereign*-Klasse und wurde 2372 unter Captain Jean-Luc Picards Kommando aus der erdnahen San-Francisco-Werft entlassen. Nach der Zerstörung ihrer Namensvorgängerin im Jahr 2371 wurde entschieden, sie *Enterprise* zu taufen. Sie spielte eine entscheidende Rolle in der Rettung der Erde vor der Borg-Invasion von 2373. Sechs Jahre später rettete sie die ganze Föderation vor einem Großangriff der von Prätor Shinzon geführten Romulaner. 2379 wurde sie generalüberholt. Da viele Mitglieder seines Führungsstabs auf andere Positionen wechselten, nahm Captain Picard nun eine neue Generation Offiziere an Bord.

SOVEREIGN-KLASSE

Die *Enterprise*-E war ein viel schlankeres, stärkeres Schiff als ihre Vorgängerin. Ihr Design war stark von der Bedrohung durch die Borg beeinflusst, weswegen sie auch keine Zivilisten mehr an Bord hatte. Doch nach dem Ende der Borg-Bedrohung erhielt auch sie die Aufgabe, zu forschen wie die vorherigen *Enterprises*.

Nach dem Verlust der *Enterprise* NCC-1701-D aus der *Galaxy*-Klasse im Jahr 2371 entschied die Sternenflotte, die nächste *Enterprise* aus der *Sovereign*-Klasse zu nehmen. Sie wählte ein Schiff, das bereits fast fertig war. Der Führungsstab der *Enterprise*-D unter Captain Jean-Luc Picard wurde auf das neue Schiff versetzt, als es noch in der San-Francisco-Werft im Erdorbit lag. Die *Enterprise*-E lief dort 2372 vom Stapel, bei Sternzeit 49027,5.

Wie die *Enterprise*-D, war auch sie das Flaggschiff der Sternenflotte. Picard und seine Besatzung wurden flottenweit bewundert. Zur Zeit des Stapellaufs hatte er mehrmals eine Beförderung zum Admiral abgelehnt. Er fand, das Kommando eines aktiven Schiffes passe besser zu ihm. Auch sein Erster Offizier, Commander Riker, verzichtete wiederholt auf ein eigenes Kommando, um weiterhin auf der *Enterprise* zu dienen. Der Rest des Führungsstabs bestand aus der leitenden Medizinerin Dr. Beverly Crusher, Chefingenieur Geordi La Forge und Wissenschaftsoffizier Data, die allesamt schon auf der *Enterprise*-D gedient hatten. Zu ihnen stieß der neue Conn-Offizier Lt. Hawk.

Als einziges Mitglied des alten Führungsstabes wechselte der Klingone Commander Worf nicht auf die neue *Enterprise*. Stattdessen hatte er eine Stellung auf *Deep Space Nine* angenommen, wo sich sein Wissen über klingonische Kultur als unbezahlbar erwies. Später, nachdem er sogar eine Weile als Föderationsbotschafter im Klingonischen Reich gearbeitet hatte, kehrte er in den Dienst an Bord der *Enterprise* zurück.

Die *Enterprise*-E begann ihre Laufbahn mit einer einjährigen Testreise, in der alle Hauptsysteme genauer Prüfung unterzogen wurden. 2373 wurde diese Mission aber von der zweiten Borg-Invasion unterbrochen. Anfangs hatte die Sternenflotte Sorgen, Picard sei verletzlich, war er doch 2366 von den Borg assimiliert (also zum Mitglied ihrer Spezies gemacht) worden. Also beauftragte sie die *Enterprise*, an der Romulanischen Neutralen Zone Patrouille zu fliegen. Doch als die Schlacht begann, widersetzten sich Picard und seine Mannschaft den Befehlen und schlossen sich der Flotte an, die den erdnahen Borg-Kubus attackierte.

Die *Enterprise*-E kam zur rechten Zeit: Admiral Hayes' Schiff war just zerstört worden und der Kampf in der Schwebe. Picard übernahm das Kommando über die Flotte und schaffte es dank seines während der Assimilierung gewonnenen Wissens, den Kubus zu vernichten.

Doch eine Gruppe von Borg entkam und reiste in die irdische Vergangenheit, wo sie Zefram Cochranes historischen ersten Warpflug und den Erstkontakt mit den Vulkaniern verhindern wollten. Die *Enterprise* verfolgte sie, stellte den richtigen Verlauf der Dinge sicher und kehrte dann in ihre Gegenwart zurück.

Während dieser Reise wurde die *Enterprise*-E von den Borg teilassimiliert und musste mehrere Wochen im Raumdock verbringen, bevor sie wieder diensttauglich war. Während des Dominion-Krieges war sie an der cardassianischen Front und in viele wichtige Missionen verwickelt.

Nach Kriegsende enttarnte sie 2375 einen Plan, die Ba'ku heimlich umzusiedeln, weil die Atmosphäre ihres Planeten unglaubliche medizinische Eigenschaften hatte.

2379 schickte die Sternenflotte die *Enterprise*-E nach Romulus, wo sie mit dem neuen romulanischen Prätor Shinzon verhandeln sollte. Shinzon war Anführer einer remanischen Fraktion, die die Macht übernommen hatte. Die Besatzung der *Enterprise* fand heraus, dass es sich bei Shinzon um einen Klon Picards handelte, der von einem früheren romulanischen Regime hergestellt worden war, um die Föderation zu unterwandern. Dieser Plan war personellen Änderungen innerhalb des romulanischen Senats zum Opfer gefallen, weshalb Shinzon in remanischen Minen hatte aufwachsen müssen. Als Erwachsener organisierte er einen Staatsstreich und ernannte sich zum Prätor des Romulanischen Imperiums. Er behauptete, Frieden mit der Föderation schließen zu wollen, doch Picard begriff bald, dass dies eine Täuschung war. Shinzon wollte die Erde mit einem neuen Waffenschiff, der *Scimitar*, zerstören.

Die *Enterprise*-E stellte sich im Bassen-Graben der *Scimitar* und besiegte sie dank der Hilfe zweier romulanischer Warbirds, deren Besatzungen gegen Shinzon rebellierten. Picard musste dazu aber die *Scimitar* rammen, was auch der *Enterprise*-E große Schäden zufügte. Zudem kam Commander Data bei dieser Mission ums Leben, als er die remanische Waffe unschädlich machte.

Die *Enterprise*-E kehrte ins irdische Raumdock zurück, wo sie repariert und aktualisiert wurde. Der frisch beförderte Captain Riker übernahm das Kommando über die *U.S.S. Titan*, mit seiner Ehefrau, Counselor Troi, an seiner Seite. Commander Martin Madden wurde Picards neuer Erster Offizier. Nach den Umbauten sollte die *Enterprise*-E mit der Erforschung des Denab-Systems beginnen, also eine Mission erfüllen, deren Ziel mit dem ihres illustren Vorgängerschiffes namens *Enterprise* NX-01 nahezu identisch war.

2379 hinderte die *Enterprise*-E die Romulaner daran, die Erde anzugreifen, indem sie die Scimitar, das Schiff des romulanischen Prätors, rammte.

Gegenüber und unten: Die *Enterprise*-E spielte eine große Rolle bei der Verteidigung der Erde während der zweiten Borg-Invasion. Captain Picard nutzte sein einzigartiges Wissen über die Borg, um auf die verwundbarsten Stellen des Borg-Kubus zu schießen und diesen zu zerstören.

BACKBORDANSICHT

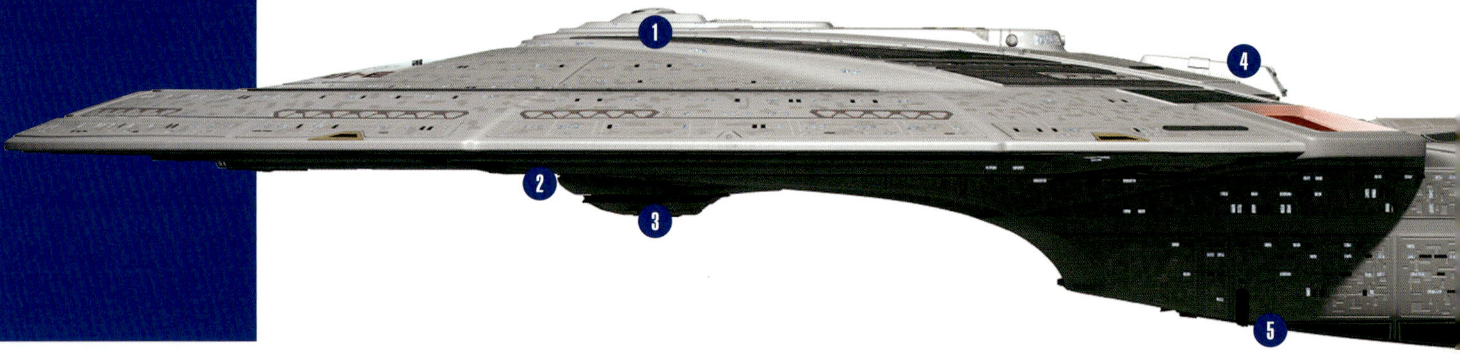

Das Aussehen der *Sovereign*-Klasse war stark durch die Borg-Invasion von 2366/2367 beeinflusst. Die Sternenflotte war Anfang der 2360er erstmals auf die Borg gestoßen und hatte erkannt, dass nur schwer bewaffnete, kompaktere Schiffe gegen einen Angriff der überlegeneren Borg-Kuben bestehen konnten. Nachdem 2367 die Borg-Krise beendet schien, begann eine neue Ära der Aggression in der Galaxis: Die Beziehungen zu den Klingonen waren angespannt, und mit dem Dominion erschien eine ganz neue Bedrohung. Die Sternenflotte behielt das Projekt *Sovereign* bei – und die *Enterprise*-E, 2372 in Dienst gestellt, wurde kleiner und schneller als ihre Vorgängerin. Im Gegensatz zur *Galaxy*-Klasse hatte sie keine Familien an Bord und eine kleinere Besatzung.

Trotz ihrer schweren Bewaffnung war die *Enterprise*-E im Grunde ein Forschungsschiff mit diversen wissenschaftlichen Laboren und den entsprechenden Spezialisten an Bord. Doch aufgrund der Umstände verwendete sie viel

BUGANSICHT

HECKANSICHT

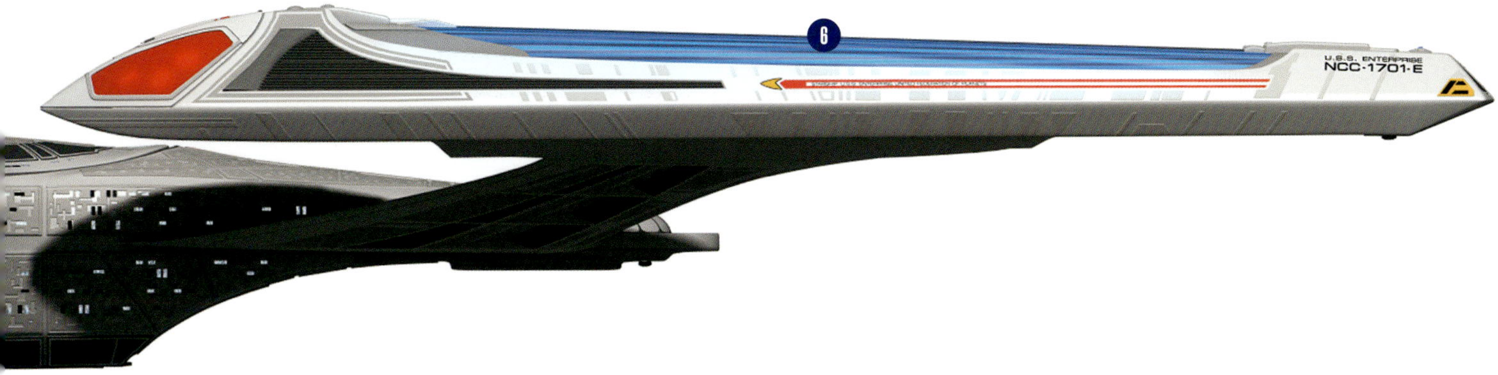

1. Hauptbrücke
2. Torpedorampe
3. Yacht des Captains
4. Shuttlehangar
5. Phaserbank
6. Warpfeldgitter
7. Manövrierdüsen
8. Navigationsdeflektor der Untertassensektion
9. Bussardkollektor
10. Hauptdeflektor
11. Shuttlehangar
12. Impulstriebwerk der Untertassensektion

Zeit auf Militäreinsätze. Entsprechend oft wurden ihre Waffensysteme aktualisiert, Phaserbänke und Torpedorampen hinzugefügt. Die *Enterprise*-E hatte stets die fortschrittlichsten Waffen, darunter Quantentorpedos und wahllos frequenzmodulierende Phaser. Beides war explizit zum Kampf gegen die Borg entwickelt worden. Während einer der Umbauphasen wurde auch das Innere des Schiffes umgestaltet und die Deckanzahl auf 29 geändert.

Aufgrund ihrer geringeren Größe war die *Enterprise*-E in der Schlacht robuster, doch ihre Form blieb dennoch eindeutig flottentypisch und folgte dem Aussehen, das die Sternenflotte seit über 200 Jahren bei Raumschiffen favorisierte. Die Untertasse war langgezogen und oval gehalten, aber trotzdem klar Untertasse. Sie enthielt die Mannschaftsquartiere und den Großteil der Labore. In der Antriebssektion befanden sich überwiegend die Antriebssysteme. Die zwei Warpgondeln saßen nach wie vor auf Trägern und bedienten sich heißen Plasmas, das aus einem Materie-Antimaterie-Reaktor kam. Antriebs- und Untertassensektion konnten auch getrennt voneinander funktionieren.

Die Maschinen der *Enterprise*-E waren effizienter und mächtiger als die ihrer Vorgängerinnen. 2370 hatte Dr. Serova erkannt, dass Warptechnologie dem All schadet. Deshalb veränderte das Büro für Fortschrittliches Raumschiffdesign die Warptriebwerke. Es machte sie effizienter und sorgte dafür, dass sie nicht länger den Subraum verletzten. Die Umbauten verliehen der *Enterprise*-E eine Standardgeschwindigkeit von Warp 8, sie schaffte aber auch mühelos Warp 9,95.

Auch die Warpgondeln der *Enterprise*-E wurden bedeutend umgewandelt, hauptsächlich aus Sicherheitsgründen. Die neuen Gondeln, zu denen 26 Warpspulen gehörten, beinhalteten ein ausfallsicheres Bussardkollektor-Modul. Dieser Teil der Gondel sammelte Gase aus dem All und gewann daraus Deuterium, den Materie-Teil der Materie-Antimaterie-Reaktion, auf der der Warpantrieb fußte. Diese Neuheit gestattete es den Kollektoren, auch noch im Beschädigungsfall zu arbeiten.

Die Gondeln verfügten über zwei Reaktionskontrolldüsen, die insbesondere für die Navigation bei Unterlichtgeschwindigkeit wichtig waren. Das Büro für Fortschrittliches Raumschiffdesign stattete sie auch mit Notfall-Plasmaklappen aus, durch die das Ingenieurteam das die Warpspulen aktivierende Plasma direkt aus den Gondeln ablassen konnte. Das reduzierte das Risiko einer Überlastung und Notfallabstoßung des Warpkerns.

2375 nutzte Commander Riker diese neuen Details auf innovative Weise, um ein die *Enterprise*-E verfolgendes Schiff der Son'a zu vernichten. Er ließ die Bussardkollektoren Metreongas sammeln und dieses dann aus den Gondeln ablassen. Für die Son'a sah es aus, als sei die *Enterprise*-E schwer beschädigt und verliere Warpplasma.

Also feuerten sie einen Torpedo zu ihrer Zerstörung ab. Doch wie von Riker erwartet, entzündete dieser das Gas, vernichtete einen der Verfolger und machte den zweiten handlungsunfähig.

Die *Enterprise*-E verließ sich auf den meisten Missionen auf ihren Transporter, verfügte aber auch über diverse Hilfsgefährte – von Standardshuttles über Langstreckenspäher bis zu Bodenfahrzeugen für den Betrieb auf Planetenoberflächen. Im Jahr 2379 gehörte sogar ein neuer Typ Multifunktionsshuttle dazu, die *Argo*. Wie andere Schiffe der Zeit, verfügte die *Enterprise*-E über zwei Shuttlehangars – einen am Ende der Untertassen- und einen mit den traditionellen Schwingtüren am Ende der Antriebssektion.

COMPUTERSYSTEME

Die Computer der *Sovereign*-Klasse bedienten sich neuester bioneuraler Leitungen, die erst seit Ende der 2360er Verwendung fanden. Diese Technik nutzte synthetische Zellen zur Datenübertragung und war

RÜCKENANSICHT

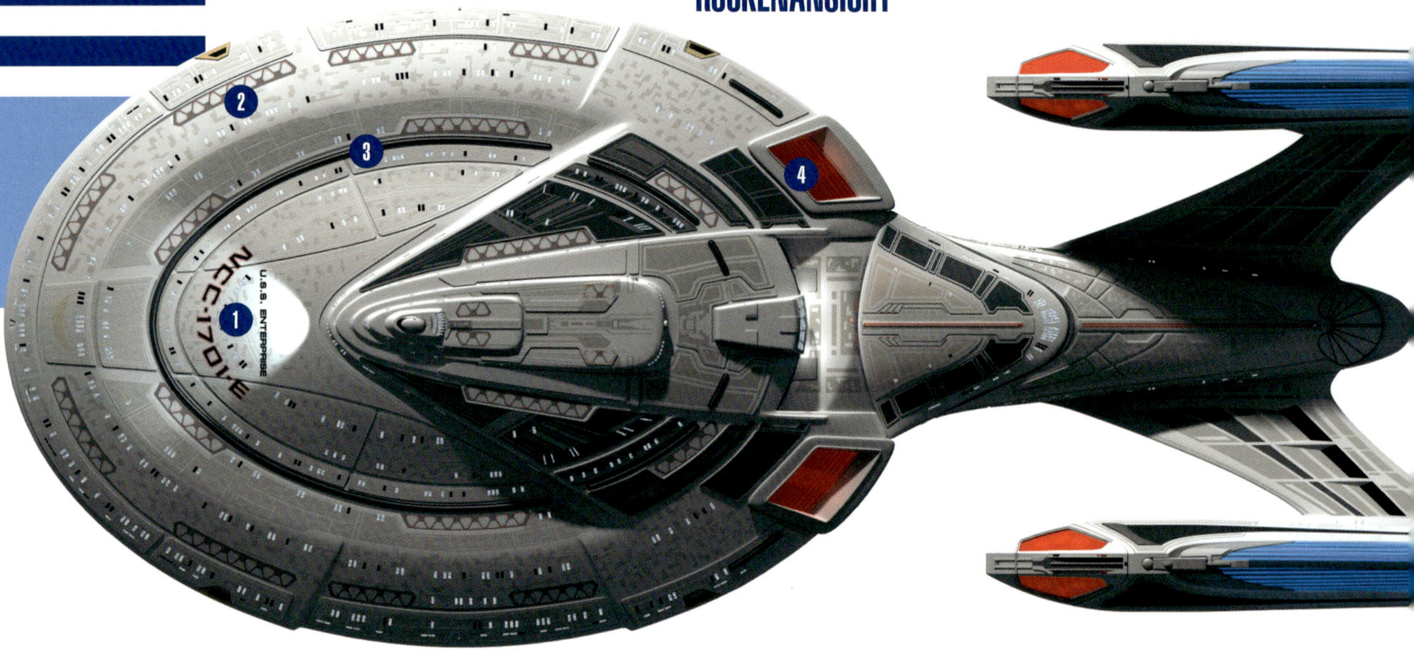

BAUCHANSICHT

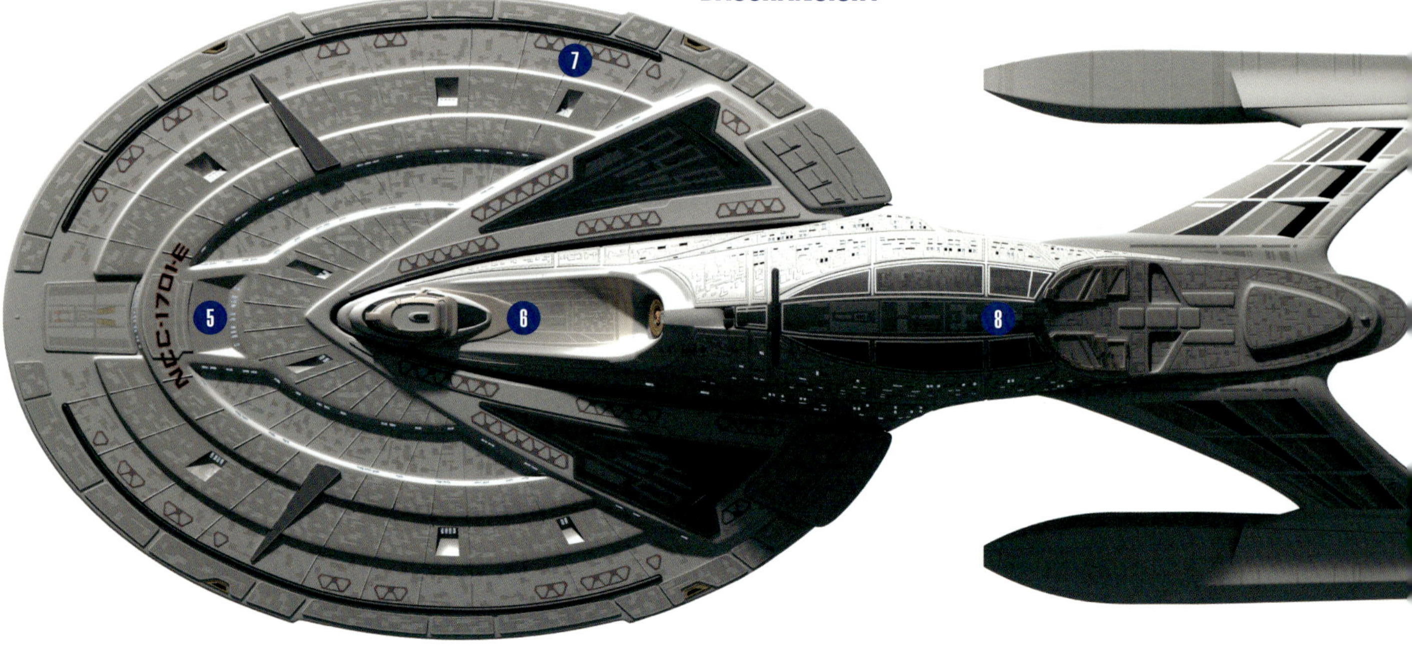

schneller als die traditionelleren, isolinearen Verbindungen. Die neuen Systeme verarbeiteten bis zu 6200 Kiloquads an Daten pro Sekunde. Das halborganische Computersystem existierte parallel zu einem konventionelleren ODN (Optisches Datennetzwerk) – teils weil bioneurale Technik derart neu war, teils weil es biologischen Angriffen unterlegen war. Gemeinsam sorgten die beiden Systeme für signifikante Verbesserungen der Datenverarbeitungsgeschwindigkeit. Die einzelnen bioneuralen Schaltkreise waren langsamer als ihre isolinearen Gegenstücke, doch das bioneurale Netzwerk als Ganzes arbeitete schneller und war für komplexe Berechnungen besser geeignet.

Untertasse und Antriebssektion hatten jeweils einen eigenen Computerkern. Beide waren mittels ODN verbunden, konnten im Trennungsfall aber unabhängig voneinander arbeiten. Der Kern der Untertasse war auf den Decks 6 bis 9 untergebracht, der in der Antriebssektion auf den Decks 17 bis 19.

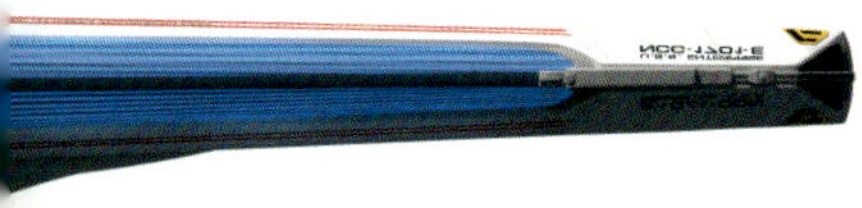

1 Schiffskennung

2 Rettungskapselluken

3 Phaserbank

4 Impulstriebwerk Untertassensektion

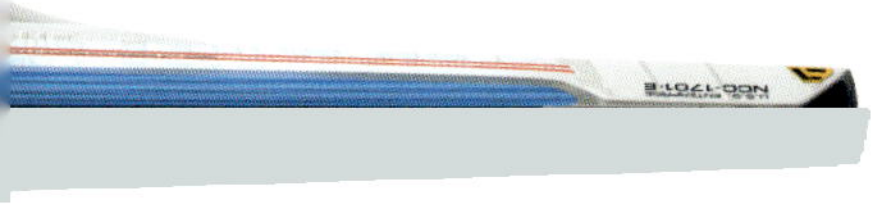

5 Navigationsdeflektor der Untertassensektion

6 Yacht des Captains

7 Rettungskapselluken

8 Warpkernausstoßluke

BESATZUNGSEINRICHTUNGEN

Die Mannschaftsquartiere befanden sich in der Untertassensektion, die der meisten Offiziere auf Deck 2. Obwohl das Schiff für den Kampf konzipiert war, bot es allen Luxus, den ein Sternenflottenoffizier des späten 24. Jahrhunderts erwarten durfte. Nahrung kam aus den Replikatoren, die sich in jedem Wohnbereich fanden. Außerdem traf man sich in der Lounge, die in Erinnerung an die Bar der *Enterprise*-D „Zehn Vorne" genannt wurde. Dem Führungsstab stand auch eine Offiziersmesse auf Deck 2 offen.

Das Schiff besaß Holodecks, die eine überzeugende Nachbildung jedweder Umgebung produzieren konnten. Dazu bedienten sie sich Hologrammen, Replikatortechnologie und sich bewegender Böden. Wenngleich sie auch wissenschaftlich Verwendung fanden und Bildungs- und Trainingsprogramme umfassten, wurden die Holodecks oft als Freizeitaktivität betrachtet. Die Besatzung übernahm in ihnen Rollen aus Holo-Romanen und lebte ihre Fantasien aus.

MEDIZINISCHE EINRICHTUNGEN

Die Hauptkrankenstation der *Enterprise*-E war klassisch gestaltet und der Aufbau auf verschiedenen Schiffen ihrer Zeit zu finden. Sie bestand aus vier Bereichen: einem Genesungsraum mit drei Standard-Biobetten, einem Diagnose- und OP-Bereich mit OP-Biobett, das ein steriles Feld erzeugen konnte und für Autopsien sowie genauere Analysen mit hoch auflösenden medizinischen Scannern versehen war, einem Büro für den Chefmediziner und einem kleinen Labor.

Die *Enterprise*-E war die erste *Enterprise* mit MHN (Medizinisch-Holografischem Notfallprogramm). Dies war ein holografischer Arzt, der mit dem Wissen 47 verschiedener Ärzte sowie der gesamten medizinischen Datenbank der Sternenflotte programmiert war. Damit das MHN funktionierte, war die Krankenstation mit Holo- und Kraftfeldemittern versehen, die ihm Substanz gaben und er seine Patienten berühren konnte. Das MHN kam aber nur im Notfall zum Einsatz und galt nicht als Ersatz für traditionelle Ärzte.

Die Hauptbrücke war an gewohnter Position: Deck 1, am obersten Punkt der Untertassensektion. Gestalterisch folgte sie dem, was schon auf der *Enterprise*-D usus war: Der Sessel des Captains war Zentrum des Raumes. Rechts und links von diesem saßen der Erste Offizier und ein für die jeweilige Mission zu konsultierender Experte. Normalerweise handelte es sich dabei um den Schiffscounselor. Abweichend vom vorherigen Design hatte man die Hufeisenkonsole hinter der Sitzgruppe aufgebrochen. Die taktische Station befand sich nun auf Steuerbordseite des Captains, während sich backbords meist die Wissenschaft fand.

Die Stationen Conn und Ops lagen nach wie vor nebeneinander, direkt vor dem Captain. Wie schon auf der ersten *Enterprise* NX-01, konnte der Steuermann das Schiff wahlweise mit einem Steuerknüppel fliegen, anstatt das Computerinterface zu nutzen. Ebenfalls abweichend zum Ur-Design reichten auch andere Brückenkonsolen in den Raum hinein, wie es ebenso auf anderen Brücken der Zeit üblich war.

Eine offensichtliche Neuerung bestand darin, den nun ein- und ausschaltbaren Hauptmonitor holografisch zu projizieren. Auf vorherigen *Enterprise*s hatte er im

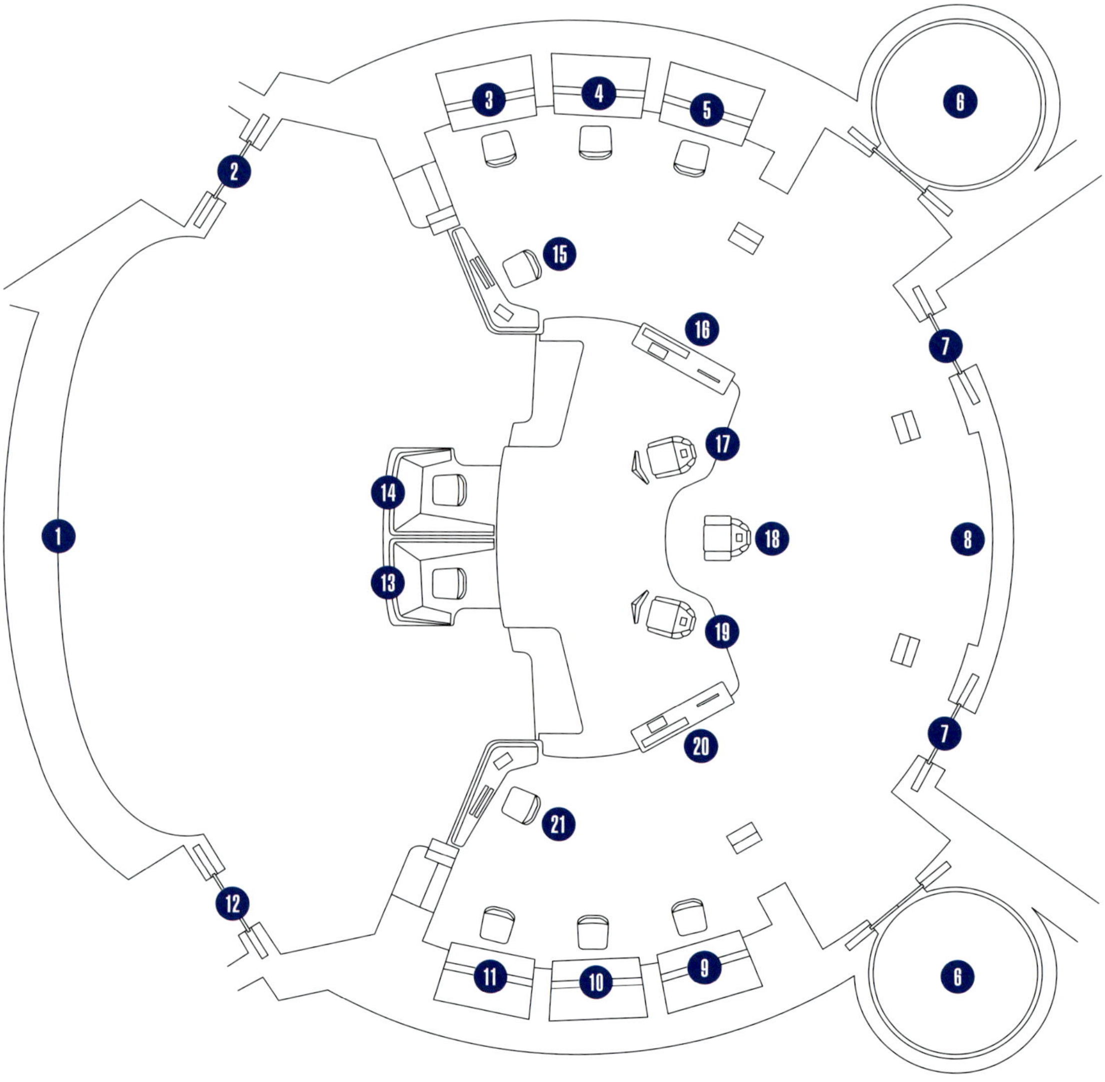

Ruhezustand den Weltraumbereich direkt vor dem Schiff gezeigt. War der Monitor der *Enterprise*-E abgeschaltet, sah man die Wand dahinter.

Der Rest von Deck 1 bestand aus dem Bereitschaftsraum des Captains und der Beobachtungslounge.

Auf Deck 14 in der Antriebshülle befand sich eine Ausweichbrücke (auch als Kampfbrücke bekannt). Wurde die Hauptbrücke zu sehr beschädigt, konnte die Schiffskontrolle dorthin umgeleitet werden. Außerdem diente sie als Brücke der Antriebssektion, wenn diese abgetrennt wurde.

Im Falle eines Turboliftausfalls diente eine Luke im Boden als Notausstieg. Rechts und links in den Brückenwänden befanden sich Nahrungsreplikatoren, die den diensthabenden Offizieren Erfrischungen ermöglichten.

1 Hauptmonitor
2 Bereitschaftsraum des Captains
3 Wissenschaftsstation I
4 Umweltkontrollen
5 Technikstation I
6 Turbolift
7 Konferenzraum
8 Hauptsystemanzeige
9 Wissenschaftsstation II
10 Missionsleitung
11 Technikstation II
12 Luftschleuse
13 Operationsmanagement
14 Conn
15 Wissenschaftsstation
16 Taktische Station I
17 Sitz des Ersten Offiziers
18 Sitz des Captains
19 Sitz des Counselors
20 Taktische Station II
21 Technikstation

Bei ihrem Dienstbeginn hatte die *Enterprise*-E weitestgehend den Führungsstab ihrer Vorgängerin, abermals unter Captain Picards Kommando.

Der Warpkern – eine zylindrische Röhre, in der Materie und Antimaterie unter kontrollierten Bedingungen zur Reaktion miteinander gebracht werden und das hochenergetische Plasma entsteht, das für den Betrieb der Warpspulen nötig ist – lag nahezu exakt in der Schiffsmitte und verlief von Deck 10 bis 24 quer durch die Antriebssektion. Der Hauptmaschinenraum war größer als auf früheren *Enterprise*s und verlief über drei Decks, wobei die Materie-Antimaterie-Reaktionskammer und die Plasmatransferspulen in deren Mitte auf Deck 15 lagen. Der Hauptkontrollraum fand sich auf Deck 16, dem untersten der drei.

Die Mehrheit der Kontrollsysteme, zu denen auch eine Hauptsystemanzeige gehörte, befanden sich auf der untersten Ebene, und ein Gerüst führte um den Kern auf Deck 15 herum, von dem aus Besatzungsmitglieder ihn warten und modifizieren konnten. Plasmakühlungstanks umgaben den Kern und senkten die Temperatur des Plasmas, das zu den Gondeln transportiert wurde. Das Kühlmittel war gefährlich, tötete es doch organische Substanzen schon beim bloßen Kontakt.

Die Lagerung der Antimaterie geschah auf Deck 23, am unteren Schiffsende. Anschlussstellen an der Außenhülle des Schiffes erlaubten es, die Lage-

Alle Hauptsysteme der *Enterprise*-E konnten vom Hauptmaschinenraum aus gesteuert werden. Entsprechend war es logisch, dass die Borg diesen übernehmen wollten, als sie das Schiff enterten. Sie verwandelten ihn schnell in ein Borg-Kontrollzentrum und versuchten, Picard zu überzeugen, sich ihnen anzuschließen.

rungsbehältnisse direkt aufzufüllen. Die Deuteriumtanks befanden sich auf Deck 14, achtern des Hauptmaschinenraums.

Der Warpkern konnte im Notfall abgestoßen werden. Dies geschah 2375, als die Son'a eine Subraumwaffe abfeuerten, die einen Riss im All erzeugte. Dieser reagierte auf den Warpkern der *Enterprise*-E. Commander La Forge schloss ihn, indem er den Warpkern abwarf und zur Detonation brachte.

WARPKERNBRUCH

Eine unkontrollierte Reaktion im Warpkern war eine große Gefahr für jedes Raumschiff, hatte eine dortige Explosion doch die Kraft, es vollständig zu zerstören. In extremen Notfällen konnten Sternenflottenschiffe den Kern daher abstoßen. Dabei wird der Warpkern von der Materie- und Antimateriezufuhr getrennt, also von den Quellen der Warpreaktion. Oft bedeutete dies, dass der Kern später wieder geborgen werden konnte.

Auf der *Enterprise*-E wurde er durch eine Luke an der Schiffsunterseite ausgeworfen. Der Abwurfbefehl konnte nur von einem Senioroffizier stammen, normalerweise vom Chefingenieur. (Sollte es viele Tote gegeben haben, verfolgte der Computer, wer aktuell noch weisungsbefugt war.) Unter bestimmten Umständen warf der Computer den Kern auch eigenständig ab, um die Besatzung zu schützen.

Wird die Auswurfsequenz eingeleitet, werden die Treibstoff- und Energiezuflüsse gesperrt und vom Warpkern abgetrennt. Dann wirft der Computer diesen aus der Luke, die detonierende Sprengkörper eigens dafür öffnen.

Sollte der Kern noch normal funktionieren, kann die Besatzung die Materie-Antimaterie-Reaktion weiterhin kontrollieren und ihn aus der Ferne zur Detonation bringen. Dies geschah 2375, als Commander La Forge den Kern abwarf und ihn ferndetonieren ließ, um einen von einer illegalen Son'a-Waffe geschaffenen Subraumriss zu versiegeln.

Die *Enterprise*-E konnte auch die Antimaterielagerbehälter auswerfen, sollten sie zu brechen drohen.

2375 war die *Enterprise*-E gezwungen, ihren Warpkern auszuwerfen, um einen Subraumriss zu schließen, den eine illegale Waffe erzeugt hatte. Das Vorgehen brachte den Erfolg, machte es dem Schiff aber unmöglich, bis zum Einbau eines neuen Kerns mit Warpgeschwindigkeit zu reisen.

Die *Sovereign*-Klasse sollte stets aus Kampfschiffen bestehen, die schwer bewaffnet waren, aber trotzdem zur Forschung taugten. Bei ihrem Stapellauf verfügte sie über 12 Phaserbänke des Typs XII. Jedes Emitterelement hatte eine Leistung von 7,2 MW. Die Hauptphaserbänke befanden sich auf Deck 4, auf der Oberseite der Untertassensektion. Eine weitere lag auf der Unterseite. Die Phaserbankgeneratoren waren auf Deck 5 untergebracht. Die Phaser des Typs XII waren in der Lage, ihre Modulation zu wandeln – in vorherbestimmter oder wahlloser Weise –, was ihre Effizienz Borg-Schilden gegenüber steigerte.

Die Schilde der *Enterprise*-E wiederum waren hochenergetischer als die ihrer Vorgänger und ebenfalls in der Lage, ihre Modulation stetig zu ändern. Dadurch waren sie widerstandsfähiger gegenüber Borg-Waffen.

Der signifikanteste Unterschied in Punkto Bewaffnung betraf die Torpedos. Zusätzlich zu den Photonentorpedos besaß die *Enterprise*-E auch Quantentorpedos, die im Warpflug abgefeuert werden konnten und größeren Schaden anrichteten als ihre Vorgänger. Dies gelang ihnen, weil sie mittels Nullpunktenergie eine Explosion erzeugten, die nach den Prinzipien des Urknalls arbeitete. Die Schadkraft eines Quantentorpedos hatte sich im Vergleich zu der eines gewöhnlichen Photonentorpedos mehr als verdoppelt.

Die *Enterprise*-E besaß ursprünglich fünf Torpedoröhren, aufgeteilt auf zwei Torpedorampen. Die vordere befand sich gleich oberhalb der Yacht des Captains, also an der Unterseite der Untertasse. Die hintere war am Ende von Deck 24. Jede der Rampen konnte Salven von bis zu 12 Torpedos abfeuern. Traktorstrahlemitter befanden sich neben jeder der Rampen.

2376 unterzog sich die *Enterprise*-E größerer Umbauten, bei denen die Anzahl der Phaserbänke auf 16 angehoben und weitere 5 Torpedoröhren eingebaut wurden. Die neuen Phäserbänke wurden an die Träger der Warpgondeln montiert, die während des Umbaus ohnehin ausgetauscht wurden. Vier der neuen Torpedoröhren wiesen nach achtern, darunter zwei hinter der Brücke und einer oberhalb des Hangars. Eine weitere Röhre befand sich auf der Untertassenvorderseite.

Die *Enterprise*-E wurde für den Kampf gegen die Borg entworfen und hatte fortschrittlichere Waffen als ihre Vorgängerin. Dies erwies sich als wertvoll, als sie den die Erde angreifenden Borg-Kubus angriff und zerstörte.

QUANTENTORPEDOS

Quantentorpedos sind in der Lage, eine Explosionskraft von über 50 Isotonnen zu erzeugen, mehr als das Doppelte eines normalen Photonentorpedos. Sie können dies, weil sie ihre Energie einem Raum-Zeit-Gebiet namens Nullpunktvakuum entziehen.

Die ersten Experimente mit Nullpunktenergie begannen 2236. Dabei wird die Raumzeit derart manipuliert, dass buchstäblich neue subatomare Partikel entstehen – ein Vorgang, bei dem große Energiemengen freigesetzt werden. Tatsächlich ist eine Nullpunkt-Energieexplosion im Grunde eine Miniversion des Urknalls.

Der Prozess erfordert eine Nullpunkt-Feldreaktionskammer. In einem Quantentorpedo ist diese 0,76 Meter lang und misst 0,35 Meter im Durchmesser. Das innere Energiefeld ist umgeben von Dilithium und synthetischem Neutronium. Das Nullpunktfeld wird erzeugt durch einen EM-Angleicher, eine Wellenführung, einen Subraumfeldverstärker und einen Kontinuumsstörungsemitter. Gemeinsam bilden diese Komponenten den Nullpunktinitiator.

Dieser erhält seine Energie durch eine konventionelle Materie-Antimaterie-Explosion, die allerdings etwas größer als ihr Äquivalent in einem Photonentorpedo ausfällt. Kommt es zu dieser Explosion, leitet der Nullpunktinitiator die Energie in die Reaktionskammer, wodurch neue subatomare Partikel entstehen und die eigentliche Torpedodetonation entsteht.

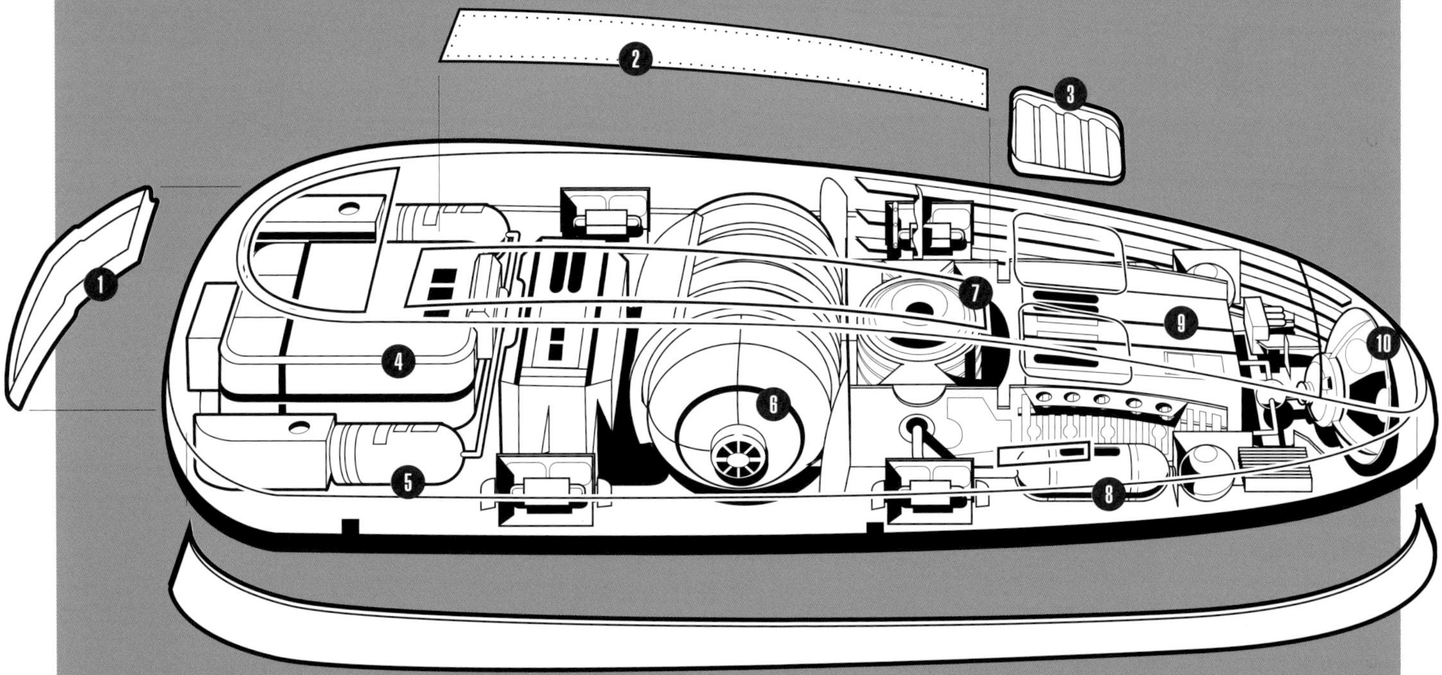

1. Antriebsöffnung
2. Wartungsluke
3. Thermalkontrollöffnung
4. Antriebsmodul
5. Antrieb und Schubvektorsubsystem
6. Nullpunkt-Feldreaktionskammer
7. Positronbeschleuniger
8. Weitwinkelnäherungssensor
9. Führungs- und Zielprozessor
10. Hauptzielscanner

Wie ihre Vorgängerin hatte auch die *Enterprise*-E eine eigene Yacht für den Captain. Diese dockte an der Unterseite der Untertassensektion. Mit über 33 Metern Länge war dieses Schiff, *Cousteau* genannt, geräumiger als ein herkömmliches Shuttle und für diplomatische Missionen gedacht. Es war groß genug, Diplomaten und deren Gefolge aufzunehmen und bot einen neutralen Raum für Verhandlungen.

Es war zum Warpflug fähig, denn wie beim *Danube*-Runabout verlief hier ein kleiner Warpkern über den Rücken des Schiffes. Unter normalen Bedingungen bot dieser die Energie für alle Systeme der *Cousteau*. Diese besaß dennoch auch ein kleines Fusionstriebwerk, das den Impulsantrieb speiste und als Notversorgung galt. Wie die Standardshuttles der *Enterprise*-E, konnte die *Cousteau* in Planetenatmosphären fliegen und sogar auf planetaren Oberflächen landen. Zur Steuerung genügte ein einziges Besatzungsmitglied, das sämtliche Systeme vom an der Spitze des Schiffes gelegenen Cockpit kontrollieren konnte. Die *Cousteau* war nur leicht bewaffnet und hatte minimale Schildkraft, war aber sehr wendig.

Hing sie an der *Enterprise*-E, war sie vom Rest dieses Schiffes nicht zu unterscheiden. Die Besatzung konnte sogar von einem Bordkorridor nahtlos auf sie übergehen. Die *Cousteau* war mit einem Transporter ausgestattet, der sich in ihrem Frachtbereich befand. In Notfällen ließen sich mit ihm Personen an einen nahe gelegenen Ort evakuieren.

Waren die Andockklammern gelöst, nutzte die *Cousteau* oft Manövrierdüsen, um sich vom Hauptschiff zu entfernen. Erst dann fuhr sie ihre Warpgondeln in die richtige Position aus.

War die Yacht nicht an der *Enterprise*, passten sich deren strukturelle Integritäts- und Trägheitsdämpfungsfelder der neuen Schiffsform an, damit die Schiffsleistung nicht beeinträchtigt wurde.

1 Phaserbank
2 Luftschleuse
3 Bussardkollektor
4 Warpgondel
5 Navigationsdeflektor
6 Gondelträger
7 Zugangsluke
8 Impulstriebwerk

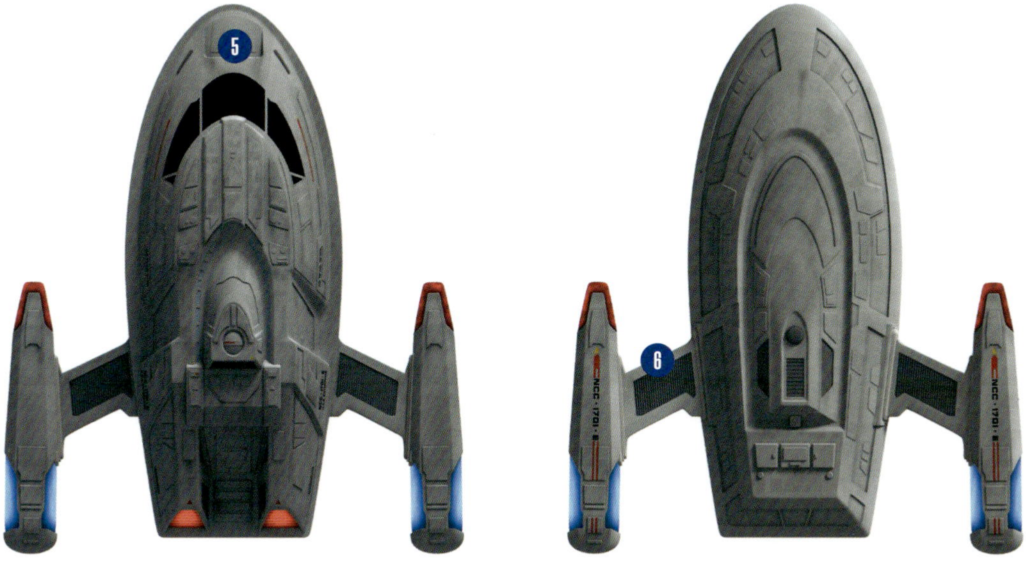

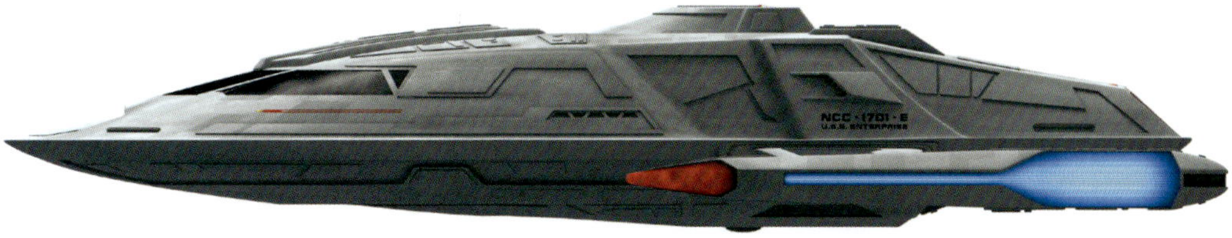

Anhang

GRÖSSENVERGLEICH

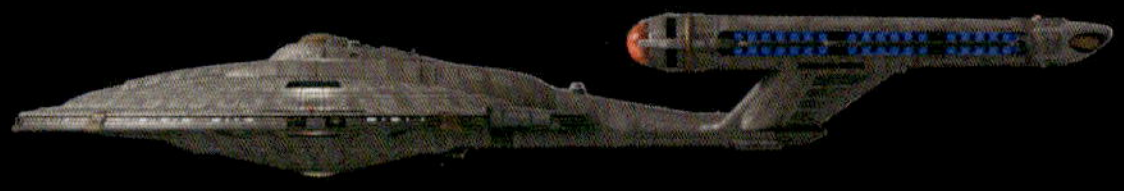

NX-01 Länge: 225 m

NCC-1701 Länge: 289 m

NCC-1701-A Länge: 305 m

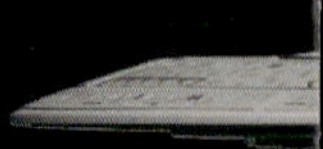

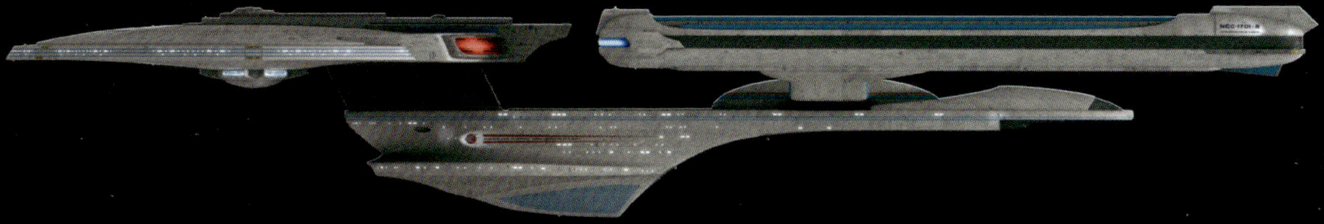

NCC-1701-B Länge: 467 m

NCC-1701-C Länge: 526 m

NCC-1701-D Länge: 641 m

NCC-1701-E Länge: 685 m

DANKSAGUNG

Die Autoren danken Hillary Newstead für ihre freundliche Unterstützung, Robert Bonchure für das, was echten Raumschiffen wohl am nächsten kommt, Doug Drexler für seine Anstrengungen und sein Wissen über die NX-01, John Eaves für Einblicke in die Pläne hinter der *Enterprise*-E, John Van Citters, Marian Cordy und Risa Kessler für ihr Geschick in Sachen Lizenzbücher sowie diversen Mitgliedern der Star-Trek-Autorenteams für die Interviews, die sie im Laufe der Jahre gaben. Es wäre falsch, einzelne zu nennen – dennoch können wir nicht anders, als insbesonders Ira Steven Behr, Hans Beimler, Ronald D. Moore, Joe Menosky, Dorothy Fontana, Andre Bormanis und Bryan Fuller zu erwähnen.

Besonderer Dank gebührt auch den folgenden Personen, die das Aussehen der *Enterprise* im Laufe der Jahre beeinflusst haben:

Gene Roddenberry, Michael Piller und Walter M. „Matt" Jefferies, der mit seinen brillanten Entwürfen für das Innere und Äußere der ersten *Enterprise* den Startschuss gab. Seine Genialität half, Gene Roddenberrys Vision der Zukunft zu formen.

Andrew Probert, Richard Taylor und Douglas Trumbull entwarfen die umgebaute *Enterprise*, basierend auf Matt Jefferies *Enterprise* für Phase II. Die Produktionsdesigner Harold Michelson und Joseph R. Jennings kümmerten sich um die Innenausstattung.

Andrew Probert entwarf auch das Äußere und die Brücke der *Enterprise*-D für Produktionsdesigner Herman Zimmerman. Richard D. James, ebenfalls Produktionsdesigner, kümmerte sich von der zweiten bis zur siebten Staffel von *Star Trek: The Next Generation* um das Schiff.

Rick Sternbach entwarf das Modell der *Enterprise*-C für die unter Fans sehr beliebte Episode *Die alte Enterprise*. Richard D. James gestaltete ihr Innenleben.

Herman Zimmerman und Jack Collis gestalteten das Innenleben der *Enterprise*-A in den Filmen *Star Trek IV* bis *Star Trek VI*.

Bill George und John Eaves entwarfen das Modell der *Enterprise*-B, wohingegen deren Innenausstattung von Herman Zimmerman stammte.

John Eaves und Herman Zimmerman zeichnen ebenfalls für die *Enterprise*-E aus den Kinofilmen zu *Star Trek: The Next Generation* verantwortlich.

Doug Drexler entwarf die *Enterprise* NX-01 für *Star Trek: Enterprise*, deren Innenleben abermals von Herman Zimmerman stammte, einem der profiliertesten *Star-Trek*-Designer.

ÜBER DIE AUTOREN

Ben Robinson und **Marcus Riley** verbrachten viele Jahre damit, über *Star Trek* zu schreiben und zu recherchieren. Sie sind Autoren und britische Herausgeber der phänomenal erfolgreichen *STAR TREK FACT FILES* und betreuten von 1999 bis 2003 das amerikanische *STAR TREK: THE MAGAZINE*. Nebenbei interviewten sie nahezu jeden, der in die *Star-Trek*-TV-Serien und -Filme involviert war und schrieben über jeden Aspekt dieses Universums – vom klassischen *Raumschiff Enterprise* bis hin zum obskursten Alienschiff.

Michael Okuda ist vor allem für seine futuristischen Kontrollkonsolen und andere Grafikdesigns für die *Enterprise* in mehreren Kinofilmen und Serien des Franchises bekannt. Er war Produzent für visuelle Effekte bei der remasterten Classic-Serie und technischer Berater des Autorenstabs. Michael lebt mit seiner Frau Denise in Los Angeles. Gemeinsam haben sie viele *Star-Trek*-Bücher verfasst.

BILDNACHWEIS

Illustrationen:
Robert Bonchune 2-3, 8-11, 16-19, 40-43, 66-69, 82-85, 94-97, 106-111, 146-149, 156-159 **Richard Chasemore** 25, 45, 46-49, 52-55, 58-59, 116-117, 121, 126, 128, 130-131 **John Lawson** 12-13, 29, 32-33, 36-37, 51, 56-57, 62-63 (basierend auf Originalentwürfen von David Kimble), 72-73, 78-79, 90-91, 98, 100-101, 135, 142-143 (basierend auf Originalentwürfen von CBS Studios Inc.), 155 **Haynes Publishing** 21, 24, 31, 44, 70, 86-87, 99, 114, 136-137 (basierend auf Originalentwürfen von Rick Sternbach), 150 **CBS Studios Inc.** 20, 128

Alle Fotografien mit freundlicher Genehmigung der CBS Studios Inc.

ANMERKUNG DES ÜBERSETZERS

Das *Star-Trek*-Universum ist gar nicht so rund wie man mitunter glauben mag. Insbesondere in der Übersetzung und Synchronisation Hunderter von TV-Episoden und von bislang elf Kinofilmen ging es längst nicht immer einheitlich zu – was bei der Fülle an Material aber nachvollziehbar ist.

Dies betrifft natürlich auch die Terminologie. Ich habe mich nach Kräften bemüht, stets die gängigsten deutschen Begrifflichkeiten zu verwenden und dort, wo schlicht keine gängig *waren*, angemessen und behutsam auszuhelfen. Sollten Sie auf diesen Seiten dennoch vereinzelt Widersprüchlichkeiten zu Ihren Lieblingsfolgen, -szenen, -romanen und/oder Physikbüchern finden, bitte ich um Nachsicht. Denken Sie einfach an die Unendliche Mannigfaltigkeit in Unendlicher Kombination … **Christian Humberg**